Dag Olav Hessen

C – DIE VIELEN LEBEN DES KOHLENSTOFFS

Originaltitel: C – Karbon: En uautorisert biografi

Die Veröffentlichung dieser Übersetzung wurde durch die finanzielle Unterstützung von NORLA, Norwegian Literature Abroad, ermöglicht.

Der Kommode Verlag wird vom Bundesamt für Kultur mit einer Förderprämie für die Jahre 2019–2020 unterstützt.

Text: Dag O. Hessen
Übersetzung: Günther Frauenlob, Karoline Hippe
Lektorat und Korrektorat: Margit Ritzka
Cover, Satz und Layout: Anneka Beatty

ISBN 978-3-9525014-0-5

Kommode Verlag GmbH, Zürich
www.kommode-verlag.ch

Dag Olav Hessen

C – DIE VIELEN LEBEN DES KOHLENSTOFFS

Aus dem Norwegischen von *Günther Frauenlob* und *Karoline Hippe*

Inhalt

Vorwort

Manchmal ist das, was uns am nächsten und wichtigsten ist, genau das, worüber wir am wenigsten wissen. Was hat Bedeutung für das Leben, wie wir es kennen? Wasser? – Ja, zweifelsohne. Sowohl Wasserstoff als auch Sauerstoff und deren lebenspendende Allianz im Wassermolekül H_2O sind da ernstzunehmende Kandidaten. Phosphor? – Ja, bestimmt auch Phosphor, ohne Phosphor keine DNA, keine Gene, kein Leben. Trotzdem ist es der Kohlenstoff, dem wir mit diesem Buch eine nicht autorisierte Biografie widmen wollen. Gute Gründe dafür gibt es genug. Der Kohlenstoff ist das zentrale Element des Lebens – die meisten Lebensprozesse in und um uns herum enthalten in irgendeiner Form Kohlenstoff. Bei Kohlenstoff in Reinform kann es sich ebenso gut um einen Bleistift wie um einen Diamanten handeln. Gleichzeitig ist Kohlenstoff auch der Ausgangspunkt für die meisten der aktuell so wichtigen Kunststoffe. Die Grenze zwischen Natur- und Kunststoffen ist dabei nicht so scharf, wie man meinen möchte.

In diesem Buch soll es aber in erster Linie aber um den Lebens- oder Kreislauf des Kohlenstoffs gehen, das große Gleichgewicht zwischen Photosynthese und Zellatmung, zwischen Aufbauen und Verbrennen. Kohlenstoff ist die erste Wahl unter den Atomen, wenn es um chemische Verbindungen geht, und eine der schicksalsträchtigsten Verbindungen, die Kohlenstoff eingeht, ist die Dreiecksverbindung mit zwei Sauerstoffatomen. CO_2 ist das Gas des Lebens und des Todes. Um die Entwicklung des Klimas in Vergangenheit und Zukunft ergründen zu können, müssen wir den Ringelreihen des Kohlenstoffs und unseren Einfluss darauf verstehen. Die Zukunft des Planeten hängt von unserem Umgang mit dem Kohlenstoff ab. Darum ist dieser Einblick in seine Welt mehr als gerechtfertigt.

Wo beginnt und wo endet ein Kreis? Es ist nicht leicht zu sagen, wo man am natürlichsten in den Kreislauf des Kohlenstoffs einsteigen kann. Überdies finden sich in diesem Kreislauf endlose Reihen weiterer kleiner und großer Wechselspiele. Ich gestehe gerne ein, dass ich es nicht leicht fand, den richtigen Einstieg in die Welt des Kohlenstoffs zu finden, ohne denselben Spuren gleich mehrmals zu folgen. Aber für welchen Pfad man sich auch entscheidet, sie alle führen letzten Endes zu der großen Frage nach der Rolle des Kohlenstoffs für die Zukunft der Erde. Teile dieses Textes werden in erster Linie naturwissenschaftlich interessierte Leser ansprechen. Es ist aber mehr als statthaft, diese Passagen zu überspringen. Den großen Überblick verlieren Sie deshalb trotzdem nicht.

Ein großer Dank geht an Henrik Svensen für die Durchsicht des Manuskripts und die kritischen Kommentare, sowie an den Verlag und Erik Møller Solheim, der mich während des gesamten Schreibprozesses unterstützt und beraten und mir immer wieder zu guten Ideen verholfen hat. Ebenso an Helge Vold für die Redaktion und Korrektur. Das Buch kam mit Unterstützung des Norwegischen Fachverbands für Autoren und Übersetzer NFF zustande und profitierte von dem staatlichen Forschungsprojekt *Effects of Climate change on boreal lake ecosystems*.

Oslo im Mai 2015
Dag O. Hessen

Ich widme dieses Buch meinem Vater, dem besten Vater, den ich hätte haben können, und der von uns ging, als ich das Schlusswort schrieb.

TEIL 1
Kohlenstoff in allem

Eine persönliche Verbindung zu Kohlenstoff

Um mich herum fallen schwere Tropfen von den Bäumen. Auf die Wasseroberfläche gleich nebenan prasselt der Regen, und auch auf der Plane, die zwischen den Bäumen aufgespannt ist, tanzt das Wasser. Unter der Plane sitzen drei Personen über ihre Mikroskope gebeugt, neben sich Pipetten, kleine Plastikbehälter, Filtrationsmaterialien und anderes Laborzubehör. Um uns herum ist es nebelig, es ist mitten in der Nacht, sodass wir unsere Arbeiten im Licht der Stirnlampen durchführen. Die Proben werden in kleinen Plastikflaschen gesammelt, die mit einer zähen, durchsichtigen Flüssigkeit aus einer Metallkanne aufgefüllt werden. Dann werden die Behälter verschlossen, beschriftet und in einer Halterung fixiert. Alle vier Stunden rudern zwei von uns in einem wackeligen, kleinen Boot auf den See hinaus und nehmen verschiedene Proben aus sechs an einem Rahmen verankerten Ballons. Jeder Ballon enthält ein paar Tausend Liter Wasser. Wir rudern zurück, treten unter die Plane und arbeiten weiter …

Gegen Morgen hört der Regen auf. Ich setze mich müde ans Ufer und sehe die Sonnenstrahlen durch den Nebel brechen, der sich über dem Wasser lichtet. Zwei Libellen fliegen über die Seerosen am Ufer. Um den See herum steht der Wald dicht und grün. Mit einem Mal glaube ich, den Atem der Natur zu spüren. Ein und aus. Überall ist Leben. Überall ist *Kohlenstoff.* Alles außer dem Wasserspiegel und dem Himmel besteht aus Nuancen von Grün; Milliarden von Chloroplasten. Kohlenstoff in Form von CO_2 dringt in einem nicht enden wollenden Zyklus durch die Spaltöffnungen der Blätter und Nadeln, bevor es zu den Chloroplasten transportiert wird. Dort findet alsbald die wichtigste chemische Reaktion der Welt statt, bei der das Gas auf wundersame Weise in organischen

Kohlenstoff in Form von Kohlenhydraten wie Zucker, Stärke oder Zellulose verwandelt wird, und bei der – quasi als Bonus – auch noch der Sauerstoff freigesetzt wird, von dem die andere Hälfte des Lebens abhängig ist. Der Kohlenstoff, den die Pflanzen binden, ist damit für alle Zeit Teil des Ökosystems.

Kohlenstoff ist so etwas wie die Kartoffel der Chemie, man findet ihn in fast allen Molekülen und Bestandteilen des Körpers, und dies in den unglaublichsten Varianten. In all seiner Gewöhnlichkeit ist Kohlenstoff trotzdem unentbehrlich. Ich unternehme meine Versuche in großen Ballons im Wasser, all meine Laborgeräte bestehen aus Kohlenstoffpolymeren: Pipetten, Behälter, Halterungen, die Plane über unseren Köpfen, ja sogar unsere Kleider. Gibt es irgendetwas um mich herum, das *nicht* aus Kohlenstoff besteht? Und dann der Kohlenstoff, der für das kurze Gastspiel meines Lebens in mir ist. Zuvor war er bereits für Milliarden von Jahren in Pflanzen, Bakterien, Tieren, Mineralien, und auch in den Milliarden von Jahren, die nach mir kommen, wird der Kohlenstoff weiter seinen Weg gehen. Ewiges Leben wird für uns immer eine Utopie bleiben, aber als Teil des immerwährenden Kohlenstoffkreislaufs haben wir wenigstens einen kleinen Anteil an der Ewigkeit.

Der Gedanke an den Kreislauf des Kohlenstoffs – und an mich als Bruchteil davon – gibt mir dort am Seeufer das Gefühl, dazuzugehören. Eine ganz neue Perspektive. Carl von Linné meinte, dass wir, also die Menschen, hier auf Erden platziert seien, um die göttliche Schöpfung zu deuten.[1] Ganz unbescheiden sah er sich selbst an erster

1 Linné war vermutlich der entschiedenste Verfechter eines naturtheologischen Gesichtspunktes. Er ging davon aus, dass alles göttlichen Ursprungs und deshalb mit allem auch eine Absicht verbunden war. Die Natur war also nicht nur eine Quelle intensiver Gefühle, sondern auch Trägerin eines versteckten Musters, einer Botschaft und eines tieferen Sinns. Die Rolle des Menschen, insbesondere die Rolle von Linné selbst, musste innerhalb dieser versteckten Botschaft zu

Stelle, was die Deutung und das Verständnis der göttlich gestalteten Natur anging. Wir drei, die wir hier an diesem See arbeiten, haben weniger hohe Ziele, auch wenn sich die Fragestellung im Nachhinein als wichtiger herausstellen sollte, als wir es damals ahnten: Wir sind hier, um mehr über den endlosen Kreislauf des Kohlenstoffs zu verstehen.

Den sechs großen Ballons im Wasser sind winzige Mengen einer speziellen Form von Kohlenstoff hinzugefügt worden, und zwar das radioaktive Isotop ^{14}C, das im Gegensatz zum normalen Kohlenstoff (^{12}C) sechs Protonen und acht Neutronen enthält. Durch den Zusatz von $^{14}CO_2$ können wir verfolgen, wie der Kohlenstoff von den Algen, Bakterien und dem tierischem Plankton aufgenommen, umgesetzt und schließlich wieder ausgeschieden wird. Der radioaktive Kohlenstoff in unseren Proben gibt Elektronen ab, die ein winziges Lichtsignal senden, wenn sie von der zähflüssigen Lösung eingefangen werden. Diese Signale können über einen Szintillationszähler aufgefangen werden. Das Projekt ist Teil meiner Doktorarbeit, die dazu beitragen soll, unser Verständnis ein bisschen zu erweitern. Die Nacht unter der Plane, die Proben, Analysen und statistischen Auswertungen wurden zu einem zentralen Teil meiner Arbeit über die unergründlichen Wege des Kohlenstoffs. Der radioaktive Kohlenstoff war der Schlüssel zum Verständnis der Photosynthese und schlug so eine wichtige Brücke zwischen Atomphysik und Biologie.

Die Sonne, der eigentliche Motor des ganzen Prozesses, nimmt jetzt Fahrt auf. Es wird warm und der Nebel löst sich auf. Bevor die Proben in den Szintillationszähler kommen, gönne ich mir ein paar Stunden Schlaf. Die

finden sein. Damit verbunden ist auch der Glaube, dass derjenige, der für die Schöpfung verantwortlich ist, auch wieder für Ordnung sorgen wird – zum Beispiel, was Klimaveränderungen angeht. Über Letzteres hatte Linné sich jedoch aus gutem Grund noch keine Gedanken gemacht. Mehr über Linné in: Hessen, D. O. (2000): *Carl von Linné*, Gyldendal, Oslo

Resultate aus den Messinstrumenten tickern zu sehen, ist eine der besonderen Freuden eines jeden Wissenschaftlers, auch wenn man diese Freuden den Menschen um sich herum kaum vermitteln kann. Manchmal braucht man nur einen Tag, um zu erkennen, ob die Punkte auf der Grafik den Erwartungen entsprechen. Andere Male dauert es Jahre und erfordert ungeheure Geduld, die Forscher in der heutigen Zeit nur noch selten haben oder sich leisten können. Charles David Keeling aber hatte die nötige Ruhe und Zeit. 1957 bestand er auf der absurden Idee, ein Messinstrument auf dem Gipfel des Mauna Loa auf Hawaii zu installieren.[2] Aus seiner Arbeit resultierte eine Grafik, die den Kohlenstoff in das Zentrum des öffentlichen Interesses gerückt hat.

Dank einer ungewöhnlichen Kombination aus Genauigkeit und Geduld konnte Keeling zu seiner Verblüffung nachweisen, dass die CO_2-Konzentration Jahr für Jahr zunahm. Dies konnte nur bedeuten, dass der Kohlenstoffkreislauf ins Ungleichgewicht geraten war und dass mehr CO_2 freigesetzt als aufgenommen wurde. Das lebenspendende CO_2 hatte offenbar auch eine dunkle Seite. Später wurde gezeigt, dass die Konzentration von Methan in der Atmosphäre ebenfalls ansteigt. Der Kohlenstoff, das Element des Lebens, ist zu unserer größten Bedrohung geworden. Wir werden später noch auf die verschiedenen Kohlenstoffzyklen zurückkommen, ebenso wie auf Keeling selbst und seine mittlerweile berühmte Kurve. Betrachten wir aber zuerst die Hauptakteure in dieser Geschichte und

2 Charles David Keeling (1928–2005) war der erste Wissenschaftler, der die Zunahme atmosphärischen Kohlenstoffs registrierte und vor den damit möglicherweise verbundenen Konsequenzen warnte. Er ist direkt wie indirekt mitverantwortlich dafür, dass dieses wie auch andere Bücher über das Klima und den Kohlenstoffzyklus geschrieben wurden. Es gibt viele Biografien über Keeling; eine kurze, fachlich orientierte Übersicht findet sich in den Gedenkschriften: Harris, D.C. (2010): Charles David Keeling and the story of atmospheric CO_2 measurements. *Analytical chemistry* 82: 7865–7870. Heimann, M. (2005): Obituary: Charles David Keeling 1928–2005. *Nature* 437: 331.

die zahlreichen, um nicht zu sagen zahllosen Varianten und Allianzen, in denen sie auftreten können.

Ich habe eine enge Verbindung zu meinem Projekt. Das haben wir alle, wenn uns das auch nicht allen bewusst ist. Mein Leben als Wissenschaftler dreht sich zu weiten Teilen um den Kohlenstoff – vom inneren Zellkern bis zu den großen Kreisläufen in unseren Ökosystemen. Ich kenne mein Forschungsobjekt aus der Welt der Chemie wie aus jener der Biologie und habe die vielen Partner des Kohlenstoffs, seine Lebensphasen und seine verschiedenen Rollen studiert. Mein größter Wunsch ist es aber, die Rolle des Kohlenstoffs für das Klima in Vergangenheit und Zukunft zu verstehen.

Kohlenstoff in allem

Kohlenstoff ist Sternenstaub, gebildet in Sternen bei der Fusion der leichteren Elemente. Er findet sich im gesamten Universum, allerdings nur in geringer Konzentration. Weniger als 5 Promille der im Universum vorhandenen Masse sind Kohlenstoff, und trotzdem ist Kohlenstoff das vierthäufigste Element. In der Atmosphäre der Erde beträgt der Gewichtsanteil knapp 0,4 Promille, also 400 ppm, während er in der Erdkruste mit nur 200 ppm noch seltener vertreten ist.[3]

Das Leben zeigt hingegen eine Vorliebe für den Kohlenstoff. Die zehn gewichtsmäßig wichtigsten Elemente im Menschen – und das ist von Mäusen bis Elefanten in fast allen Säugetieren gleich – sind: Sauerstoff (65%), Kohlenstoff (19%), Wasserstoff (10%), Stickstoff (3%), Calcium (1,5%), Phosphor (1%), Kalium (0,35%), Schwefel (0,25%), Natrium (0,15%) und Magnesium (0,05%).[4] Lasse ich mal das Wasser weg, das 57 Prozent von uns ausmacht und in dem ein großer Teil des Sauerstoffs und Wasserstoffs

3 Eine gute Übersicht dazu findet sich in: Roston, E. (2008): *The CarbonAge. How life's core element has become civilizations greatest threat.* Walker & Co. Eine gelungen Synthese der Zeitreise des Kohlenstoffs durch das Universum und seiner unterschiedlichen Formen und Verbindungen. Es endet, wie so viele Bücher über Kohlenstoff, mit CO_2 und Klima. Es gibt auch viele Bücher über das Periodensystem, die weitere Basisinformationen über Kohlenstoff geben. Darunter: Aldersey-Williams, H. (2011): Periodic tales. *A cultural history of the elements from arsenic to zinc.* Harper Collins Publishers.

4 Kohlenstoff kommt sowohl in der Chemie als auch in der Biologie so gut wie nie allein, sondern immer in Kombination mit anderen Stoffen vor. Das Verhältnis zwischen Kohlenstoff und anderen Schlüsselelementen ist dabei kein Zufall, und besonders die Elemente Stickstoff und Phosphor sind in vielerlei Hinsicht wegweisend für Kohlenstoff. Mehr dazu in: Elser, J., Sterner, R. (2002): *Ecological Stoichiometry.* Princeton University Press. Ein aktueller Übersichtsartikel findet sich in: Hessen, D. O., Elser, J. J., Sterner, R. W., Urabe, J. (2013): *Ecological stoichiometry*: An elementary approach using basic principles. *Limnology & Oceanography* 58: 2219–2236.

gebunden ist, bestehen wir zu mehr als 40 Prozent aus Kohlenstoff. Kohlenstoff ist an allen Vorgängen im Körper beteiligt, sodass die Bilanz des Körpers im Grunde durch eine einfache Gleichung darstellbar ist: Aufgenommener Kohlenstoff minus abgegebener Kohlenstoff minus das CO_2 der Zellatmung ist gleich der Gewichts-Zu- oder -Abnahme.

Kohlenstoff ist das zentrale Element der Hauptgruppen der Moleküle (DNA, Proteine, Fette, Zuckerarten), die allen lebenden Organismen gemein sind. Infolgedessen bestehen Tiere zu etwa 40 Prozent aus Kohlenstoff. Die genaue Prozentzahl ist abhängig vom Verhältnis zwischen Fett, Kohlenhydraten und Proteinen. Pflanzen enthalten etwas mehr Kohlenstoff, vor allem Bäume mit ihrem hohen Anteil an Zellulose und Lignin. Die Pflanzen haben auch dafür gesorgt, dass der Kohlenstoff mit dem *Karbon* sein eigenes geologisches Zeitalter bekommen hat. Dieses erstreckte sich von 360 bis 300 Millionen Jahren vor unserer Zeit. In dem damals warmfeuchten Klima sind riesige Wälder gewachsen, die uns – akkumuliert über 60 Millionen Jahre – die Steinkohle hinterlassen haben. Die deutlich spätere Kreidezeit, die von 145 bis 65 Millionen Jahren vor heute dauerte, ist ebenfalls durch Kohlenstoffablagerungen gekennzeichnet, diesmal aber in Form von Calciumcarbonat $CaCO_3$.[5] Hier hat sich der Kohlenstoff mit einem Calciumatom und drei Sauerstoffatomen verbunden, eine Allianz, geformt von vielen Milliarden mikroskopisch kleiner, kalkbildender Algen. Darüber werden wir im Laufe des Buches noch mehr erfahren.

5 Es gibt viele Bücher über die verschiedenen Kohlenstoffzyklen, ganz zu schweigen von den zahllosen Artikeln. Eines der am besten lesbaren und doch wissenschaftlich korrekten ist: Archer, D. (2010): *The Global Carbon Cycle*. Princeton University Press. Viele von Archers Vorlesungen sind als Podcasts abrufbar. Eine gute Übersicht findet sich auch in: Falkowski, P. et al. (2000): The global carbon cycle: A test of our knowledge of Earth as a system. *Science* 290: 291–296.

Ein paar Hundert Millionen Jahre sind aber kein Alter für die Kohlenstoffatome, die sich in Kohle oder Kreide befinden. Als unser Universum vor 14 Milliarden Jahren entstand, wurden dabei im ersten Schritt nur die drei leichtesten Elemente aus der Taufe gehoben: Wasserstoff, Helium und Lithium. Etwas vereinfacht können wir sagen, dass dies die Bausteine für die schwereren Elemente waren. Darunter war auch der Kohlenstoff, der vom Gewichtsanteil her an vierter Stelle der häufigsten Elemente des Universums steht (hinter Wasserstoff, Helium und Sauerstoff).

Der Kohlenstoff genießt ungeheure Popularität bei seinen zahllosen potenziellen Partnern im Periodensystem und hat kurze und längere Affären mit einer Vielzahl anderer Atome. Die Popularität des Kohlenstoffatoms bei den anderen Grundelementen hat mit seinem außergewöhnlichen Talent für chemische Bindungen zu tun. Fast jedes Atom fühlt sich zum Kohlenstoff hingezogen, in erster Linie wegen seiner sechs Elektronen und sechs Protonen. Dazu kommen noch sechs Neutronen, und diese sechs Neutronen und sechs Protonen geben dem Kohlenstoff die Atommasse 12. Das Gewicht der Elektronen ist in diesem Zusammenhang zu vernachlässigen, an anderer Stelle aber von umso größerer Bedeutung. Da zwei der Elektronen in der inneren Schale versteckt sind, sind es die vier auf der äußeren Schale, die Kontakt mit der Umwelt suchen. Und dies sehr effektiv.

In der Natur gibt es drei Hauptformen reinen Kohlenstoffs – Graphit, Diamant und Fulleren. In jeder davon hat der Kohlenstoff genug mit sich selbst zu tun und die Atome treten miteinander in Verbindung. Zugleich ist Kohlenstoff wenig wählerisch, was Verbindungen zu anderen Atomen angeht. Eine seiner Lieblingsbeziehungen ist die Dreiecksverbindung mit zwei Sauerstoffatomen. Das CO_2 macht den Kohlenstoff zum eigentlichen Atom des Lebens, da dieses Molekül die Grundlage für fast alles

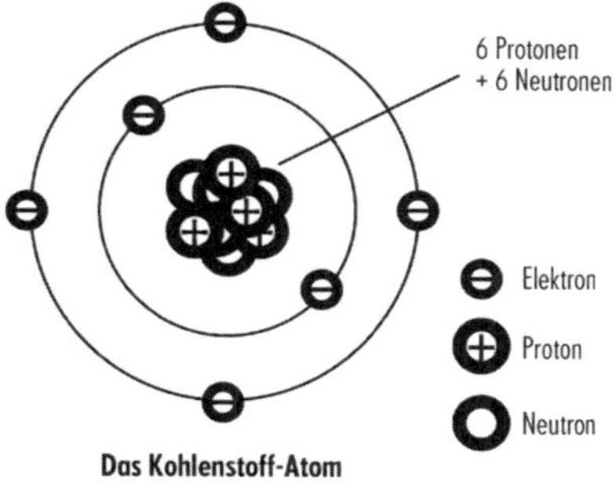

Abbildung 1: Die Beliebtheit des Kohlenstoffatoms geht in erster Linie auf seine sechs Elektronen zurück, während die Atommasse 12 durch sechs Neutronen und sechs Protonen begründet ist.

Leben ist. Das Problem ist aber, dass der Kohlenstoff an dieser Beziehung ungeheuer festhält. Feuer trägt mehr als alles andere dazu bei, die Verbindung zu festigen, während die avancierte Technologie der Photosynthese das Kleeblatt zu trennen vermag. Das Gleichgewicht zwischen diesen Prozessen ist heute so kräftig verschoben, dass sich das CO_2 in der Atmosphäre anreichert, weshalb die Liebe des Kohlenstoffs zum Sauerstoff eine Beziehung ist, die die ganze Welt angeht.

Der Kohlenstoff ist wesentlich älter als die Erde (die es erst seit 4,6 Milliarden Jahren gibt), aber jünger als das Universum. Er ist über Milliarden von Jahren in den unterschiedlichsten Sternen diverse chemische Verbindungen eingegangen und hat diese wieder verlassen, ehe er zu einem Bestandteil des Lebens wurde – von den ersten Bakterien über die Bäume und Dinosaurier bis zu dir und mir. Selbst ein paar Hundert Millionen Jahre Speicherung in Form von Kohle, Öl oder Gas haben für den Kreislauf des Kohlenstoffs von Ewigkeit zu Ewigkeit kaum Bedeutung. Aber seit wann ist *uns* der Kohlenstoff bekannt?

Was die Geschichte wissenschaftlicher Entdeckungen angeht, richten wir unseren Blick gern als erstes auf die alten Griechen. Was den *Kohlenstoff* angeht, müssen wir aber noch weiter zurück. Es dauerte zwar eine ganze Weile, bis wir die Verbrennung verstehen und chemisch oder physikalisch erklären konnten, aber seit wir die Magie des Feuers und seine zerstörerische Kraft kennen (also seit der Steinzeit), ist uns auch die Holzkohle bekannt und wurde zu gewissen Teilen auch genutzt. (Der Begriff Karbon stammt im Übrigen aus dem Lateinischen und bedeutet verbranntes Holz – carbo). Früher hat man die Natur eingeteilt in die Kategorien brennbar – wie Holz – oder nicht brennbar – wie Stein oder Sand. Das Gegenstück zum Feuer war das Wasser, des Feuers eingeschworener Feind. Damals wusste natürlich noch niemand, dass das, was das Feuer nährte und was das Feuer löschte, beides zu großen Teilen aus Sauerstoff bestand, oder dass das Endprodukt der Verbrennung CO_2 ist.

Dass die Reaktion, durch die uns das Feuer Wärme von außen schenkt, im Grunde dieselbe ist, durch die uns der Körper im Inneren Energie und Leben spendet, wäre wohl den meisten unbegreiflich gewesen. In beiden Fällen handelt es sich um in den Pflanzen gespeicherte Sonnenenergie, die als CO_2 freigesetzt wird. Das Feuer selbst ist uralt, vermutlich kennen wir Menschen es so lange wie den aufrechten Gang. Am Lagerfeuer zu sitzen, am besten am Wasser, mit freier Sicht und einer schützenden Stütze für den Rücken, ist ein Ritual, das irgendwo tief in uns verwurzelt ist, vielleicht sogar in unseren Genen. Und wenn sich an solchen Orten dann ein steinerner, mit Asche gefüllter Ring findet, markiert dieser eine ungebrochene kulturelle Linie von der Entstehung unserer Art bis heute. Wir wissen nicht, ob unsere Ahnen am Feuer sich darüber gewundert haben, wie ein kaltes Stück Holz plötzlich eine solche Wärme von sich geben und sich schließlich in Asche verwandeln konnte. Vermutlich gingen aber einem im Kreis um das Lagerfeuer solche Gedanken durch den Kopf. Die Menschen waren schon immer erpicht darauf, die ursächlichen Zusammenhänge zu verstehen. Aber obwohl das Feuer eine wichtige Rolle in unserer Vorgeschichte eingenommen hat, blieb seine wohlige wie zerstörerische Kraft lange ein Mysterium.

Feuer und Verbrennung sind entscheidend, nicht nur, um Kohlenstoff und Sauerstoff miteinander zu verbinden, sondern auch für den gesamten Kohlenstoffkreislauf, ganz zu schweigen vom Wechsel zwischen den Haupttypen des Kohlenstoffs. Das Feuer ist überdies essenziell für unseren eigenen Stoffwechsel und unsere Evolution.[6] Das menschliche Hirn hat eine bemerkenswert schnelle Entwicklung gemacht, sowohl was seine Größe als auch was seine Fähigkeiten angeht. Unsere nächsten noch lebenden Verwandten, die Schimpansen, haben ein Hirnvolumen von 300–500 cm^3. Bei unseren größeren, wenn auch etwas entfernteren Verwandten, den Gorillas, beträgt es 400–700 cm^3. Der Frühmensch Homo habilis hatte vor 1,7 Millionen Jahren noch ein Hirnvolumen vergleichbar mit dem der Gorillas. Schon 700.000 Jahre später näherte sich das Hirnvolumen des Homo erectus 1.500 cm^3. Seither ist es etwa gleich geblieben oder sogar zurückgegangen, sodass der Neandertaler noch ein etwas höheres Hirnvolumen hatte als wir heute. Aber das Volumen ist nicht alles. Entscheidend sind auch die enorme Dichte der Neuronen und die gute Isolation der Nervenfasern. Dazu finden sich moderne Hirnabschnitte wie die Stirnlappen, in denen große Teile des Ich-Gefühls sowie die Fähigkeit zur abstrakten Reflexion und zum ethischen Urteilsvermögen beheimatet sind.

Die gewaltige Hirnkapazität fordert aber auch ihren

6 Die menschliche Evolution ist sowohl biologisch als auch kulturell enger mit dem Feuer verknüpft, als uns bewusst ist. Eine aktualisierte Darstellung der menschlichen Entwicklung, die auch diesen Aspekt beinhaltet, bietet: Harari, Y. N. (2015): *Sapiens. A brief history of humankind*. Harper Collins, New York. In diesem Buch wird auch die Rolle des Kohlenstoffs für die kulturelle Evolution angesprochen.

Tribut in Form von Energie. Mehr als 20 Prozent unseres Energieverbrauchs werden für ein Organ benötigt, das alles in allem nur bescheidene 2 Prozent des Körpergewichts ausmacht. Heute und in unserem gut genährten Teil der Welt ist dieser Energiebedarf kein Problem mehr. In anderen Teilen der Welt sieht das jedoch anders aus, und historisch gesehen war es ein hoher Preis, den zu bezahlen sich trotzdem gelohnt hat.

Aber wo kommen das Lagerfeuer und der Kohlenstoff ins Spiel? Die Antwort, behauptet Richard Wrangham, liegt im Titel seines Buches *Catching Fire. How cooking made us human.*[7] Vermutlich zogen wir bereits vor mehr als 100.000 Jahren Nutzen aus dem Feuer, und schon davor beobachteten unsere Vorfahren, dass es nach einem Savannenbrand leicht war, verendetes Wild zu finden, und dass dieses Wild wesentlich leichter zu essen war. Diese Tatsache muss sie auf die Idee gebracht haben, das Feuer strategisch zu nutzen, um das Wild zu jagen oder zu verbrennen, und da alle Tiere das Feuer fürchteten, konnte ein brennender Zweig einen ansonsten so furchteinflößenden Löwen auf Abstand halten. Das Feuer wurde vom Feind zum Freund. Das Braten über dem Feuer und schließlich das Kochen waren überdies eine ausgezeichnete Art, um Parasiten und Bakterien in und auf dem Essen zu töten. Das Feuer veränderte nicht nur die Chemie des Essens, sondern auch seine – und unsere – Biologie. Gebratenes oder gekochtes Essen ist leichter zu kauen und macht damit einen Teil der Kiefermuskulatur und der massiven Kieferpartien überflüssig. Überdies ist es leichter zu verdauen. Es ist harte Arbeit, über rohes Essen genug Energie aufzunehmen, und während andere Primaten rund 20–30 Prozent ihres eigenen Körpergewichts aufnehmen müssen, um ihren Energiebedarf zu decken, und dafür einen ganzen Tag brauchen, kommen wir mit

7 Wrangham, R. (2009): *Catching fire - how cooking made us human*. Profile Books.

nur 5 Prozent und viel weniger Zeit aus. Nahrungsmittel wie Weizen, Reis und Kartoffeln, die in rohem Zustand beinahe unverdaulich sind, konnten so zu einem zentralen Bestandteil unserer Ernährung werden. Das Feuer war damit ein entscheidender Schritt auf dem Weg zum modernen Menschen und unserer Vorherrschaft über die Natur – auf jeden Fall gewisser Teile davon. Wir konnten auf diese Weise genug Energie aufnehmen, um uns ein größeres Hirn und ein einfacheres Verdauungssystem zu leisten, und hatten mehr Zeit, um soziale Verbindungen zu pflegen (eine weitere Ursache für mehr Hirnmasse), praktische Probleme zu lösen und uns zu fragen, wie Dinge brennen können.

Vielleicht saß schon vor 50.000 Jahren ein Jugendlicher an einem ausgebrannten Feuer, nachdem der Rest der Gruppe satt eingeschlafen war, und fragte sich, wohin das Holz verschwunden war. Schließlich waren nur noch ein paar schwarze Brocken und etwas Asche da. Vielleicht fragte er sich, warum seine Finger schwarz wurden, wenn er in die Asche griff. Vielleicht strich er sich verwundert über den Arm oder zeichnete ein paar Striche auf einen Stein. Vielleicht war es genau eine solche nachdenkliche Stunde, die dann jemanden bewog, vom Lagerfeuer aufzustehen und das erste stilisierte Mammut aus Dankbarkeit für das Feuer und das Leben an die Höhlenwand zu zeichnen.

Die Holzkohle ist also ein alter Bekannter. Diese Form von Kohlenstoff ist uns seit der Zeit des Homo sapiens bekannt und wird seit rund 40.000 Jahren auch für künstlerische Zwecke genutzt. Eine Vielzahl von teilweise sehr naturalistischen Tier- und Handzeichnungen (die Signatur des Künstlers?) wurde allein mit Holzkohle oder einer Mischung mit anderen Farben erstellt. Die Tatsache, dass dieselbe Art von Kunst aus der derselben Epoche sowohl in Europa als auch in Indonesien zu finden ist, kann darauf hindeuten, dass sie schon vor dieser Zeit existiert hat. Vielleicht wurde sie aus Afrika mitgebracht. Aber wie kann man wissen, dass die ersten Felszeichnungen vor 40.000 Jahren entstanden? An dieser Stelle treten die radioaktiven Isotope des Kohlenstoffs auf den Plan. Diese kann man für die sogenannte Radiokarbondatierung heranziehen.

Das Ganze basiert auf der Tatsache, dass alle lebenden Organismen eine kleine Menge des radioaktiven Isotops ^{14}C in sich tragen. Solange der Organismus am Leben ist, bleibt das Verhältnis zum »normalen« Kohlenstoff (^{12}C) konstant. Stirbt der Organismus aber und nimmt damit keine Radioaktivität mehr aktiv auf, sinkt die Konzentration des ^{14}C mit einer Halbwertszeit von 5730 Jahren. Misst man die Radioaktivität im Vergleich zum lebenden Organismus, kann man zum Beispiel berechnen, wann ein Baum, der schließlich zur Holzkohle wurde, gewachsen ist. 40.000 Jahre sind im Übrigen in etwa das Maximalalter, das mit dieser Methode ermittelt werden kann. Willard F. Libbey, der diese Art der Kohlenstoffdatierung 1949 erstmals beschrieben hat, erhielt 1960 für seine Entdeckung den Nobelpreis.[8] Archäologen und andere, die alte Funde datieren mussten, hatten nun endlich eine verlässliche Methode. Vorausgesetzt, ihre Fundstücke enthielten Kohlenstoff – was die meisten aber taten.

Die Höhlenmalereien in Indonesien sind schon lange bekannt, aber erst 2014 konnte man feststellen, dass diese Werke nicht 10.000 Jahre alt sind, wie zuvor angenommen, sondern volle 40.000 Jahre. In diesem Fall war allerdings nicht mehr genug organischer Kohlenstoff für eine Radiokarbondatierung vorhanden. Trotzdem wurde der Kohlenstoff genutzt: In einer Karsthöhle hatten sich auf Teilen der Malereien Calcit- oder Calciumcarbonatknollen gebildet. Es handelt sich dabei um eine Verbindung von Calcium, Kohlenstoff und Sauerstoff ($CaCO_3$). Calcit

8 Libby, W. F. (1969): Radiocarbon dating. *Chemistry in Britain*, Dec. 1969: 548–552.

lagert Uran ein, das seinerseits eine bekannte Halbwertszeit hat (mehrere Millionen Jahre). Mit Hilfe einer Spezialsäge mit Diamantzähnen konnte man die Knollen mit chirurgischer Präzision in schmale Schnitte zerlegen. Aus den Änderungen im Verhältnis radioaktiver Uranisotope konnte man das Alter der ersten Ablagerungen auf der Kunst bestimmen. Diese entpuppte sich als älter als die meisten europäischen Höhlenmalereien, die zwischen 20.000 und 32.000 Jahre alt sind.[9] Die Chauvet-Höhle in Südfrankreich hielt mit 35.000 Jahren, datiert über die ^{14}C-Analyse, den früheren Rekord. Mittlerweile wurden noch ältere Bilder in Form von Handabrücken in einer Höhle in Malaga in Spanien gefunden. Das Alter wird auch dort mit 40.000 Jahren angesetzt. Kann es sich um eine Zeichnung von Neandertalern handeln? Alter und Ursprung der Zeichnungen werden noch untersucht. Dabei ermöglicht es uns der Kohlenstoff selbst, sein Alter genau zu bestimmen.

9 Die Datierung von Höhlenkunst ist ein ebenso spannendes wie umstrittenes Thema. Wer waren die ersten, die Asiaten oder die Europäer? Moderne Menschen oder Neandertaler? Was stellte die Kunst dar? Metaphysische Sehnsüchte, Rituale, Gebete oder waren die Werke einfach nur Ausdruck purer Lust am Zeichnen? Vermutlich werden wir auf diese Fragen niemals Antworten erhalten. Außerdem hat das Thema nur am Rand mit dem Kohlenstoff zu tun. Gute Übersichten über die Datierung finden sich in: Valladas, H. et al. (2001): Palaeolithic paintings: Evolution of prehistoric cave art. *Nature* 413: 479. Whitley, D. (2009): *Cave Paintings and the Human Spirit. The Origin of Creativity and Belief.* Prometheus. http://en.wikipedia.org/wiki/Cave_painting; https://de.wikipedia.org/wiki/Höhlenmalerei (beide geöffnet am 24.06.2019).

Das Feuer erklären

Obwohl die Faszination für Feuer und seine sichtbaren Reste wie Holzkohle, Asche und Ruß als solches verständlich war und ganz praktische Gründe hatte, stieß doch das unsichtbare Endprodukt CO_2 auf größeres wissenschaftliches Interesse. Ja, es war ein wundersames Rätsel, wie sich ein schweres Holzscheit einfach so in Luft auflösen konnte und nur einen dünnen Hauch von Asche hinterließ, der mit einem Windstoß im Nichts verschwand.

Auch hier können wir uns erlauben, die alten Griechen zu übergehen, und wagen den Sprung von 40.000 Jahren vor unserer Zeit hinein in ein Europa, das sich mit großen Schritten auf die Zeit der Aufklärung zubewegte. Der erste, der einsah, dass zwischen Feuer, Sauerstoff und Kohlenstoff eine Schicksalsverbindung bestand, und der erste, der CO_2 als Resultat von brennender Holzkohle beschrieb, war Jan Baptiste von Helmont, geboren im Jahre 1580 in Brüssel.[10] Ihm wurde auch die Ehre zuteil, als Erfinder des Wortes *Gas* gehandelt zu werden. Helmont machte Versuche an Pflanzen und wog die Erde, in der sie wuchsen, sowohl vor als auch nach der Wachstumsphase. Das Gewicht der Erde änderte sich nicht, aber die Pflanzen waren schwerer geworden. Was war der Grund für diese Gewichtszunahme? Wasser, lautete Helmonts Schlussfolgerung, die Pflanzen

10 Jan Baptiste (oder Jean-Baptiste oder Johannes Baptist) van Helmont (1580–1644) war einer der ersten Universalgelehrten, der den Weg zur Aufklärung mitebnete (die oft der Zeitspanne von 1650 bis 1800 zugerechnet wird, obwohl es natürlich keinen abrupten Übergang vom »dunklen Mittelalter« zur Aufklärung gibt). Er war selbst Schüler von Paracelsus, einem der großen Alchimisten, die definitiv noch mit einem Fuß im Mittelalter standen, mit dem anderen schon in der Aufklärung. Aber für unsere Geschichte sind seine Beschreibungen von CO_2, das er Sylvestergas nannte, am interessantesten, inklusive der Versuche an Pflanzen, auch wenn er einige falsche Ergebnisse aufzeichnete. Für weitere Informationen siehe: Van den Bulck, E. (1999): *Johannes Baptist van Helmont*. Katholieke Universiteit Leuven.

bekamen Wasser, und dieses wiederum verschwand. Bezüglich dieser Schlussfolgerung könnte man, zumindest im Lichte der aktuellen Erkenntnisse, ein bisschen Respekt vor Helmont verlieren, der in seine Überlegungen CO_2 nicht mit einbezogen hatte. Alle Forscher treten in die Fußstapfen ihrer Vorgänger, doch es ist unwahrscheinlich, dass Helmonts Entdeckungen allgemein bekannt waren. Das Rad wird verblüffend oft neu erfunden, und zu jener Zeit waren neue wissenschaftliche Erkenntnisse nicht einfach mit ein paar Mausklicks zu finden und herunterzuladen.

Zu denjenigen, die um einen Platz auf dem Siegertreppchen für die Entdeckung von CO_2 kämpfen, gehört auch der Schotte Joseph Black[11], geboren im Jahre 1728 und seit 1756 Professor der Anatomie und Chemie(!). Scharfsinnig, wie er war, registrierte er, dass Kalkstein, dem Säure zugeführt wird, ein Gas produziert, das er »fixierte Luft« nannte. Er kam zu dem Schluss, dass es sich dabei um dasselbe Gas handelt, das wir ausatmen. Ein weiterer Pionier, der in die unsichtbare Welt der Gase vordringen wollte, war der Engländer Joseph Priestley. Priestley und Black waren gleichen Alters, doch Priestley hatte noch ein paar Talente mehr als sein Namensvetter: Er war Theologe, Philosoph, Chemiker und Pädagoge. Seine Ideen zum Utilitarismus inspirierten zentrale Denker wie Jeremy Bentham, John Stuart Mill und Herbert Spencer.

11 Joseph Black (1728–1799) ist einer von vielen, die als Erfinder des CO_2 gehandelt werden. Aber wie viele Leute können dieses Gas eigentlich entdeckt haben? Die Wissenschaft ist davon geprägt, dass große Entdeckungen nach und nach gemacht werden und CO_2 kann in verschiedenen Präzisions- und Informationsstufen beschrieben werden. Außerdem werden Entdeckungen oft parallel gemacht, besonders früher, als weder das Internet noch andere blitzschnelle Publikationskanäle zur Verfügung standen. Aber Black ist ohne Zweifel einer der Erfinder der »latenten Wärme« (Energie, die beispielsweise in Kohle oder Kohlenwasserstoffen gelagert ist), und seine Ideen sind somit Vorläufer der Thermodynamik. Mehr Information zu Black und anderen großen Helden der Wissenschaft unserer Zeit: Gribbin, J. (2002): *Science: A History 1543–2001*, Allen Lane, New York.

Der Utilitarismus beschreibt vereinfacht, dass alle Handlungen und Dinge die höchst mögliche Zufriedenheit für eine höchst mögliche Anzahl Individuen zum Ziel haben sollten (und zwar nicht etwa Zufriedenheit im hedonistischen Sinne, sondern in Form der Möglichkeit, die eigenen Ziele zu verwirklichen).

Es ist nicht auszuschließen, dass Priestley Kenntnis von Blacks Entdeckungen hatte, doch erst die Gespräche mit Benjamin Franklin Ende des 18. Jahrhunderts inspirierten ihn dazu, sich voll und ganz der Wissenschaft zu widmen. Priestley wies nach, dass CO_2, das beispielsweise bei der Gärung von Bier entstand, in besonders hoher Konzentration Feuer und auch Tiere ersticken konnte. Mit Interesse vermerkte er außerdem, dass Pflanzen sich in CO_2 äußerst wohlfühlten, und entdeckte im Gegensatz zu seinem Vorgänger Helmont, dass CO_2 der Hauptfaktor für das Wachstum von Pflanzen war. Damit war er dem großen Kohlenstoffzyklus, dem Wechsel zwischen Photosynthese und Respiration (Zellatmung), auf der Spur. Er war außerdem der Meinung, dass das Gas beinahe unendlich viele Anwendungsmöglichkeiten hatte. 1772 verfasste er den Artikel *Directions for Impregnating Water with Fixed Air*[12] – das Ur-Rezept für »Sprudel«, also Mineralwasser. Er ging davon aus, dass Mineralwasser eine Reihe von

12 Es kann gut sein, dass der Begriff »Universalgenie« in diesem Buch inflationär gebraucht wird, aber wie soll man jemanden wie Joseph Priestley (1773–1804) sonst betiteln? In diesem Rahmen ist es unmöglich, seiner ausschweifenden Biografie gerecht zu werden. Von seinen eigenen Werken wird das folgende Wesentliche hier genannt: Priestley, J. (1772): *Directions for Impregnating Water with Fixed Air.* Als Vorgeschmack auf seine weitere Arbeit können folgende Werke genannt werden: *The Rudiments of English Grammar (1761), A Chart of Biography (1765), Essay on a Course of Liberal Education for Civil and Active Life (1765), The History and Present State of Electricity (1767), Essay on the First Principles of Government (1768).* Der Konkurrenzkampf in akademischen Kreisen war früher nicht so stark, doch wenn Priestley kein Universalgenie war, dann weiß ich auch nicht. Es mangelt nicht an Aufzeichnungen über Priestleys Leben – die beste Übersicht findet man jedoch in *Collins English Dictionary – Complete & Unabridged 2012 Digital Edition.*

Anwendungsmöglichkeiten bot, sowohl gesundheitlicher Art als auch in anderen Bereichen. Priestley hätte an dieser Stelle das Fundament für eine bedeutende Industrie legen können, doch stattdessen übernahm ein Einwanderer aus der Schweiz namens Johann Jacob Schweppe die Idee. Im Jahre 1792 etablierte er das *London Soda Water Business.*[13]

Priestley gewann sein CO_2 durch Gärung, welche ja an sich auch ein Verbrennungsprozess ist - der finale Schritt der Zellatmung von Hefezellen: Hier werden Zucker und Stärke unter Luftabschluss in CO_2 umgewandelt. Darüber hinaus brachte er CO_2 jedoch nicht mit Feuer in Verbindung - mit Ausnahme seiner Beobachtung, dass große Mengen CO_2 Feuer erstickten.

Die Bläschen im Bier – und auch in Schweppes-Getränken – werden im Volksmund Kohlensäure genannt, obwohl Kohlenstoff erst dann eine schwache Säure bildet, wenn er sich mit Sauerstoff zu CO_2 und dann mit Wasser verbindet.

Auch beim »Sauerstoff« allein ist es trotz des Namens mit der Säurewirkung nicht weit her. In der Kohlensäure bindet der Kohlenstoff die beiden H-Atome und den Sauerstoff des Wassers zusätzlich zu den beiden Sauerstoff-Atomen, die es im CO_2 bereits gab (siehe Abb. 2).

Es entsteht ein Gleichgewicht zwischen CO_2, Wasser und Kohlensäure: $CO_2 + H_2O = H_2CO_3$.

Sauer reagiert diese Verbindung, weil sie die beiden Wasserstoffatome als Protonen (H^+) freisetzen kann – was chemisch gesehen die Haupteigenschaft einer Säure ist.

C, O und H können unendlich viele Verbindungen eingehen, aber genau diese Reaktion ist die wichtigste, nicht zuletzt für Wasser. Sie liefert den Grund dafür, dass Süßwasser im Gleichgewicht mit dem CO_2 in der Luft schwach sauer reagiert. Und sie trägt wesentlich zur

13 *Schweppes* ist bis heute voll im Geschäft, wenn auch heutzutage eher bekannt für sein *Tonic Water.*

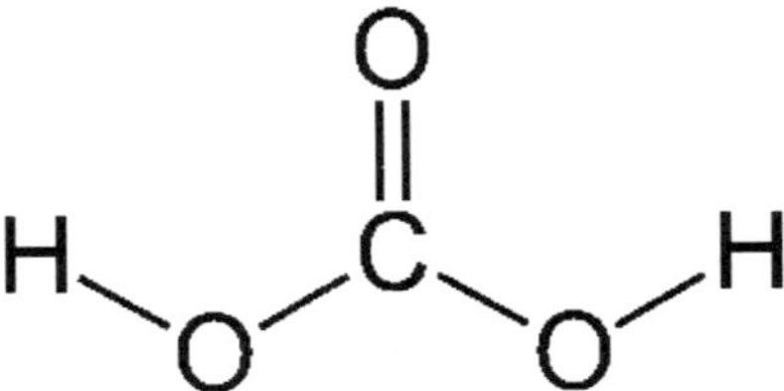

Abbildung 2: H_2CO_3, wahrscheinlich die häufigste und wichtigste Säure der Welt, wenngleich auch eine der schwächsten.

Übersäuerung der Meere bei, da mehr CO_2 in der Luft dazu führt, dass auch im Wasser mehr H_2CO_3 produziert werden kann. Aber dazu kommen wir später noch.

Die vielen mehr oder weniger losen roten Fäden der Forschungsarbeiten rund um Feuer, Luft und Kohlenstoff laufen im Revolutionsjahr 1789 in Paris zusammen und münden in Antoine Lavoisiers bahnbrechendem Lehrbuch *Traité Élémentaire de Chimie.*[14] Lavoisier führt Kohlenstoff dort als nicht metallisches Element auf, das die Eigenschaften besitzt, zu versauern und zu oxidieren – also zu verbrennen. Doch auch wenn Lavoisiers Buch das Ansehen der Chemie als Wissenschaft in vieler Hinsicht stärkte, so basieren seine Abhandlungen über Kohlenstoff auf den Ideen anderer. Dabei wird nicht ganz klar, wem für welche Ideen die Ehre gebührt. Priestley hat nicht nur die Existenz von CO_2 und dessen Eigenschaften entdeckt, sondern auch den Sauerstoff, wobei er sich diese Ehre

14 Antoine Lavoisier (1743–1794) ist einer der Gründerväter der Chemie und revolutionierte das Fach im Revolutionsjahr 1789 mit der Veröffentlichung des ersten richtigen Lehrbuchs für Chemie: *Traité Élémentaire de Chimie*. Eine Übersicht über seine wesentlichen Schriften zu Kohlenstoff und Sauerstoff findet sich in der Essaysammlung: *Essays, on the Effects Produced by Various Processes On Atmospheric Air; With A Particular View To An Investigation Of The Constitution Of Acids, trans. Thomas Henry* (London: Warrington, 1783). Einfacher ist es jedoch, auf folgende Übersicht über Lavoisier und andere große Namen der Chemie zuzugreifen: Eddy, M. D., Newman, W. R., Mauskopf, S. (2014): *Chemical Knowledge in the Early Modern World*. University of Chicago Press.

mit Lavoisier und dem Schweden Carl Wilhelm Scheele teilen muss. 1777, 12 Jahre vor Erscheinen von Lavoisiers Lehrbuch, veröffentlichte Scheele das Buch *Chemical Treatise on Air and Fire*,[15] in dem er die Prinzipien von Sauerstoff, Kohlendioxid und Stickstoff beschreibt. Den Sauerstoff entdeckte Scheele am 1. August 1772 beim Erhitzen von Quecksilberoxid. Heutzutage hätte Scheele seine Ergebnisse sofort publiziert, um sich den Status als Entdecker zu sichern, aber im 18. Jahrhundert ging alles langsamer vonstatten. Erst 1774 schrieb Scheele einen Brief, in dem er seine Experimente darlegte, an Lavoisier, der bereits den Status als zeitgenössischer Chemiker *par excellence* genoss, und bat ihn um Rat für weitere Versuche.

Zur selben Zeit beobachtete Priestley, dass Pflanzen in einer geschlossenen Kammer und unter Beleuchtung die Luft von CO_2 »reinigen« können. Nachdem die Pflanzen ihre Arbeit erledigt hatten, konnte in der Kammer eine Kerze brennen und ein Tier atmen. Auch Priestley unternahm Versuche mit der Erhitzung von Quecksilberoxid und verzeichnete ebenfalls das Freiwerden von Sauerstoff. Er veröffentlichte seine Ergebnisse 1775 und damit offiziell früher als Scheele. Ähnlich wie Scheele konsultierte Priestley den großen Lavoisier, aber ihm genügte ein Brief nicht, er reiste persönlich nach Paris und diskutierte seine Experimente vor Ort mit dem berühmten

15 Es lässt sich nicht bestreiten, dass die Schweden einige große Namen in der Wissenschaft zu verbuchen haben, besonders in der Zeit zwischen 1700 und 1900, in der Schweden als wissenschaftliche Großmacht galt. Viele von ihnen hatten auch mit Kohlenstoff zu tun, und Carl Wilhelm Scheele (1742–1786) war ohne Zweifel einer der Bedeutendsten. In den Archiven von Lavoisiers Witwe fand man den Brief des Chemikers, der bewies, das Scheele schon vor Priestley und Lavoisier zu wichtigen Erkenntnissen gekommen war. Das belegt auch sein Buch *Chemical Treatise on Air and Fire* aus dem Jahr 1777. Dies zeigt wiederum nur einen Bruchtteil von dem, woran Scheele gearbeitet hat. Er schrieb Artikel über eine bedeutende Anzahl von Elementen des Periodensystems und stattete auch der organischen Chemie einen Besuch ab. Er schrieb über Fette, Milchzucker, und analysierte die Säure in Rhabarber. Ein weiteres Universalgenie? – Zumindest in der Domäne der Chemie.

französischen Chemiker. Lavoisier hörte interessiert zu und unternahm sofort seine eigenen Versuche. Er verstand, dass Sauerstoff die Essenz des Feuers war. Die Flammen hatten keine mystische oder »essenzielle« Substanz, wie bis dahin angenommen. Er berechnete, dass die Atmosphäre zu 25 Prozent aus Sauerstoff bestand – beeindruckend nah an dem tatsächlichen Anteil von 21 Prozent. Doch hätte Lavoisier nicht großzügiger gegenüber Priestley sein und dessen Errungenschaften anerkennen sollen, ganz zu schweigen von Scheele, der trotz des Briefes aus dem Jahr 1774 nie erwähnt wird?

Lavoisier behauptete, Scheeles Brief nie erhalten zu haben, obwohl dieser bekannterweise viele Jahre später im Nachlass seiner Frau gefunden wurde.

Die Geschichte erinnert an den Brief, den Alfred Russell Wallace 80 Jahre später an Darwin schrieb, und von dem zunächst auch niemand Kenntnis gehabt haben wollte. In diesem Brief beschrieb Wallace dem weitaus bekannteren Naturwissenschaftler, der zu jenem Zeitpunkt mit dem Endspurt seines Opus Magnum *Die Entstehung der Arten* beschäftigt war, seine Evolutionstheorie. In diesem Fall wurde Wallace sein Teil der Ehre zuerkannt, aber es bestand auch keinerlei Zweifel daran, dass auch Darwin seit mehreren Jahren Indizien für dieselbe Theorie gesammelt hatte.

Dennoch muss man Lavoisier zugutehalten, dass er unbestritten einer der Größten der Chemie war. Mit beeindruckendem Überblick listete er die Elemente auf, die die Bausteine aller Natur sind, und entdeckte im Gegensatz zu Scheele und Priestley, dass sich beim Verbrennungsprozess tatsächlich Sauerstoff mit Kohlenstoff verband, sodass, wenn CO_2 in die Rechnung mit einbezogen wurde, eine Gewichtszunahme bei dem Reaktionsprodukt (dem Verbrannten) zu beobachten war, und keine Abnahme. 1789 – im Jahr der Revolution – veröffentliche Lavoisier sein revolutionäres Chemiebuch. Er war zwar ein Visionär der

Chemie, doch leider nicht der Politik. Er unterstützte das machthabende Regiment, lehnte allerdings das Angebot ab, Finanzminister König Ludwigs des XVI. zu werden. Trotzdem wurde er vom Sog der Revolution mitgerissen und am 5. Mai 1794, wie so viele andere, Opfer der Guillotine. Einer von Lavoisiers Zeitgenossen, der Mathematiker Joseph-Louis Lagrange, wohnte der Hinrichtung bei und bemerkte hinterher lakonisch, es habe nur einen Moment gedauert, seinen Kopf abzuschlagen, doch es werde sicher ein Jahrhundert oder mehr dauern, einen solchen zu erschaffen. Auch Scheele war kein langes Leben vergönnt, er starb im Jahre 1786, gerade einmal 43 Jahre alt, an einer Quecksilbervergiftung und wurde damit ein Opfer seiner eigenen Forschung.

Priestley hingegen musste für seine *Unterstützung* der Revolution büßen, obwohl er auf der anderen Seite des Kanals lebte. Seine Argumente für Wissenschaft und Rationalität waren für viele starker Tobak, insbesondere weil er Theologe war, und er zog dadurch den Zorn des Bauernstandes auf sich. Als er auch noch seine Unterstützung der Französischen Revolution kundtat, lief das Fass über. Trotz seiner wissenschaftlichen Verdienste musste er 1791 in die USA fliehen, nachdem ein erzürnter Mob seine Kirche und sein Haus in Brand gesetzt hatte. Das Schicksal meinte es nicht gut mit dem Dreigespann, das das CO_2 entdeckt hatte.

Zur gleichen Zeit betrat ein weiterer großer Schwede die Bühne der Wissenschaft, Jöns Jacob Berzelius[16], der letztlich diesem Buch den Namen gegeben hat. Der Übergang vom 18. zum 19. Jahrhundert war eine Revolu-

16 Jöns Jacob Berzelius (1779–1848) gilt zusammen mit Lavoisier als einer der Gründerväter der Chemie als eigenständiger Wissenschaft (wie auch Robert Boyle und John Dalton). Berzelius fügte dem Periodensystem viele neue Elemente hinzu. Des Weiteren trug er mit seiner Forschung massiv zum Verständnis der Verhältnisse zwischen den Elementen bei. Mehr zu Berzelius in: *Karolinska Institutet 200 år – 1810–2010.*

tionsperiode für die Chemie im Allgemeinen und für den Kohlenstoff im Besonderen. Berzelius nun machte den Kohlenstoff zu C. Versehen mit der Atomnummer 12, schuf das C Klarheit in einer babylonischen Verwirrung von verschiedenen muttersprachlichen Bezeichnungen. Wie sein bekannterer Landsmann Carl von Linné einige Jahre zuvor in der Biologie die binäre Nomenklatur für alles Lebendige etabliert hatte (beispielweise *Homo sapiens* und *Rattus norvegicus*), arbeitete Berzelius an der Entdeckung weiterer chemischer Elemente und deren Benennung durch einzelne Buchstaben. Wahrscheinlich ließ Berzelius sich bei diesem Strukturierungsprozess von Linné inspirieren. Einige Stoffe mussten zwei Buchstaben bekommen. Da C bereits für Kohlenstoff stand, bekam Calcium zum Beispiel das Kürzel Ca. Berzelius führte auch die Schreibweise für die Atomanzahl in chemischen Bindungen ein. Noch heute schreiben wir H_2O, um zu verdeutlichen, dass Wasser zwei Wasserstoffatome enthält (wobei Berzelius zunächst die Schreibweise H^2O verwendete).

Eben jener Berzelius schlug auch vor, dass Stoffe in organische und anorganische Stoffe eingeteilt werden sollten. Er zählte fast alle Kohlenstoffverbindungen zu den organischen Stoffen, während Salze, Metalle und Wasser als anorganisch klassifiziert wurden. Die Einteilung in die organische und anorganische Chemie haben wir beibehalten. Die organische Chemie ist dabei im weiteren Sinne auf die Sphäre des Lebendigen bezogen, auch wenn es keine messerscharfe Trennung gibt. Kurz gesagt beschäftigt sich die organische Chemie mit allen Verbindungen, die C und H enthalten, die anorganische mit dem Rest. Berzelius, Robert Boyle, John Dalton und Antoine Lavoisier formen das Quartett, das heute als Begründer der modernen Chemie gilt. Ich persönlich sehe Berzelius auch als Begründer der Stöchiometrie – aber dazu später mehr.

Nicht nur Berzelius wollte systematisch Ordnung und Übersichtlichkeit schaffen. Der in Russland geborene Chemiker Friedrich Konrad Beilstein begann bereits im Alter von 15 Jahren mit dem Studium der Chemie in Heidelberg.[17] Eines seiner ehrgeizigen und – seiner Ansicht nach – durchführbaren Projekte sollte das Auflisten aller Kohlenstoffverbindungen werden. 1881 veröffentlichte er die Erstausgabe eines Werkes, das stolze 2.200 Seiten umfasste. Es beschrieb 1.500 Verbindungen, doch schon vor der Veröffentlichung war ihm klar, dass dieses Werk unzähligen Revisionen unterzogen werden würde.

Die zweite Auflage aus dem Jahre 1886 umfasste drei noch dickere Bände, und als die dritte Auflage im Jahre 1900 in vier überdimensional dicken Wälzern erschien, musste man einsehen, dass das Thema die Möglichkeiten der Druckausgaben überstieg. Auch hier lässt sich wieder eine Parallele zu Carl von Linné ziehen, der der Meinung war, annähernd die komplette Artenvielfalt katalogisiert zu haben, als er Ende des 18. Jahrhunderts beeindruckenden 8.000 Pflanzen und 6.000 Tieren Bezeichnungen zugeordnet hatte. Daraufhin war er zu dem Schluss gekommen, dass sich die gesamte Anzahl der Arten auf diesem Planeten auf 26.500 belaufe. Heute liegen die Schätzungen bei zwischen 2 und 10 Millionen Arten, wobei wir die tatsächliche Anzahl wohl niemals erfahren werden.[18] Im Gegensatz zur organischen Chemie, der es

17 Friedrich Konrad Beilstein (1838–1906), geboren in St. Petersburg, mit deutschen Wurzeln. Schüler Liebigs und Begründer des *Beilstein Journal of Organic Chemistry*.

18 Und wieder Carl von Linné. Mit seiner Katalogisierungsarbeit leistete er einen großen Beitrag, aber man muss gestehen, dass er ordentlich daneben lag. Heutzutage lässt sich nicht sagen, wie viele Arten existieren, auch weil der Artenbegriff ein problematischer ist, besonders was einfache und einzellige Organismen betrifft. Nach heutigem Stand sind ungefähr 1,7 Millionen Arten beschrieben. Die totale Anzahl liegt wahrscheinlich bei 8 Millionen oder mehr. Mehr über Carl von Linné und die Anzahl der Arten in: Hessen, D. O. (2000):

durchaus gelungen ist, Naturstoffe nachzubilden und neue Varianten davon zu entwickeln, haben wir es in der Biologie bisher noch nicht geschafft, ganz neue Arten im Labor zu züchten. Doch das ist nur eine Frage der Zeit. Die ersten synthetischen Bakterien haben bereits das Licht der Welt erblickt, und die größten Visionäre unter uns sind der Meinung, dass wir »bald« den Punkt erreicht haben, an dem die meisten organischen, C-haltigen Produkte aus synthetischen Organismen gewonnen werden und vielleicht sogar unseren Bedarf an Biotreibstoffen decken und das CO_2-Problem lösen können. Ich werde später darauf zurückkommen.

Heute wird die Systematisierung der Chemie durch die Beilstein-Datenbank fortgeführt, die größte Datenbank der Welt für organische Chemie. Nach ihr ist die Zeitschrift *Beilstein Journal of Organic Chemistry* benannt, in der regelmäßig neue Verbindungen und Reaktionen publiziert werden. Geschätzt gibt es per dato ungefähr genauso viele Kohlenstoffverbindungen wie Arten auf unserem Planeten: 10 Millionen. Wir werden hier *nicht* alle beleuchten. Auch wenn Kohlenstoffatome sich in ihrer eigenen Gesellschaft sehr wohl fühlen und sich mit bis zu 60 anderen Kohlenstoffatomen zusammentun können, ohne ein anderes Element einzuladen, kann man ihnen nicht absprechen, keine Freunde zu haben. Es ist leichter, Verbindungen aufzuzählen, die *kein* C in sich tragen, als Verbindungen mit C.

Carl von Linné. Gyldendal. Mora, C. et al. (2011): How Many Species Are There on Earth and in the Ocean? *Plos Biology* DOI: 10.1371/journal.pbio.1001127

Ein Meister der Verkleidung: das Weiche, Harte, Runde

Verbindet Kohlenstoff sich mit Wasserstoff, stellt dies den Übergang von der anorganischen zur organischen Chemie dar.[19] Dies ist eine wichtige Trennlinie innerhalb der Welt der Chemie. Ausgangspunkt der organischen Chemie ist die für lebende Materie typische Verbindung von Kohlenstoff mit Wasserstoff. Das einfachste organische Molekül ist das Methan (CH_4), häufig ein Produkt lebender Organismen, trotzdem aber kein Bestandteil des Lebens selbst. Ein Großteil der schier unendlich vielen organischen Verbindungen sind synthetischen Ursprungs. Das Wort organisch muss deshalb aus einem anderen Blickwinkel betrachtet werden als in anderen Bereichen. So gilt zum Beispiel das Insektizid DDT (Dichlordiphenyltrichlorethan), eine Kohlenstoff-Chlor-Verbindung, bestehend aus zwei sechseckigen Kohlenstoffringen mit angelagerten Chloratomen, aus Sicht eines Chemikers als organische Verbindung, während die biologisch-organische Landwirtschaft gerade dadurch gekennzeichnet ist, dass weder DDT noch andere Spritzmittel zur Anwendung kommen. Die Chemiker berufen sich, was die Bezeichnung »Organische Chemie« angeht, auf eine 120 Jahre alte Tradition. Bemerkenswert ist aber auch der Molekülaufbau des DDTs, denn während die chemische Formel $Cl_5H_9C_{14}$ lautet, also 5 Chlor-, 9 Wasserstoff- und 14 Kohlenstoffatome, stellt man die Strukturformel in der Regel wie folgt dar:

19 Die Systematik der anorganischen Chemie ist gut beschrieben in: Nelson, D., Cox, M. (2010): *Lehninger Biochemie* 4. Auflage. Springer, Berlin, Heidelberg, New York.

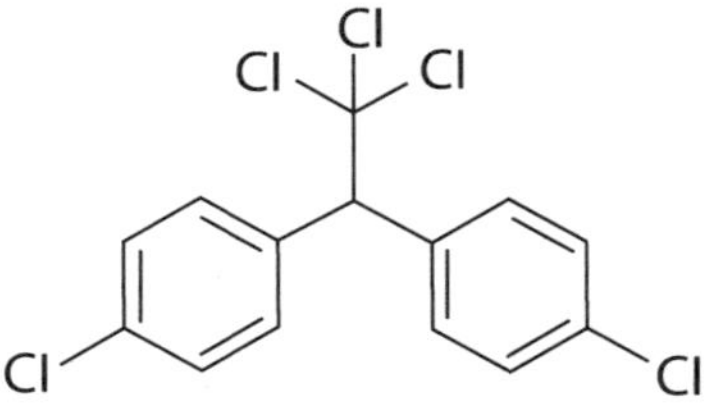

Abbildung 3: DDT (Dichlordiphenyltrichlorethan) – ein organisches Molekül, das in der biologisch-organischen Landwirtschaft aber verboten ist. In jeder Ecke der Sechsecke sitzt ein Kohlenstoffatom.

Es wird bei dieser Darstellung davon ausgegangen, dass in jeder Ecke und an jeder Bindung ein Kohlenstoffatom sitzt, was zu den insgesamt 14 Kohlenstoffatomen führt. In der organischen Chemie ist das derart selbstverständlich, dass man sich nicht einmal mehr die Mühe macht, die C-Atome einzuzeichnen. Genauso selbstverständlich ist die Tatsache, dass die 9 nicht erkennbaren H-Atome die vierte Bindung jedes C-Atoms, und die Doppelstriche Doppelbindungen darstellen (Kohlenstoff hat vier sog. Außenelektronen und damit vier normale Bindungsmöglichkeiten).

Grundsätzlich kommt Kohlenstoff in der Natur in drei reinen Formen vor: Graphit und Diamant sind schon lange bekannt, erst in jüngerer Zeit entdeckt wurde hingegen das *Fulleren*. Jeder weiß, dass sowohl das »Blei« im Bleistift als auch der Diamant aus reinem Kohlenstoff bestehen, und es fasziniert uns, dass das extrem Weiche und Billige und das extrem Harte und Teure aus derselben Substanz bestehen sollen. Dass der Diamant nicht nur in die Welt des Kohlenstoffs gehört, sondern aus reinem Kohlenstoff besteht, konnte bereits 1772 von Lavoisier nachgewiesen werden. Wenig später stellte sich dann heraus, dass das »Blei« im Bleistift, kein Blei war, wie man lange geglaubt hatte, sondern ebenfalls Kohlenstoff. Sowohl der Diamant als auch der Graphit geben bei ihrer Verbrennung die ihrem Gewicht entsprechende Menge CO_2 ab.

Einer der weltweit größten und bekanntesten Diamanten ist der Koh-i-Noor, der mit seinen ursprünglich 793 Karat über 5.000 Jahre hinweg von einem Herrscherhaus zum anderen weitergegeben wurde.[20] Der allergrößte bisher bekannt Diamant ist der Cullinan-Diamant mit 3.106 Karat (620 Gramm) im ungeschliffenen Zustand, gefunden 1905 in Südafrika. Die seit Jahrhunderten andauernde Faszination für Diamanten ist sicher durch ihre Seltenheit und Beständigkeit zu erklären. Dabei ist auch die Lebensdauer von Diamanten nicht unbegrenzt, ja, man kann sie sogar verbrennen. Ihr Schmelzpunkt liegt bei 3.200 °C und ihr Siedepunkt bei 4.200 °C. An der Luft brennt ein Diamant aber schon bei 800 °C, nach der simplen Reaktionsgleichung $C + O_2 = CO_2$. Aber wie kann ein und derselbe Stoff Ausgangspunkt dieser Extreme sein? Noch verblüffender als diese Frage ist die Tatsache, dass aus Graphit Diamant werden kann und aus Diamant Graphit, vorausgesetzt man setzt sie der richtigen Kombination aus Druck und Temperatur aus.

Der älteste Graphit, den wir kennen, ist möglicherweise auch ein Beweis für das älteste Leben hier auf diesem Planeten. Er wurde in einer Schicht von 3,8 Milliarden Jahre alten Sedimentgesteinen in Grönland gefunden und ist so rein, dass man damit schreiben kann. Er enthält das Isotop ^{13}C (auf das wir noch zu sprechen kommen werden), was ein starker Hinweis auf seinen biologischen Ursprung ist. Einen abschließenden Beweis dafür werden

20 Diamanten leben ewig, auf jeden Fall nach unseren Maßstäben, wenn sie nicht einer extremen Kombination aus Druck und Hitze ausgesetzt werden. Eric Roston geht auf dieses Thema in seinem Buch *The Carbon Age* ein. Die Geschichte des Koh-i-Noor und anderer mythenumwobener Diamanten findet sich in vielen Büchern, die sich aber alle auf ein grundlegendes Werk beziehen: Streeter, E. (1882): *The great diamonds of the world. Their history and romance.* Ein Auszug findet sich hier: http://famousdiamonds.tripod.com/koh-i-noordiamond.html. Mehr über synthetische Diamanten und die moderne Verwendung von reinem Kohlenstoff findet sich in: Krueger, A. (2010): *Carbon Materials and Nanotechnology.* Wiley-VCH, Weinheim.

wir aber nie erhalten. Der Graphit besteht aus Schichten von zu Sechsecken verbundenen Kohlenstoffatomen. Die Schichten werden von schwachen Bindungskräften zusammengehalten, sodass sie sehr leicht getrennt werden können. Dafür reicht schon die Reibung der Mine auf dem Papier. Im Diamant hingegen sind die Kohlenstoffatome in einem nahezu unangreifbaren Netz miteinander verbunden und bilden so einen der härtesten Stoffe, die wir kennen.

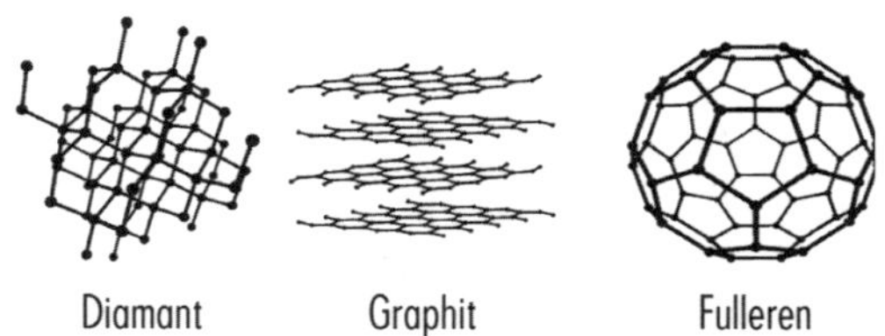

Abbildung 4: Diamant, Graphit und Fulleren sind die drei Hauptformen von reinem Kohlenstoff. Während der Diamant seine souveräne Stärke durch das Kristallgitter erhält, ist die Weichheit des Graphits auf dessen Schichtstruktur zurückzuführen. Das Fulleren hingegen ist wie ein Fußball aufgebaut und setzt sich aus 60 C-Atomen zusammen.

Diamant entsteht unter extremem Druck bei hohen Temperaturen. Natürliche Diamanten stammen sozusagen aus Druckkammern tief im heißen Inneren der Erde. Bei synthetischen Diamanten versucht man diese Bedingungen nachzuahmen, in dem man Kohlenstoffgas im Labor hohen Temperaturen und hohem Druck aussetzt. Chemisch gesehen sind auch das echte Diamanten, aber da sie auf künstlichem Wege entstanden sind, werden sie auf dem Edelsteinmarkt viel weniger geschätzt. Es ist interessant zu betrachten, welchen Vorrang das Natürliche vor dem Künstlichen hat. Das Natürliche gilt als »echt«, während das Synthetische als »unecht« dargestellt wird – egal ob das Produkt chemisch gesehen komplett identisch ist. Vermutlich akzeptieren wir nur in der Pharmazie die synthetischen Kopien der für die Gesundheit relevanten komplexen natürlichen Kohlenstoff verbindungen.

Es wird heftig diskutiert, wer als erster künstliche Diamanten hergestellt hat. Sicher ist, dass es bereits 1955 der General Electric Company gelungen ist, künstliche Diamanten in großem Stil herzustellen, wodurch der Wert der Firmenaktien an einem Tag um 300 Millionen Dollar anstieg.[21] Heute übersteigt die jährliche Produktion synthetischer Diamanten 100 Tonnen pro Jahr. In erster Linie werden sie für industrielle Zwecke verwendet.

Mehr als 200 Jahre nach Lavoisier stellte sich heraus, dass der Kohlenstoff mit noch weiteren Überraschungen aufwarten kann. Kohlenstoff existiert nämlich nicht nur in den reinen Formen Diamant und Graphit. 1985 wurde eine völlig andere Form einer C-Verbindung entdeckt: Das Fulleren. Der merkwürdige Name leitet sich von dem noch seltsameren ursprünglichen Namen Buckminsterfulleren ab, benannt nach dem Architekten Richard Buckminster Fuller[22], der fantastische Kuppeln entwarf, die aus Fünf- und Sechsecken zusammengesetzt waren.

Die Entdeckung des ersten Fullerens basierte auf einem Zufall. Es war das unerwartete Nebenprodukt eines komplizierten Versuches. Um langkettigen Kohlenwasserstoffen auf die Spur zu kommen, wie sie im Inneren von Sternen entstehen, wurden die Prozesse im Inneren eines Gasplaneten simuliert. Bei der Auswertung des Experiments entdeckte man Moleküle aus exakt 60 Kohlen-

21 Krueger, A. (2010): *Carbon Materials and Nanotechnology*. Wiley-VCH, Weinheim

22 Richard Buckminster Fuller (1895–1983) spielt in unserer Geschichte keine besondere Rolle und trug nicht weiter zum Verständnis der Kohlenstoffchemie bei. Er ist aber verantwortlich für die Konstruktion seltsamer Gebäude, die wie eine Vorahnung der Struktur der Fullerene erschienen, weshalb diese Moleküle seinen Namen erhielten.

stoffatomen. Ein chemisches Retortenbaby, das sich in allem von der bis dato bekannten Kohlenstoffchemie unterschied. Kohlenstoff kann sehr vielfältige Strukturen mit einer extrem unterschiedlichen Anzahl von Kohlenstoffatomen annehmen. Die Tatsache, dass all diese Moleküle exakt 60 Atome enthielten, deutete darauf hin, dass es sich um eine spezielle Struktur, eine Art geschlossene Einheit, handelte. (Leider ist das nichts, was man so einfach unter dem Mikroskop untersuchen kann.)

Die Versuche wurden in mehreren Varianten wiederholt, und die geheimnisvollen 60-C-Moleküle tauchten dabei immer wieder auf. Die einzig logische Erklärung für 60 reine C-Atome war ein fußballähnliches Molekül, bestehend aus 12 Fünfecken und 20 Sechsecken. Harold Kroto und seine Mitarbeiter an der Rice University in Texas beschrieben die Struktur als »... ein Polygon mit 60 Ecken und 32 Oberflächen ... dieses Objekt wird für gewöhnlich wie ein Fußball ... beschrieben.« Dieser »Fußball«, abgebildet *»on Texas grass«*, wurde unter Chemikern zu einer Ikone. Auch der Titel des Artikels blieb unvergesslich: *60-C: Buckminsterfulleren.*[23] Die Zeitschrift *Nature* stellte im November 1985 ihre Titelseite für eine Abbildung des ikonischen Kohlenstofffußballs zur Verfügung.

Wie durch einen Zufall entstand zur gleichen Zeit in der Wüste von Arizona die ultimative, von Menschenhand geschaffene Fulleren-Kuppel. Die Zeichnung und die Pläne für Biosphäre 2 waren allerdings bereits gemacht, als das Fulleren das Cover des Wissenschaftsmagazins schmückte. Das Gebäude selbst entstand jedoch erst 1987. *Biosphäre 2*[24] war der Versuch, ein sich selbst erhaltendes,

23 Kroto, H. W. et al (1985): C_{60}: Buckminsterfulleren. *Nature* 318:162–163.

24 Biosphere 2 war vermutlich das extravaganteste, visionärste Experiment, das je auf der Erde ausgeführt wurde. Eine Art CERN der Ökologie. Ob der Ansatz realistisch war, darf diskutiert werden, das Experiment selbst fand aber viel Aufmerksamkeit. Am besten beschrieben ist Biosphere 2 in: Poynter, J. (2008):

intaktes Ökosystem in einer Glaskuppel zu schaffen. Das aufsehenerregende Gebäude beinhaltete 1900 m^2 Regenwald, 850 m^2 Meer mit einem Korallenriff, 1300 m^2 Savanne, 1400 m^2 Wüste und 2500 m^2 Ackerland. Integriert war ein fortschrittliches Zirkulationssystem für Luft und Wasser. Die Energie wurde durch die Sonneneinstrahlung durch das Glas gewonnen. Am 26. September 1991 schlossen sich die Türen hinter den vier Männern und vier Frauen, die zwei Jahre in dieser Blase verbringen sollten. Streng genommen war Biosphäre 2 damit auch ein soziales Experiment, bei dem vieles überraschend gut funktionierte und das sowohl in biologischer als auch in sozialer Hinsicht. Die acht Menschen kamen gut mit dem zurecht, was sie selbst im Glashaus anbauten und ernteten, und auch das Zusammenleben bot keine größeren Probleme. Der Kohlenstoffkreislauf hingegen war deutlich schwerer zu handhaben.

Während in der Biosphäre 1, also auf der Erde, die Konzentration an CO_2 und O_2 seit vielen Tausend Jahren auffallend konstant ist, gab es bei den Gaskonzentrationen in dem geschlossenen Ökosystem ein stetes Auf und Ab. Die Tagesschwingungen der CO_2-Konzentration konnten 600 ppm übersteigen, mit niedrigen Werten am Tag (wenn die Pflanzen CO_2 aufnahmen) und hohen Werten in der Nacht. Noch drastischer wurde es im Winter während der geringsten pflanzlichen Aktivität. Die CO_2-Konzentration erreichte in dieser Zeit mit 4.500 ppm einen Wert, der dem Zwölffachen des Niveaus auf der Außenseite entsprach. Da man sich im Inneren eines Treibhauses mit einem Lüftungssystem befand, trug das CO_2 nicht zur Erwärmung bei, und als Gas ist CO_2 nicht giftig.

Negativ war allerdings die zunehmende Müdigkeit bei den acht Bewohnern der Kuppel, die allerdings nicht auf

The Human Experiment. Two Years and Twenty Minutes Inside Biosphere 2. Thunders's Mouth Press, New York.

die hohe CO_2-Konzentration, sondern auf den geringen Sauerstoffgehalt zurückzuführen war, der von 21 Prozent auf 4,5 Prozent gesunken war. Dieser Wert entspricht einem Aufenthalt in 4000 Metern Höhe, wo Gedanken und Bewegungen wie durch Sirup gebremst werden. Ein Erklärungsansatz war, dass der kohlenstoffhaltige Boden CO_2 abgab und gleichzeitig wegen des bakteriellen Abbaus organischer Materialien O_2 verbrauchte. Das Fundament bestand überdies aus kalkhaltigem Beton; dieser fixierte CO_2 infolge einer Reaktion frei, der wir noch mehrfach begegnen werden: $Ca(OH)_2 + CO_2 \rightarrow CaCO_3 + H_2O$.

Diese Reaktion wirkte sich nicht sonderlich auf den extrem hohen CO_2-Gehalt der Kuppelatmosphäre aus. Sie fungierte aber über den im CO_2 gebundenen Sauerstoff als zusätzlicher O_2-Fänger. Zusätzlich stieg auch die Konzentration des dritten großen Treibhausgases an, nämlich des Lachgases (N_2O). Die Konzentration erreichte mit der Zeit lebensbedrohliche Werte, wodurch sich der interne Stickstoff-Kreislauf veränderte. Schließlich musste man regelrecht mogeln und Frischluft in die Kuppel blasen, um weitermachen zu können. Es ist nicht einfach, die Natur zu kopieren, aber trotz aller Fehler und Einschränkungen war Biosphäre 2 ein beeindruckender Versuch.

Einige Jahre nach meinen eigenen, bescheidenen Studien des Kohlenstoffzyklus am See in den Norwegischen Wäldern, besuchte ich selbst Biosphäre 2. Die Wüste Arizonas ist ein krasser Gegensatz zu dem feuchten, kohlenstoffreichen System in den nordischen Wäldern, da allein der kohlenstoffreiche Waldboden und die meterdicken Moorschichten bei kaltem und feuchtem Klima große Kohlenstoffspeicher darstellen. Die trockene, heiße Wüste Arizonas ist hingegen, wie alle Wüsten, extrem kohlenstoffarm. Im Sand ist nicht viel Kohlenstoff, und das wenige, was in den genügsamen Kakteen und Kreosotbüschen gebunden ist, wird beinahe vollständig an die Atmosphäre abgegeben, wenn die Pflanzen in dem heißen

Klima absterben. Deshalb war der Kontrast zwischen der sonnenverbrannten Landschaft auf der Außenseite und der feuchten Fruchtbarkeit im Inneren von Biospäre 2 ein wirklich beeindruckendes Erlebnis. Die Kuppel mit ihren kleinen Ökosystemen ist noch heute intakt und einen Besuch wert. Sollte die Glaskuppel eines Tages verschwinden, wird es nur wenige Jahre dauern, bis all der lebenspendende Kohlenstoff, der unter der Kuppel so lange geschützt war, in der Sonne oxidiert wird und gemeinsam mit dem Wasser in der Atmosphäre verschwindet. So gesehen kann diese als düstere Metapher für ein Worst-Case-Szenario für »*Biosphäre 1*« (die Erde) angesehen werden, auch wenn dort der Treibhauseffekt eine der größten Bedrohungen darstellt. Zugegeben, ich bin, ausgehend vom Fulleren, etwas abgeschweift, aber *Biosphäre 2* ruft uns in Erinnerung, wie sehr wir einen ausbalancierten Kohlenstoffkreislauf mit den richtigen Konzentrationen von Sauerstoff, Methan und Lachgas zu schätzen wissen sollten – und dass wir das alles auch in der »*Biosphäre 1*« keineswegs als selbstverständlich ansehen sollten.

Wir können den Extrempunkten Diamant und Graphit als Hauptformen des reinen Kohlenstoffs in der Natur nun also das Fulleren als dritte – äußerst seltene – Form hinzufügen. Diesen drei Reinformen steht eine schier unüberschaubare Menge von Kohlenstoffverbindungen, Kombinationen und Kunststoffen gegenüber. Der Kohlenstoff ist nicht nur das essenzielle Molekül des Lebens, sondern auch der Rohstoff für unzählige neue Hightech-Produkte. Was reine C-Produkte angeht, kann man heutzutage auch Fullerene mit 70 C-Atomen herstellen, und mit den Kohlenstoffnanoröhren und dem einschichtigen Graphen ist ein Füllhorn neuer Anwendungsmöglichkeiten entstanden.[25] Einige der neuen wissenschaftlichen

25 Ravve, A. (2012): *Principles of polymer chemistry*. Springer, New York.

Entdeckungen sind die Früchte langwieriger zielgerichteter Arbeit, während andere reine Zufallsprodukte sind.

Der Traum von einem Kohlenstoffblatt mit der Dicke eines einzigen Atoms war nicht neu, aber als er realisiert wurde, geschah das mehr oder weniger zufällig. Es war im Jahre 2004, als Andre Geim und Konstantin Novoselov, etwas vereinfacht formuliert, eine einzelne Schicht Kohlenstoff mithilfe eines Klebebandes von einem Stück Kohle ablösten. Sie erhielten dafür im Jahr 2010 den Nobelpreis für Chemie. Die ultradünne Kohlenstoffschicht, bestehend aus den bekannten Sechsecken, hat überraschende Eigenschaften, was Bruchhärte und Leitungsfähigkeit angeht. Graphen ist 300 Mal härter als Stahl, fast durchsichtig, ein extrem guter elektrischer Leiter, flexibel und nicht brennbar. Kohlenstofffasern vereinen zudem geringes Gewicht und Stärke und sind in diesen Punkten allen Metallen überlegen. Ihr Einsatzbereich ist wie der des Graphens schier unendlich. Einige Forscher träumen davon, Graphen mit dem genetischen Code zu kombinieren, um so einen DNA-basierten Chip herzustellen. Dieser könnte die Datenspeicherung revolutionieren; er wäre die ultimative Synthese aus belebter und unbelebter Materie. Die DNA ist im Grunde ja nichts anderes als ein digitaler Code mit ungeahnter Informationsvielfalt. Basierend auf einem einfachen Alphabet aus nur vier Buchstaben sind alle Informationen, die für die Entstehung eines Menschen nötig sind, in einem mikroskopisch kleinen Zellkern gespeichert. Die Variationsmöglichkeiten, die es braucht, um 7 Milliarden einzigartige Menschen entstehen zu lassen, ergeben sich aus der variierenden Reihenfolge dieser vier Buchstaben. Und die Informationsmenge, die in der DNA in einem einzigen kleinen Zellkern gespeichert ist, entspricht in etwa 6.000 Büchern mit jeweils 500 Seiten. Diese Art der Speicherung ist unendlich effektiver als die Technik selbst des modernsten Supercomputerchips … Was dann erst mit einer Ein-Schicht-Kohlenstoff-Basis möglich wäre? – Viele unserer klügsten Erfindungen sind letztlich Kopien von Lösungen, die die Evolution schon vor Millionen von Jahren gefunden hat.

Als Lager für Wasserstoffgas in gasbetriebenen Motoren stellen außerdem Kohlenstoffnanoröhren einen der vielversprechendsten Ansätze dar. Darüber hinaus finden sie als Basis für elektrochemische Detektoren, zur Bestimmung von Metallen und in der Pharmaindustrie Anwendung. Bis jetzt haben wir nur über reine Kohlenstoffverbindungen gesprochen. Richtig interessant sind jedoch all die anderen Verbindungen, die Kohlenstoff sonst noch eingehen kann. Wie schon erwähnt, gibt es etwa 10 Millionen unterschiedliche Kohlenstoffverbindungen, und täglich kommen neue hinzu. Der Kohlenstoff hat zweifelsohne noch ein paar Asse im Ärmel, mit denen er uns in den nächsten Jahren überraschen wird.

Die Nachkommen der Nylonstrümpfe

Der Erfolg des Kohlenstoffs als chemischer Partner ist unter anderem dem Umstand geschuldet, dass er sowohl Einzel- als auch Doppel- oder Dreifachbindungen sowie je nach Bedarf auch Kombinationen dieser Verbindungen eingehen kann, solange alle vier Elektronen einen passenden Partner finden. Bei der Kohlensäure hat der Kohlenstoff sich mit einer Doppelbindung an das eine freie Sauerstoffatom gebunden, und an die beiden anderen mit einer Einzelbindung, da diese jeweils noch eine Einzelbindung zum Wasserstoff haben. Beim CO_2 existiert eine Doppelbindung zwischen dem C und beiden Sauerstoffatomen. Nun könnte man vermuten, dass es bei Kohlenmonoxid (CO) vier Bindungen gibt, doch stattdessen finden wir hier eine Dreifachbindung, weswegen das Molekül schwach geladen ist. Das trägt dazu bei, dass sich CO unangenehm effektiv an das Hämoglobin der Blutzellen bindet. Weil CO den Konkurrenzkampf gegen O_2 in den Blutzellen gewinnt, wirkt es im Gegensatz zu CO_2 giftig.

Die Lieblingsposition von C scheint sich in einer Ringstruktur zu liegen, wie wir sie in Graphit, Graphen und Fulleren beobachten können, aber auch in Millionen anderen organischen Strukturen wie DDT. Derartige Kohlenstoffringe sind zentral für alle Lebewesen und sie finden sich auch in zahlreichen synthetischen Komponenten – nicht zuletzt in der Pharmaindustrie. Ungefähr 75 Prozent aller organischen Moleküle enthalten zyklische Verbindungen in der einen oder anderen Form – oft eine Kombination aus verschiedenen Formen. Wenn die Kohlenstoffatome sich in derartigen Familiengruppen zu sechst zusammenfinden, gehen sie oft eine Doppelbindung zu dem einen Nachbarn und eine Einzelbindung zu dem anderen ein – und nur unsere Fantasie kann eingrenzen, womit sie sich mit ihrer freien, letzten Bindung verknüpfen. Eines der einfachsten Moleküle aus dieser enormen Gruppe ist Benzol, erstmalig beschrieben von August Kekulé im Jahre 1865.

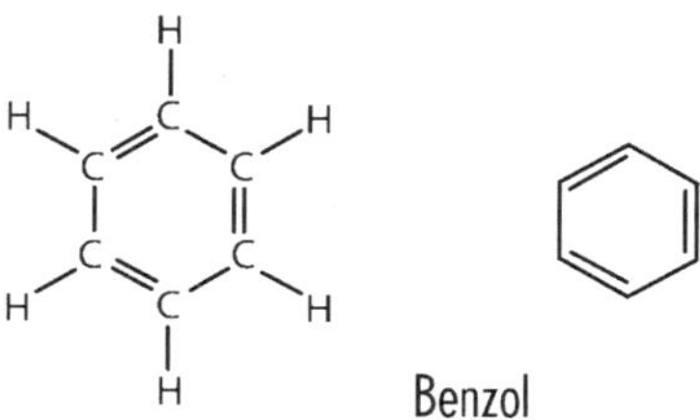

Abbildung 5: Benzol – die rechte, vereinfachte Version ist für die Eingeweihten unter uns.

Auch wenn das Molekül eine einfache Struktur aufweist, so war doch ihre Entdeckung ein Meilenstein der Wissenschaft. Kekulé leitete die Molekülstruktur auf Grundlage seiner Theorie darüber her, welche Bindungen die Elektronen auf der äußeren Schale logischerweise eingehen müssten. Wobei er diese Bindungen »Verwandtschaftseinheiten« nannte. Kekulé gehört zu den »Bekehrten«, die nach der Offenbarungserfahrung einer großartigen Vorlesung ihr eigentliches Wissenschaftsfeld verlassen haben. Justus Liebig inspirierte Kekulé dazu, sein Architekturstudium aufzugeben und sich der Chemie zu widmen. Eben dieser Liebig war auch der Lehrer Friedrich Konrad Beilsteins, des Mannes also, der mit der Klassifizierung aller organischer Verbindungen begann. Wir werden später noch auf Liebig zurückkommen, der auch den Autor dieses Buches inspiriert hat.

Benzol wurde bereits 1825 aus Steinkohleteer gewonnen – von keinem geringen als Michael Faraday. Etwas später wurde es in Benzen umbenannt – nicht zu verwechseln jedoch mit dem Benzin, das wir heutzutage in unsere Tanks füllen, welches eine Mischung aus unterschiedlichen, verzweigten Kohlenwasserstoffen mit vier bis zwölf Kohlenstoffatomen ist. Die Bezeichnung Benzol etablierte sich nach und nach, und hinter dem charakteristischen, beinahe süßlichen Geruch steckte die Verbindung C_6H_6. Aber welches Verhältnis diese C's und H's zueinander hatten, blieb zunächst ein Mysterium. Wie auch bei dem viel später entdeckten Fulleren gab es keine logische Struktur, die eine stabile Verbindung ergeben hätte. Erst 1865, fand der »Herr der Ringe«, Kekulé, der mittlerweile Professor an der Universität in Gent, Belgien, war, die Lösung, angeblich im Traum. In jenem Traum drehten die Moleküle sich zusammen zu einer Schlange, die sich in den Schwanz biss – die Ringstruktur. Kekulés Erzählung weist, glaubt man berufenen Quellen, die eine oder andere Schwäche auf, aber er beschrieb damit auf jeden Fall die erste einer ganzen Reihe aromatischer Strukturen, die den Benzolring als gemeinsamen Nenner haben, und ihre Verwandten, welche das Fundament von drei Vierteln der gesamten organischen Chemie darstellen.

Der Begriff organische Chemie klingt für Unwissende vielleicht komisch, und im Detail ist sie hochkomplex. Dennoch ist diesem Gebiet eine wunderbare Logik und Symmetrie zu Eigen, ganz zu schweigen davon, dass sie fast alles um uns herum betrifft. Hat man erst einmal die Grundprinzipien der organischen Chemie verstanden – und hier sind vor allem die Bindungseigenschaften des Kohlenstoffs und dessen Hang zu Sechserringen zentral – fügt sich vieles in ein logisches Muster ein. Nun soll das hier kein Buch über organische Chemie werden, doch bevor wir den Kohlenstoffatomen in die Labyrinthe des Kohlenstoffzyklus folgen, sollten wir rasch noch einen Blick auf die Chemie im Allgemeinen werfen.

Die wichtigsten Gruppen organischer Moleküle sind Kohlenwasserstoffe, aromatische und zyklische Verbindung (die zahlreichen Verwandten des Benzols), Alkohol (mehr als man glaubt) und heterozyklische Verbindungen. Die grundlegende Logik der Kohlenstoffchemie ist einfach und folgt einem klaren System.[26] Kohlenwasserstoffe bilden die einfachste und übersichtlichste Kategorie. Hier muss man nur die Übersicht über C und H behalten. Unter den einfachsten finden wir Methan (CH_4), Ethan (C_2H_6), Propan (C_3H_8) und Butan (C_4H_{10}) – bei allen handelt es sich um brennbare Gase. Dann folgen die Stoffe, die nach der Anzahl der Kohlenstoffe, die sie in sich tragen, benannt wurden: Pentan (5), Hexan (6), Heptan (7), Oktan (8) usw. Darauf folgen die Alkene, ähnlich in Namen und Struktur, allerdings mit einer Doppelbindung zwischen den C-Atomen und folglich weniger Platz für die H-Atome (Ethen – C_2H_4, Propen, Buten ...). Und die nächste Gruppe? – Richtig, die Alkine, mit einer Dreifachbindung zwischen den C's. Als erstes kommt natürlich Ethin (C_2H_2), in der Umgangssprache besser bekannt als Acetylen. Diese drei Gruppen gehören zu den *aliphatischen* Verbindungen.

Die aromatischen Verbindungen sind, wie gesagt, Ringverbindungen, wie Benzol, Toluol, Naphtalin usw. Sie alle formen mit ihren C-Atomen ein Sechseck oder Fünfeck in allen möglichen Kombinationen und mit »Schwänzchen« aus anderen chemischen Verbindungen in einer unendlichen Anzahl von Varianten. Oft haben diese Stoffe einen charakteristischen Geruch. Kinder finden diese Dünste häufig herrlich; wir Erwachsenen haben gelernt, dass sie giftig oder gefährlich sind. Benzin beispielsweise riecht unmissverständlich nach organischer Chemie.

Die Alkohole folgen bei der Namensgebung der Logik der Alkane, angefangen beim Methan: Methanol, Ethanol

26 Siehe: Nelson, D., Cox, M. (2010): *Lehninger Biochemie* 4.Auflage. Springer, Berlin, Heidelberg, New York.

usw. Ihr gemeinsamer Nenner ist, dass ein Wasserstoffatom gegen eine OH-Verbindung ausgetauscht wurde, also von Ethan (C_2H_6) zu Ethanol (C_2H_5OH). Wir können hier nur an der Oberfläche kratzen, genauer gesagt betrachten wir die grundlegendsten Bausteine der organischen Chemie, die man zu beinahe allem zusammensetzen kann.

Direkt nach Ende des Ersten Weltkrieges begannen Chemiker, organische Moleküle so vielfältig zusammenzusetzen und miteinander zu kombinieren, wie es der Natur nicht im Traum eingefallen wäre. In erster Reihe stand Hermann Staudinger[27]. Er interessierte sich für Polymere. Der Begriff setzt sich aus *poly* (viele) und *mer* (Teil) zusammen, und kann für alles verwendet werden, was aus mehreren Teilen zusammengefügt wurde. Staudinger arbeitete zunächst mit Polymeren, die in Naturstoffen vorkamen. Er konnte nachweisen, dass augenscheinlich große und komplexe Moleküle, wie jene in Stärke, Protein, Zellulose oder Gummi, eigentlich aus langen Ketten kleinerer Moleküle bestehen, die in kovalenten Bindungen miteinander verknüpft sind – wie Perlen auf einer Schnur.

Auch wenn Staudinger und seine Kollegen *neue* Polymere für neue Zwecke erschufen, so waren Polymere an sich keine Neuheit in der Natur. Wie bei so vielem Anderen hatte die Evolution im Laufe von 100 Millionen Jahren auch Polymere hervorgebracht, robuste Strukturen in Form von beispielsweise Zellulose (einem Polymer aus Glukose) oder Proteinen (Polymeren aus 20 verschiedenen Aminosäuren). Im Labor konnten nun neue Stoffe zu neuen Polymeren mit erstaunlichen Eigenschaften

27 Hermann Staudinger (1881–1965) war ein deutscher Chemiker. Er verstand nicht nur die Struktur der Polymere, sondern erkannte auch ihre Anwendungsmöglichkeiten. Die Essenz seiner 1920 veröffentlichten, zentralen Arbeit *Über Polymerisation* ist die Hypothese, dass Gummi und andere Polymere wie Stärke, Zellulose und Proteine aus relativ kleinen Molekülen bestehen, die durch kovalente Bindungen miteinander zu langen Ketten verbunden sind.

verknüpft werden. Viele bildeten lange, strapazierfähige und leichte Fasern – wie zum Beispiel Nylon oder Polyester. Nylon erblickte das Licht der Welt am 28. Februar 1935, in der Firma DuPont[28], und damit fiel der Startschuss zu einem industriellen Märchen mit der Kohlenstoffchemie in der Hauptrolle. Angefangen bei Nylonstrümpfen, Zahnbürsten und Fallschirmen, eröffnete sich ein ganz neuer Markt für Kunstfasern. DuPont selbst hatte 1802 mit der Produktion von Schießpulver klein angefangen, doch er erkannte schnell, dass sich in anderen Zweigen der Chemie große Möglichkeiten boten. 1927 verfünffachte (!) das Unternehmen sein Forschungsbudget, und es sollte Früchte tragen. Heute zählt DuPont zu einem der größten Chemieunternehmen weltweit.

Im Mittelpunkt von DuPonts und Staudingers Erfolg stand der 15 Jahre jüngere Wallace Carothers. Er war maßgeblich an der Entwicklung des Nylons sowie des Neoprens und des Polyesters beteiligt. Neopren war das erste vollsynthetische Gummi und ist allen Surfern und Tauchern als Material eines Kälteschutzanzuges bekannt. Polyester besteht aus Ketten von Estern. Carothers konnte sich nicht im Glanz seines Erfolges sonnen, ganz im Gegenteil – er war nicht der Meinung, viel Erfolg im Leben gehabt zu haben. Am 28. April 1937 checkte er in ein Hotel in Philadelphia ein, mixte sich einen Cocktail aus Zitronensaft und Kaliumcyanid – KCN, auch hier wieder das C, doch diesmal in schlechter Gesellschaft. Die Verbindung von Kalium, Kohlenstoff und Stickstoff ergibt ein kristallines Salz, das wie Zucker aussieht, aber äußerst giftig ist. Das war Carothers Ende, doch das Polymer-Märchen ging weiter.

Es ist höchste Zeit, in der Geschichte des Kohlenstoffs das Gleichgewicht zwischen den Geschlechtern herzu-

28 DuPonts großer Forschungseinsatz im Bereich der Polymerchemie sind gründlich dokumentiert: http://cha4mot.com/p_jc_dph.html.

stellen. Stephanie Kwolek kam nach Ende des Zweiten Weltkrieges zu DuPont. Auch sie war im Kielwasser des Nylons auf der Suche nach neuen Materialien. Sie nahm einen Sechserkohlenstoffring mit einem Amin und einer Carboxylsäuregruppe als Seitenketten als Ausgangspunkt. Diese Verbindung ließ sich nur in Schwefelsäure auflösen. Dabei wurde sie zu einer breiigen Masse, aus der, indem man sie durch kleinste Löcher presste, wiederum ultrastarke Fasern gewonnen werden konnten. Der Prozess wurde in mehreren Durchläufen vereinfacht und verbessert, und resultierte schließlich in einem Produkt namens Kevlar. Dieser Stoff lässt sich in Massenproduktion herstellen, ist leichter als Stahl, und dennoch fünf Mal so stark, und wird als Ersatz für Stahl in schusssicheren Westen und Helmen, Seilen, Kabeln, Pardunen und anderen Produkten verwendet, die eine Kombination von Stärke und geringem Gewicht voraussetzen. Außerdem verträgt Kevlar Temperaturen von bis zu 400 °C. Vielleicht sind es Graphit, Diamant und Kevlar, die die stärksten Formen des Kohlenstoffs repräsentieren?

Bevor uns die Cleverness der Menschheit noch komplett zu Kopf steigt, möchte ich an dieser Stelle noch einmal daran erinnern, dass uns auch hier die Natur zuvorgekommen ist. Die Polymere in den Seidenfäden der Spinne bestehen aus Ketten großer Proteine mit einer Bruchstärke, die, im Verhältnis zu ihrer eigenen Dicke, selbst der des Kevlars um Längen voraus ist. Um das noch zu toppen, hat dieses Polymer auch noch einen antimikrobiellen Effekt und ist trotzdem vollständig biologisch abbaubar. Auf der Suche nach cleveren Lösungen in den Bereichen Design oder Medizin wandelt der Mensch nur auf den Spuren der Evolution, zum Beispiel durch Forschung zur Nachahmung der Polymerchemie der Spinne.

Kohlenstoff auf Rädern

Als die Sonne den Morgennebel nach einer verregneten Nacht vertrieb, ruderte ich auf »meinen« See hinaus um die Flaschen mit braunem, kohlenstoffhaltigem Seewasser herauszuholen, dem radioaktiver Kohlenstoff zugesetzt worden war, um die Photosynthese der Algen zu messen. Während die Algen beschäftigt waren, schlugen wir das Wasser von der Plane und packten unsere Mikroskope und den anderen experimentellen Krimskrams aus unserem provisorischen Labor zwischen den Nadelbäumen zusammen. Dann holte ich die Flaschen. Sie sind aus Quarz, der Rest ist aus Plastik oder Bakelit, den Früchten der Polymerchemie. Wir stapelten alles in Pappkartons – die auch aus Polymeren in Form von Zellulose bestehen. Diese Kartons wiederum stellten wir in den Kofferraum des heruntergekommenen universitätseigenen Volkswagens Caravelle – und was wäre dieses Auto ohne Kohlenstoffe und Polymerchemie?

Im Jahre 2010 überschritt die Anzahl der Autos auf unserem Planeten eine Milliarde; jedes Jahr werden 60 Millionen neue produziert. Vor hundert Jahren gab es kaum Autos, auch wenn Henry Ford bereits im Jahre 1905 mit der Herstellung seines legendären T-Ford begonnen hatte.[29] Ein mit Dampf betriebener Wagen erblickte bereits im Jahre 1769 das Licht der Welt, doch es blieb beim Prototyp. Auch dessen Nachfolger kamen nicht besonders weit. Ein Wasserstoffauto rollte seine

29 Die Geschichte des Autos ist ein integrierter Bestandteil der neueren Geschichte des Kohlenstoffs, vor allem weil Autos zum Großteil für die Umwandlung fossilen Kohlenstoffs in CO_2 verantwortlich sind, aber auch, weil die Automobilindustrie den Fortschritt der synthetischen Kohlenstoffchemie angekurbelt hat – hier sei nur an den Reifen zu denken. Die Geschichte des Autos wurde in unzähligen Werken wiedergegeben, beispielsweise hier: Glancey, J. (2013): *The car. The history of the automobile.* Carlton Books.

ersten Meter im Jahre 1807, aber niemand entwickelte die Idee weiter. Der Stammvater der Evolution des modernen Autos war vielleicht der Viertaktmotor von Nikolaus Otto oder Karl Benz' Dreitaktmotor. Beide basieren auf der Umwandlung von Kohlenwasserstoffen in mechanische Energie durch Verbrennung. Essenziell für das Auto ist Benzin – oder Diesel, der von Rudolf Diesel in seinem ersten Viertaktmotor verwendet wurde.

Das Rad ist ohne Frage eine zentrale Komponente jedes Fahrzeugs, und plötzlich wurde dieses Rad neu erfunden.[30] Das heißt: Nachdem das kompakte Holzrad vor zirka 4.000 Jahren seine erste Runde drehte (und die Leute es auch davor sicherlich wie die alten Pyramidenbauer gehandhabt hatten, die tonnenweise Steine über runde Holzstämme rollen ließen), folgten das deutlich leichtere Rad mit Speichen und das metallbeschlagene Rad, bevor das Gummirad Ende des 19. Jahrhunderts übernahm. Eine Fahrt mit dem ersten kompakten Gummirad muss sich noch angefühlt haben, wie mit einem Gummiball übers Holz zu rollen – sicher eine wenig bequeme Reise auf den holprigen Wegen der damaligen Zeit. Ende der 1880er Jahre wurde das aufblasbare Gummirad entwickelt. Beim Wettrennen um seine Erfindung kamen der Brite John Dunlop und die französischen Michelin-Brüder zeitgleich über die Ziellinie. In beiden Fällen war ein Fahrrad involviert: Bei John Dunlop handelte es sich um das Dreirad seines Sohnes, das mit aufblasbaren Reifen bezogen wurde, während in Frankreich »natürlich« ein Radrennfahrer mitten im Geschehen stand. Eduard Michelin entwickelte den ersten austauschbaren Fahrradreifen, der kurz darauf in Massenproduktion ging. Der Prototyp saß angeblich am Rad, das das erste Rennen Paris-Brest-Paris im Jahre 1891 gewann, 12 Jahre vor der ersten Tour de France.

Ob nun Dunlop oder Michelin – der mit Luft gefüllte

30 Locke, I. (1995): *The wheel and how it changed the world*. Amazon.

Reifen war eine Erleichterung für Reisende auf allen Landstraßen, ob sie sich nun mit Autos oder Fahrrädern fortbewegten, ganz zu schweigen vom Pferdefuhrwerk, das zu jener Zeit immer noch das bevorzugte Fahrzeug war. Gummi soll hier unser Stichwort sein, und synthetischer Gummi enthält verschiedene Polymere aus auf Petroleum basierenden Monomeren, die zu langen elastischen Ketten verknüpft werden.

Ein Autoreifen enthält überdies noch mehr reinen Kohlenstoff in Form von Ruß. Jedes Jahr werden bei der unvollständigen Verbrennung von Kohle und Petroleumprodukten mehr als 8 Millionen Tonnen Ruß produziert – 70 Prozent davon landet in Autoreifen, die wiederum zu zwei Dritteln aus Ruß bestehen. Der Ruß in den Reifen ist für ihre Farbe und ihre Strapazierfähigkeit verantwortlich. Ruß, auch als *Black carbon* bekannt, wird auch in anderen Bereichen als Pigment verwendet. Batteriekomponenten, Plastikkarosserien und Interieur-Gegenstände werden ebenfalls aus Materialien hergestellt, in denen C eine zentrale Rolle spielt.

Als Henry Ford die Massenproduktion seines Ford-Modells aufnahm, kam niemand auf den Gedanken, dass der damalige Inbegriff des menschlichen Fortschritts und der Freiheit eine dunkle Seite haben sollte. Diese Seite ist uns nun bekannt, und abgesehen von Staus, Unfällen und größerer Nachfrage an Asphalt ist vor allem das Restprodukt der Verbrennung, das CO_2, das Problem. Das »Michelin-Männchen« ist nicht nur das Symbol eines Reifenherstellers, sondern auch das eines übergewichtigen Menschen mit all seinen Schwimmringen – der zweifelhafte Dank gebührt einer unheiligen Kombination aus Unmengen von falschem C und dem Umstand, dass das Auto es uns ermöglichte, sich zu bewegen und dabei die Energieverbrennung vom eigenen Körper auf das Benzin zu übertragen.

Und apropos »falsches« C – Synthetischen Gummi

kennen wir auch in Form von Weingummi, Gummibärchen, sauren Apfelringen und anderen Süßigkeiten. Sie alle enthalten jede Menge Kohlenstoffchemie und Süßstoffe wie Glycerin ($C_3H_8O_3$) oder Zuckeralkohole (die wohlgemerkt nicht betrunken machen, sondern höchstens einen Zuckerschock auslösen können) wie beispielsweise Sorbit ($C_6H_{14}O_6$) und dessen Verwandte Mannit, Lactit, Xylit und andere. Ihre Struktur ähnelt der des gewöhnlichen Zuckers ($C_6H1_2O_6$), sie zeichnen sich jedoch durch eine intensivere Süße aus. Dabei haben sie denselben Energiegehalt wie gewöhnlicher Zucker. Süßstoffe wie Cyclamat und Aspartam (die beispielsweise in Limonade vorkommen) hingegen sind energieärmer als gewöhnlicher Zucker, aber ebenfalls um Größenordnungen süßer. Ob diese »süßen Früchte« der Kohlenstoffchemie wegen ihres synthetischen Charakters schädlicher als Zucker sind – darüber lässt sich streiten. Einen Michelin-Stern haben sie jedenfalls nicht verdient.

Plastic fantastic

Unsere Kultur basierte lange auf dem Kohlenstoff in Holz und Stein, bevor das Eisen die erste Stelle einnahm. Danach kam die Plastikgesellschaft. Plastik besteht wie Nylon, Gummi und viele andere Stoffe, die wir als Kunststoffe zusammenfassen, aus C-Polymeren. Dem Plastik sind in der Regel aber verschiedene Additive zugesetzt. Plastik war – als es mit Macht sowohl auf den industriellen als auch den Haushaltsmarkt drängte – ein Sinnbild des Fortschritts. Die alten, schweren Holzwerkzeuge wurden ausgemustert, denn mit Plastik war alles leichter. Seither dominiert das Plastik in einer Weise unseren Alltag, wie es selbst die visionärsten Polymerpioniere nicht erwartet hätten.

Schon 1908 wurde das gehärtete Plastikmaterial Bakelit entwickelt, benannt nach seinem Erfinder Leo Baekeland. In den 1930er Jahren bekam das Bakelit Konkurrenz durch andere synthetische Plastikarten wie Polyethylen, Polystyren, Polyvinylchlorid – und eben Nylon. Das alles war aber erst der Anfang: Das Plastik fand seinen Weg nicht nur in die Küchenschubladen aller Haushalte, sondern wurde fortan auch für Isolationsmaterial, Schläuche, Flaschen, Brillen, Möbel, Bodenbeläge, Spiele, Kleider und noch vieles mehr genutzt. Plastik war der Inbegriff der Modernität, der Beweis dafür, dass die Welt sich weiterentwickelte. Das Öl, das Plastik, ja die gesamte organische Chemie zeigten, wie der Mensch mit seinem Wissen den Erfindungsreichtum der Natur kopieren konnte, besonders, was die Verwendung von Kohlenstoff anging.

Die Begeisterung für diese Modernität flaute in den 1970er Jahren etwas ab, als bekannt wurde, dass diese Entwicklung auch eine Kehrseite hatte. Das Plastik geriet in Misskredit. Zuerst, weil es im Gegensatz zu den Rohstoffen der Natur etwas »Unechtes« symbolisierte. Der

Holzlöffel in der Küchenschublade war etwas »Echtes«, der Plastiklöffel daneben nicht unecht, aber doch »künstlich«, sodass dem Plastikexemplar alsbald etwas Falsches anhaftete. Magne Myrmo ist als der letzte Weltmeister in die Annalen eingegangen, der noch auf Holzskiern unterwegs war. Während der WM 1974 in Falun gewann er Gold über 15 Kilometer Langlauf, mit einer Sekunde Vorsprung auf Gerhard Grimmer, der bereits mit Glasfaserskiern gelaufen war. Nach dieser WM konnte auf Holzskiern niemand mehr gewinnen. Trotzdem wurde lange und heiß darüber diskutiert, ob man Kunststoff-Ski überhaupt zulassen sollte. Inzwischen ist der Kunststoff aus dem Skisport überhaupt nicht mehr wegzudenken, sodass dieser Sport mehr als alle anderen den Übergang von den natürlichen Polymeren (wie Holz und Wolle) zu den synthetischen (Kunststoffski, Kohlefasersohlen und -stöcke, Kleidung aus Hightech-Kunstfaser, ganz zu schweigen vom Skiwachs) symbolisiert.

Der Begriff »natürlich« (wie die Natur) hat den gleichen Anspruch wie das Wort »echt«. Plastik ist als Kunststoff nicht sonderlich umweltfreundlich, der Hauptkritikpunkt ist aber das »Unechte«. Besitzer von Holzbooten betonen immer, dass ihre Boote eine Seele haben. Dabei ist gerade der Wald interessanterweise der Ausgangspunkt für immer mehr synthetische Polymere, Kohlenwasserstoffe und Plastikarten auf der Basis von Zellulose oder Lignin.

Plastik, insbesondere in Form von Plastiktüten, ist zum Symbol unserer Wegwerfgesellschaft geworden.[31] Dabei

31 Nur wenige Dinge symbolisieren die Abkehr vom Technologieoptimismus besser als das Plastik. Vom Wundermittel und der Speerspitze der Modernität, wurde es – vor allem im Westen – zum Problemmüll. Der zunehmende Konsum der weiter wachsenden Weltbevölkerung äußert sich in immer höheren Müllbergen, doch während sich der organische Müll zersetzt und die dabei anfallenden Methangase als Biogas genutzt werden können, akkumuliert sich das Plastik. Mehr dazu in: Eriksen, T. H. (2011): *Søppel. Avfall i en verden av bivirkninger.*

wird auch Plastik von Bakterien, Pilzen und Sonnenlicht zersetzt, nur dass dieser Prozess extrem lange dauert und das Material nur unvollständig abgebaut wird. Öl kann viel schneller zersetzt werden, da es »natürlich« ist – es gibt genug Ökosysteme, in die auf natürliche Weise immer wieder Öl eingetragen wird, sodass dank der Evolution längst Bakterien entstanden sind, die diese Energiequelle auch nutzen können. Plastik hingegen ist harte Kost, besonders Hartplastik. Noch an der Nordküste Spitzbergens wird Plastikmüll angespült. Im Sommer 2014 war ich für ein Forschungsprojekt dort und musste am Strand durch farbenfrohen Kunststoff waten: Russische Ketchupflaschen, britische Plastikdosen, norwegische Plastiktüten waren neben den Resten von Seilen und Netzen nur ein Teil des ausgesuchten Sortiments. Die Trennung zwischen dem Echten und dem Künstlichen ist dabei gar nicht so einfach, denn das Öl ist ebenso natürlich, wie der Baum, aus dem es entsteht, und warum sollte sich das ändern, wenn man den Rohstoff raffiniert oder weiter veredelt? Trotzdem wirkt ein orangefarbener Plastikkanister an einem arktischen Strand immer fremder und weniger natürlich als ein angeschwemmter Baumstamm. Plastik ist einfach überall. Jedes Jahr werden zwischen 500 Milliarden und einer Billion Plastiktüten produziert (Stand 2014). Ein Teil davon wird glücklicherweise recycelt, aber noch immer landet der weitaus größere Teil auf Müllkippen oder in den Meeren. Als 1999 das Meer aus Plastik entdeckt wurde, das im Stillen Ozean eine Fläche größer als die Landfläche Norwegens einnimmt, begannen bei vielen die Alarmglocken zu läuten. Das Meer aus Plastik ist dabei gar nicht so einfach zu sehen, da es vorwiegend aus kleinen Plastikfragmenten besteht, was die Sache natürlich nicht besser macht. Nach einer Schätzung der

Aschehoug. Jambeck, J. R. et al. (2015): Plastic waste inputs from land into the ocean. *Science* 437: 768–771.

Vereinten Nationen aus dem Jahr 2009 landen jedes Jahr etwa 6,4 Millionen Tonnen Abfall im Meer: aktuell treiben demzufolge etwa 100 Millionen Tonnen Müll in den Weltmeeren – der Großteil davon Plastik. Eine weitere Schätzung ergab 2015, dass die Küstenstaaten der Welt jedes Jahr 275 Millionen Tonnen Plastikmüll produzieren und dass zwischen 5 und 12 Millionen Tonnen davon im Meer landen.[32] Auch wenn die Tüten mit der Zeit zerfallen, löst das nicht das Problem, jedenfalls nicht für die kommenden Generationen von Seevögeln, die das Mikroplastik entweder direkt oder über die Nahrungskette aufnehmen.

Als kleiner Junge war ich einmal auf der Vogelinsel Runde. Die Vogelschwärme boten vom Meer aus einen überwältigenden Anblick. Am besten erinnere ich mich aber an die Geräusche. An das Wahnsinnsorchester der Dreizehenmöwen, die zu Tausenden an der weißgesprenkelten Felswand brüteten. Ich war seither noch ein paar Mal auf der Insel, und jedes Mal hat mich das Leben, das ich dort vorfand, in seinen Bann gezogen. Kurz vor Ostern dieses Jahres war ich zuletzt auf Runde, auf einer Konferenz über die Zukunft unserer Meere und Meeresvögel. Wir fuhren auch da mit dem Schiff um die Insel herum, doch dieses Mal war es still. Kaum eine Dreizehenmöwe war zu sehen, ja, nicht einmal ein Tordalk. Wo sonst an die 5000 Sturmvögel brüteten, war jetzt kahler Fels, und die Skarveura, früher einmal die Heimat der weltweit größten Kolonie der Krähenscharbe, lag kalt und leer da. *Silent spring* auf dem Vogelfelsen.[33] Noch am selben Abend erklommen wir den Gipfel der Lundeura – und die Papageientaucher waren zum Glück noch da.

Die Heringsbestände haben sich zum Wohl dieser

32 Jambeck, J. R. et al. (2015): Plastic waste inputs from land into the ocean. *Science* 437: 768-771.

33 Hessen, D. O. (2014): Harvest magasin.

Vögel gerade rechtzeitig wieder erholt. Die Papageientaucher sind so etwas wie die Kanarienvögel der Meere. So, wie Kanarienvögel die Grubenarbeiter vor gefährlichen Methankonzentrationen warnen, die diese selbst nicht bemerken können, hatten uns die Jahre mit den verhungerten Papageientaucherküken nur allzu deutlich gezeigt, dass in den Tiefen unserer Meere etwas fundamental in Unordnung geraten war. Wir hatten den dichtesten Fischbestand der Welt durch Überfischung beinahe ausgerottet. Die eingebrochenen Populationen von Möwen, Sturmvögeln, Tordalken und Krähenscharben zeigen uns nun weitere Veränderungen in den Meeren an, die wir mit bloßem Auge nicht erkennen können.

Nur wenige Vogelarten scheinen gegen diese Entwicklung immun zu sein. So die Basstölpel, die die neue Zeit nutzen und mittlerweile überall auf der Insel farbenfrohe Nester aus Nylonseilen bauen. Aber warum ist die Situation gerade für die Seevögel so dramatisch? Die Antwort ist komplex, denn sowohl die Überfischung als auch der Klimawandel spielen eine Rolle. Die Bestände der Seevögel schwankten schon immer, der kollektive Niedergang ist aber ein dramatisches Warnzeichen. Lange galt die Verschmutzung durch ausgelaufenes Öl als Hauptbedrohung für die Seevögel – und das aus gutem Grund. Mittlerweile sieht es aber so aus, als wäre das Öl auch in Form von Plastik eine ernsthafte Bedrohung für die Vogelwelt.

Auf *YouTube* finden sich herzerweichende Szenen von toten und sterbenden Albatrosjungen mit Plastik im Magen. Die Sturmvögel, die auf der Jagd nach Plankton und anderem Futter weite Strecken über das Meer fliegen, nehmen bei der Nahrungsaufnahme häufig Plastik mit auf. Das kann ein Grund für die dramatische Abnahme des Bestandes sein, die weltweit zu beobachten ist. In einer Studie fanden sich Plastikfragmente in 95 Prozent der untersuchten Vogelmägen. Ein Ort, an dem die Sturmvögel häufig auf Nahrungssuche gehen, ist die Nordsee. In die gelangen jährlich etwa 20.000 Tonnen Abfall, drei Viertel davon Plastik. Etwa 15 Prozent davon treiben an der Oberfläche, zum Nachteil für die Sturmvögel. 70 Prozent sinken auf den Meeresboden und beeinträchtigt die dort lebenden Tiere und Pflanzen. Das Plastik, das an unsere Strände gelangt, macht nur 15 Prozent des gesamten Plastiks im Meer aus. Dazu kommt noch das Mikroplastik, die Mikrometer großen Plastikkügelchen, die zu einem neuen *Must have* in Zahncreme, Hautcreme und Schleifmitteln geworden sind.

Auch eine Reihe anderer Tierarten nimmt Plastik auf, und selbst Mikroplastik gelangt in die Nahrungskette. Plastik enthält eine ganze Reihe von organischen Umweltgiften wie PCB, PAK, Pestizide, bromierte Flammschutzmittel und andere organische, kohlenstoffreiche Moleküle. Besonders berüchtigt sind einige Weichplastikprodukte für ihre Phtalate, Ester der Phtalsäure, die die unschöne und nicht beabsichtigte Eigenschaft haben, hormonaktiv zu sein und damit die natürliche Wirkung von Hormonen zu hemmen. Der Körper deutet die Phtalate fälschlicherweise als Östrogene, was im schlimmsten Fall zu Fortpflanzungsstörungen führt.

Als Alan Weisman 2007 seinen vielfach ausgezeichneten Bestseller *The World without us* schrieb,[34] fokussierte er sich auf das Thema, wie schnell unsere Spuren ausgelöscht werden würden, sollten wir einst aussterben. Das Plastik wird aber überleben und wie ein letzter Zeuge unserer Zivilisation Jahrtausende überdauern. Ich weiß nicht, ob Weisman wirklich in allen Punkten Recht hat, ich bilde mir ein, dass die Pyramiden, die schon 4.000 Jahre vor dem Plastik existierten, zumindest als Ruinen auch noch 4.000 Jahre nach dem Verschwinden des Plastiks vorhanden sein werden. Aber das ändert nichts an seiner Kernaussage. Es dauert etwa 20 Jahre, bis eine Plastiktüte

34 Weisman, A. (2008): *Die Welt ohne uns*. Piper.

vollständig zersetzt ist, was allerdings nichts nützt, solange ständig neue Tüten produziert werden. Plastikflaschen und Einmalwindeln brauchen für die Zersetzung vermutlich 400–500 Jahre, und ein Nylontau, das im Jahr 2000 ins Meer geworfen wird, bleibt etwas bis ins Jahr 2500 erhalten. Vertäut man – mit anderen Worten – ein Holzboot mit einem Nylontau, wird das Tau noch vorhanden sein, während Boot und Anleger längst als das CO_2 in die Atmosphäre entschwunden sind, aus dem das Holz einst entstand.

Mit diesem etwas düsteren Seitenblick auf die Nachteile der Beständigkeit des Plastiks verlassen wir die synthetischen Polymere, ohne ein abschließendes moralisches Urteil zu fällen. Der Kohlenstoff hat uns durch die Polymerchemie zweifellos Produkte mit fantastischen Eigenschaften geschenkt, ohne die die Welt, wie sie heute ist, undenkbar wäre. Plastik ist nur eines von vielen Beispielen für Produkte, die im Übermaß problematisch werden und deutlich machen, dass es zu viele Menschen gibt, auf jeden Fall zu viele, die irgendetwas aus Kohlenstoff herstellen wollen.

Synthia als Kohlenstofffabrik

Das Leben und Wirken von uns Menschen besteht in vielerlei Hinsicht darin, uns die Natur untertan zu machen. Während wir über weite Teile unserer Vor- und Frühgeschichte den Launen der Natur preisgegeben waren, haben wir mittlerweile die Kausalzusammenhänge verstanden und nutzen dieses Wissen, um Feuer, Tiere, Fluten und Krankheiten zu bändigen. Mit der zunehmenden Kontrolle über die Natur realisieren wir aber mehr und mehr, dass diese Kontrolle nur von begrenzter Dauer ist. Bakterien und Parasiten haben zu den Waffen der Resistenz gegriffen, Wind und Wetter sind wir noch immer ausgesetzt, und unsere Wasser- und Nahrungsressourcen sind alles andere als unbegrenzt. Dabei wachsen die Weltbevölkerung und ihre Ansprüche beinahe ungebremst. Während die Bevölkerungszahl zunimmt, gibt es immer weniger intakte Natur, was uns vor Augen führen sollte, dass wir keineswegs unabhängig von der Natur sind. Kann im ewigen Kampf gegen Pest und Cholera, gegen die zunehmende Nahrungsmittelknappheit und die Versorgungsengpässe bei Medizin und Rohstoffen möglicherweise das Leben selbst die Lösung bieten? Unsere Kultur basiert darauf, andere Arten in unseren Dienst zu stellen. Vielleicht können wir diesen Gedanken sogar weiterspinnen, denn es ist möglich, dass die ultimative Lösung vieler unserer anstehenden Herausforderungen bei den Bakterien liegt.

Am 26. Juni 2000 wurde »eine der größten Entdeckungen der Menschheit« bekanntgegeben: das menschliche Genom (das gesamte Erbmaterial) war entschlüsselt worden. Der damalige amerikanische Präsident Bill Clinton äußerte sich auf eine Weise, wie man es in einem Land tun muss, in dem Darwin noch immer mit tiefer Skepsis betrachtet wird: »Wir sind nun in der Lage, die Sprache zu lernen, die Gott nutzte, als er die Welt erschuf.« In der

Pressemitteilung des Weißen Hauses hieß es weiter: »Die Nachricht des Tages ist der Beginn einer neuen Ära der genetischen Medizin«. Es wurde aber auch eingeräumt, dass die »Sequenzierung nur ein erster Schritt in Richtung einer vollständigen Entschlüsselung des Genoms ist, da ein Großteil der individuellen Gene und ihrer spezifischen Funktionen noch gedeutet und verstanden werden müssen.«

Hinter der Entdeckung standen zahllose Forscher der verschiedensten Institutionen. Federführend war aber Craig Venter.[35] Der ebenso exzentrische wie geniale Wissenschaftler war auch der erste, der sein eigenes Genom vollständig sequenzierte und so weit deutete, wie es möglich war. Überdies initiierte Venter die Metagenomik, ein neues Forschungsgebiet, das mit modernen molekularbiologischen Methoden die Gesamtheit des Genoms größerer Systeme zu erfassen versucht – vom Darmsystem bis zu gesamten Ökosystemen. Auf einer Forschungsreise in die Sargassosee nahm er Wasserproben, die er später analysierte. Dabei entdeckte er, dass sich dort draußen eine noch weitgehend unerforschte Welt genetischer Informationen befindet.

In diesem Zusammenhang könnte Synthia eine zentrale Rolle beim Aufbruch in eine neue Welt der synthetischen Biologie spielen.[36] Zehn Jahre nach Clintons Pressestatement kam eine neue Medienmitteilung, dieses Mal aus Venters eigenem Forschungsinstitut (J. Craig Venter Institute): Der erste synthetische Organismus war erschaffen worden, und dieses Mal war offensichtlich, dass nicht Gott dahinter steckte. Synthia war ein künstlich geschaffenes Bakterium, aufgebaut aus den bekannten

35 Das Leben und der wissenschaftliche Werdegang von Craig Venter sind abenteuerlich und visionär: http://www.jcvi.org/cms/home/.

36 Brautaset, T., Almaas, E. (2015): Syntetisk biologi, 270–302, in: Hessen et al. (Hrsg) *Mendels arv. Genetikkens æra*. Gyldendal.

genetischen Bausteinen eines 1,08 Millionen Basenpaare großen Genoms. Venter selbst sagte dazu: «This is probably the first living creature on this planet whose parent is a computer.»

Synthia schuf in gewisser Weise eine Brücke zwischen dem Künstlichen und dem Natürlichen, und in der Tat zwischen Lebendigem und Unbelebtem. Es dauerte volle 15 Jahre, das Genom von Synthia zu erstellen, und diese Leistung stellt selbst die Errungenschaften der Polymerchemie in den Schatten. Von großer Bedeutung sind dabei vor allem die verschiedenen maßgeschneiderten Versionen von Synthia. Bakterien sind selbst in der Lage Polymere zu bilden. Sie erzeugen Bioplastik, Enzyme und Proteine, Antibiotika und Pigmente, um nur einige zu nennen. So wurde zum Beispiel schon vor vielen Jahren mittels Bakterien der Zugang zu Insulin revolutioniert. Die Gene für die menschliche Insulinproduktion wurden dafür in ein Bakterium implantiert, das die genetischen Instruktionen las und sogleich mit der Insulinproduktion begann. Ein beeindruckender Erfolg, auf lange Sicht aber erst der Anfang.

Durch die Justierung oder den Umbau des genetischen Codes der Bakterien können diese zu Biofabriken mit ungeheurem Produktionspotenzial werden. Bakterienkolonien verdoppeln sich unter guten Bedingungen mehrmals pro Stunde und würden – ohne Begrenzung – im Laufe weniger Tage ein Gewicht erreichen, das dem der Erde entspricht. Venter hat die große Vision, Bakterien zu nutzen, um die Probleme zu lösen, die unsere Energieproduktion für den Kohlenstoffkreislauf darstellt. Ein Beispiel dafür ist die massenhafte Produktion von bakteriellem Biobrennstoff, indem man die Fähigkeiten der Cyanobakterien nutzt, Wasserstoff aus dem Wassermolekül H_2O abzuspalten. Und natürlich der ultimative Traum von einer biosynthetischen Photosynthese, die jede Solarzelle in den Schatten stellt. Gelingt es uns, die

Bandbreite der benötigten Kohlenstoffprodukte mittels Bakterien herzustellen, welche als Ausgangsstoffe lediglich die unendlich zur Verfügung stehenden Ressourcen CO_2, CH_4, Wasser und Licht benötigen, verschaffen wir uns wenigstens mehr Zeit.

Synthias Nachkommen haben die Science-Fiction-Ecke längst verlassen und werden bereits in der Industrie genutzt. Die Ölgesellschaft Exxon Mobil hat erst kürzlich 600 Millionen Dollar in ein Projekt investiert, das Cyanobakterien designen soll, die CO_2 einfangen und mittels Sonnenlicht in Bioenergie umwandeln. Die Gesellschaft Chevron investierte ihrerseits 25 Millionen Dollar in ein Projekt, bei dem durch eine Umprogrammierung des Bakteriums *Escherichia coli* Biomasse zersetzt und in Biotreibstoff umgewandelt werden soll.

Diese Art von synthetischer Biologie fällt in den Bereich der sogenannten Bioraffinerie. Diese wiederum ist ein Teil der rasch wachsenden Bioökonomie, in der die Kohlenstoffchemie die Grenzen zwischen Natur- und Kunststoffen immer mehr verschwimmen lässt. Bisher ist das Problem, dass Synthia, wie synthetisch die Herstellung auch gewesen sein mag, ein Lebewesen und kein Chip oder Datenstick ist. Das Leben ist instabil und braucht Nahrung und Pflege. Trotzdem gehe ich davon aus, dass viele von Venters Visionen Wirklichkeit werden können, wenn auch nicht in einem Zeitrahmen, der es uns erlaubt, uns entspannt zurückzulehnen und auf baldige Rettung zu vertrauen. Tatsächlich ist es alles andere als trivial, die geniale Fähigkeit der Pflanzen zu kopieren, Sonnenlicht in Energie in essbarer Form umzusetzen. Die gesamte Biofabrik findet Platz in den mikroskopisch kleinen Chloroplasten, und der Prozess ist beinahe so alt wie das Leben selbst. Trotzdem ist der Ablauf so komplex, dass wir bis heute nicht alle Komponenten verstanden haben und ihn folglich auch nicht kopieren können.

Bauen und Verbrennen – Kohlenstoff im ewigen Kreislauf des Lebens

Die Atmosphäre des Mars besteht zu 96% aus CO_2, zu 1,9% aus N_2 und zu 0,145% aus O_2. Auf der Venus herrschen ähnliche Verhältnisse mit 96,4% CO_2, 3,5% N_2 und kaum messbarem O_2.[37] Die Atmosphäre der sonderbaren Erde hingegen besteht zu 0,04% aus CO_2, zu 78% aus N_2 und zu 21% aus O_2. Vor diesem Hintergrund kann unser Interesse für Kohlenstoff als merkwürdig, und die Besorgnis, dass zu viel CO_2 in unsere Atmosphäre gelangt, als übertrieben empfunden werden. CO_2 besitzt jedoch eine Eigenschaft, die Sauerstoff und Stickstoff nicht vorweisen können; es absorbiert langwellige Strahlen von der Erdoberfläche und funktioniert deshalb als Treibhausgas. Darüber können wir froh sein. Ohne den Treibhauseffekt des CO_2 läge die Durchschnittstemperatur auf unserer Erde bei –20 °C statt der idealen +15 °C, die tatsächlich herrschen. Prinzipiell ist die Zusammensetzung der Gase auf der Erde annähernd ideal für das Leben, ja, fast schon auf wunderbare Weise ideal, könnte man meinen. Der Grund dafür ist eigentlich das Leben selbst bzw. das Zusammenspiel zwischen Leben und Klima. Die Atmosphäre war nämlich nicht immer wie für unsere Bedürfnisse geschaffen, und auch heutzutage ist sie thermodynamisch instabil und würde sich ganz anders zusammensetzen, wenn es kein Leben auf der Erde gäbe – wie etwa zu Urzeiten, bevor es sich auf diesem Planeten ansiedelte. Grundsätzlich herrscht zwischen Leben und Klima ein Gleichgewicht des Aufbaus und Verbrennens, der Wärme und Kälte. Das Verhältnis zwischen den Partnern Kohlenstoff und

37 Lovelock, J. E. (1982): *Gaia: a new look at life on Earth.* Oxford University Press, Oxford. Lovelock, J. E. (1988): *The Ages of Gaia.* The Commonwealth Fund Book Program. Lovelock, J. E. (2006): *The revenge of Gaia.* Allen Lane.

Sauerstoff spielt eine wesentliche Rolle für den globalen Thermostat, der uns diese günstigen Lebensumstände beschert. Ob es da draußen einen anderen Planeten mit intelligentem Leben gibt, ist nicht nur ungewiss, sondern auch unwahrscheinlich, obwohl die Statistik in Bezug auf die Anzahl von Planeten etwas anderes vermuten lässt. Falls es einen gibt, wird sich das Leben sicherlich durch eine Analyse der Zusammensetzung seiner Atmosphäre nachweisen lassen.

Direkt nach der Entstehung der Erde wurde ihre Atmosphäre von Wasserstoff dominiert, wahrscheinlich waren auch Wasserdampf, Methan und Ammoniak enthalten. Diese Zusammensetzung wurde von höheren Konzentrationen an CO_2 abgelöst, das wahrscheinlich durch vulkanische Aktivität freigesetzt wurde. Vor ungefähr 3,5 Milliarden Jahren entstand so das Leben. Die Sonneneinstrahlung auf der Erde war damals um die 30 Prozent schwächer als heute, doch die hohe Konzentration von CO_2 kompensierte diesen Mangel, sodass trotzdem die Grundlage für Leben geschaffen werden konnte. Die Höhe der Temperatur war außerdem wichtig, damit die Meere nicht zufroren. Das offene Meer absorbierte das Meiste des atmosphärischen CO_2-Überschusses und wandelte es in Calciumcarbonat um. Diese chemische Kohlenstoffpumpe reguliert auch heute noch die CO_2-Konzentration der Erdatmosphäre. Damals muss sie aber von ganz anderer Größenordnung gewesen sein. Das CO_2 im Wasser hatte noch einen weiteren Effekt: Es nährte den Prozess, der als Beginn der dritten großen Änderung in der Erdatmosphäre gilt: die Photosynthese.

Kohlenstoff und Sauerstoff spielen die zentrale Rolle in dieser wichtigsten Reaktion des Lebens, zusammen mit Wasserstoff, der in jeglicher Hinsicht einer der Grundstoffe ist. Diese drei gehen endlose Allianzen und Reaktionen miteinander ein, die wichtigste ist jedoch folgende:

$$6\,CO_2 + 12\,H_2O + \text{Energie} \rightarrow C_6H_{12}O_6 + 6\,O_2 + 6\,H_2O$$

Jeder hat diese Gleichung in der Schule auswendig lernen müssen. Wenn die Evolution keine Chloroplasten hervorgebracht hätte, die Sonnenenergie in ihren Pigmenten speichern und mit seiner Hilfe Kohlenstoff in organischer Form binden könnten, wobei Sauerstoff quasi als Abfallprodukt entsteht, hätten für alle Nicht-Pflanzen magere Zustände auf diesem Planeten geherrscht. Wobei es dann – streng genommen – auch keine Pflanzen gäbe. Die gesamte Nahrungskette, vom Pflanzenfresser bis zum Raubtier, ja bis hin zu den Lebewesen, die tote Materie und Aas zersetzen, ist von der Photosynthese abhängig. Wer sich von anderen Lebewesen ernährt, wird heterotroph genannt – das trifft auf alle Tiere von der Amöbe bis zum Menschen zu, inklusive Pilzen und einem Großteil der Bakterien. Auch die sogenannten Autotrophen, die ihre eigenen Nährstoffe produzieren können, erhalten etwas zurück – sie benötigen CO_2, das Endprodukt der Zellatmung. Von diesen symbiotischen, spiegelbildlichen Prozessen hängt unser aller Leben ab.

Das Ergebnis dieses Prozesses ist nicht nur die Atmosphäre, wie wir sie kennen, sondern auch das Klima, das so wunderbare Bedingungen für das Leben schafft. In all seiner Komplexität ist es beinahe (aber auch nur beinahe) ein Wunder, dass diese Schlüsselreaktion vor ungefähr 3,5 Milliarden Jahren in Gang gesetzt wurde. Wann genau alles begann, werden wir nie erfahren, ebenso wenig wie die Art und Weise, wie dies geschah. Bakterien hinterlassen in der Regel keine nennenswerten Fossilien. Eine Ausnahme sind die Stromatolithen. Diese Knollen entstanden aus Cyanobakterien, die eine frühe Form der Lichtspeicherung betrieben, was in einer Zeit, in der die UV-Strahlen noch gnadenlos auf die Erde brannten, eine ziemliche Herausforderung darstellte. Es ist aber umstritten, ob die frühen Stromatolithen den Beweis für eine moderne Photosynthese liefern. Interessanterweise gibt es immer noch aktive Stromatolithen, beispielsweise in der Chihuahua-Wüste in Mexiko. Diese Stromatolithen arbeiten zweifellos mit Photosynthese, und wahrscheinlich repräsentieren sie eine ungebrochene Tradition, die ihren Ursprung vor über 3 Milliarden Jahren hatte.

Die Cyanobakterien waren nicht die einzigen, die Energie aus Licht gewinnen konnten. Eine ganze Reihe von Bakterien verfügte damals wie heute über diese Eigenschaft. Zwei Gruppen, die auch heute noch existieren, sind grüne Schwefelbakterien und Schwefelpurpurbakterien. In einigen Seen zieht sich eine abrupte Grenze zwischen sauerstofflosem Bodenwasser und sauerstoffreichem Oberflächenwasser. Dort findet sich häufig eine rosafarbene Schicht von Schwefelbakterien. Diese Schicht liegt in einer Tiefe, in der die Bakterien geschützt vor dem zerstörerischen Effekt des Sauerstoffs sind, wo sie aber noch genug Licht bekommen und überdies auf den Schwefelwasserstoff von unten zugreifen können (Wasserproben aus dieser Schicht haben selten einen erträglichen Geruch). Diese Bakterien enthalten verschiedene Arten von Bakterienchlorophyll und rötliche Pigmente, die zusätzlich zum Chlorophyll langwelliges Licht speichern können. Sie nutzen anstelle von Wasser Wasserstoff und Schwefelwasserstoff als Elektronenquelle. Dabei wird Schwefel oder Sulfat statt Sauerstoff produziert. Damit leisteten die Schwefelpurpurbakterien keinen Beitrag zum Sauerstoffanteil in der Atmosphäre, der damals noch fast bei Null lag.[38]

Es sollten noch weitere 700 Millionen Jahre vergehen, in denen die verschiedensten Bakterien eine nach Schwefel

38 Berner, R. (2004): *The Phanerozoic Carbon Cycle. CO_2 and O_2*. Oxford University Press. Sein Schüler Donald E. Canfield trägt sein Erbe weiter und veröffentlichte eine Reihe von Artikeln, erschienen unter anderem in: *Oxygen. A Four Billion Year History*. Princeton University Press (2014).

stinkende, graue, leblose und sauerstofflose Erde bevölkerten. Ohne Sauerstoff gab es auch keine Ozonschicht, die die Erdoberfläche vor gnadenloser, ultravioletter Strahlung beschützen konnte. Die ersten Bakterien waren schlau genug, sich unter Wasser zu halten, das den Großteil des ultravioletten Lichts absorbierte.[39]

Vor 2,7 Milliarden Jahren begann die stillschweigende Sauerstoffrevolution, die letztlich zur vollständigen Veränderung der Erde führte. Diese Revolution ging zugegebenermaßen sehr langsam vonstatten, aber die Konsequenzen waren dramatisch.

Sauerstoff war giftig für die Organismen der alten Welt, sie waren von einer sauerstofffreien Atmosphäre abhängig und verfügten nicht über einen Zellapparat mit Schutzpigmenten und Antioxidantien, die die zerstörerischen Effekte des Sauerstoffs abfangen konnten. Sauerstoff ist auch für uns nicht ungefährlich. Auch wir haben ausgeklügelte Mechanismen entwickelt, um mit den freien Radikalen und anderen gefährlichen Sauerstoffprodukten umzugehen. Schäden durch Oxidantien sind einer der Gründe dafür, dass Zellen altern, Zellmembranen schrumpfen und Haut faltig wird. Die Organismen der alten Welt sollten die Erde noch eine Milliarde Jahre besiedeln, wurden jedoch nach und nach in spezielle anaerobe Nischen verdrängt, wie zum Beispiel die Tiefen der Meere und Seen, tiefe Moore oder die Darmsysteme der Tiere.

Heutzutage beträgt der Sauerstoffgehalt der Atmosphäre 21 Prozent – ein Wert, der für die Erde, wie sie jetzt existiert, genau richtig ist. Ein höherer Anteil an Sauerstoff würde mehr Waldbrände verursachen – bei 35 Prozent Sauerstoff würde der Wald nicht mehr mit

39 Die Entwicklung des Ozons hängt eng mit der des Sauerstoffs zusammen. Eine einfache Übersicht darüber findet man in: Hessen, D. O. (2008): *Solar radiation and the evolution of life*. The Norwegian Academy of Sciences and Letters.

dem Nachwachsen mithalten können. Außerdem wäre unser Zellsystem zunehmendem Stress durch Oxidantien ausgesetzt. Weniger Sauerstoff würde zu Atemnot führen. Unsere Atmung ist auf die Sauerstoffkonzentration eingestellt, die genau jetzt auf der Erde herrscht – das ist kein Zufall, aber eben auch kein Wunder.

Von C_3 zu C_4 – das wichtigste Protein der Welt

Wie haben Natur und Evolution die komplexe und wundersam wirkende Photosynthese erfunden, und wer hat sie »entdeckt«? Auch wenn die Photosynthese in Pflanzen, Algen und Cyanobakterien Unterschiede aufweist, ist allen Varianten gemein, dass sie via Antennenpigmente und mithilfe von Sonnenenergie komplexe organische Moleküle erzeugen.

Die Natur brauchte einige Hundert Millionen Jahre, um auf diese Idee zu kommen. Deswegen ist es eigentlich kein Wunder, dass es uns noch nicht geglückt ist, eine ganzheitlich synthetische Photosynthese nachzubilden, auch wenn das ein Traum vieler Wissenschaftler ist. Die Reaktion der Photosynthese ist alles andere als simpel, auch wenn einige Gleichungen den Anschein erwecken.[40]

Die Photosynthese teilt sich auf in die lichtabhängige Reaktion und die lichtunabhängige oder Dunkelreaktion. Uns interessiert in erster Linie die Reaktion, die CO_2 verwendet und O_2 produziert. Bei diesem Vorgang wird Wasser zu Sauerstoff und Wasserstoff-Ionen oxidiert. Sauerstoff ist ein Nebenprodukt, das von der Zelle abgegeben wird, während die Elektronen des oxidierten Wassermoleküls in ein Reaktionszentrum (Photosystem II) transportiert werden. Dieses besteht aus Chlorophyll und verschiedenen Proteinen, Von dort aus werden sie über eine Elektronentransportkette in ein weiteres Reaktionszentrum (Photosystem I) überführt. Sie durchlaufen eine Serie von Reaktionen, an der verschiedene Enzyme beteiligt sind und an deren Ende das energietragende Molekül ATP

40 Über Photosynthese wurde viel geschrieben. Als Übersicht kann Canfields *Oxygen* zu Rate gezogen werden, doch eine elegantere Version findet sich in: Beerling, D. (2007): *The Emerald Planet. How plants changed earth's history.* Oxford University Press. Ein weiterer guter Übersichtsartikel ist: Blankenship, R. E. (2010): Early Evolution of Photosynthesis. *Plant Physiology*, 154: 434–438.

steht. ATP ist der Schlüssel zur Dunkelreaktion, bei der das Enzym Rubisco die wesentliche Umwandlung von CO_2 in Zucker oder Stärke steuert.

Eine alte Frage lautet: Was ist Leben? Wir müssen uns damit begnügen, auf den fundamentalen Übergang von anorganischem zu organischem Kohlenstoff aufmerksam zu machen. Es ist in erster Linie Rubisco, das welthäufigste und mit Sicherheit auch das wichtigste Enzym, das den Zauber ausführt, bei dem CO_2 von der Atmosphäre in die Biosphäre übergeht und zu Zucker wird. Hätten wir Zugang zu einer synthetischen Form dieses Wundermoleküls, könnten wir vom chemischen Äquivalent zur Mondlandung sprechen.

Doch auch an diesem Enzym erkennen wir, dass die Evolution ihre Grenzen und nicht immer die optimale oder perfekte Lösung für die Herausforderungen des Lebens parat hat. Rubisco ist wie so vieles andere ein Kind seiner Zeit und wurde wahrscheinlich vor 3 Milliarden Jahren von Cyanobakterien entwickelt. Rubisco folgte den Pflanzen durch die Evolution in relativ unveränderter Form und funktionierte sehr gut, solange genug CO_2 (und wenig Sauerstoff) vorhanden war. Das Problem ist nämlich nicht nur seine Affinität zu CO_2, sondern auch zu Sauerstoff. Sobald das Verhältnis zwischen diesen Molekülen zu sehr in Richtung O_2 verschoben wird, verliert Rubisco an Effektivität. Rubisco entstand in einer Atmosphäre, die kaum Sauerstoff und hundertmal mehr CO_2 als heute enthielt. Da aber die ganze Photosynthesereaktion mit Rubisco eine Reihe von komplexen Schlüssel-Schloss-Anpassungen enthält, konnte das Enzym nicht verbessert und den heutigen Umweltbedingungen angepasst werden, ohne dabei große Teile des komplexen Prozesses umzugestalten – auch wenn die Rubisco-Maschinerie bei niedrigen CO_2-Werten versagt.

Einige Pflanzen, die sogenannten C4-Pflanzen, haben aber eine Möglichkeit entwickelt, dieses Problem zu umgehen.[41] Die ältesten Pflanzen sind C3-Pflanzen, sie wandeln CO_2 zunächst zu 3-Kohlenstoff-Verbindungen um. Diese Pflanzen sprossen wortwörtlich schon vor 250 Millionen Jahren aus dem Boden, im Zeitalter der Reptilien. Die ersten Gefäßpflanzen sind aber noch 200 Millionen Jahre älter. Die C_3- Pflanzen brauchen höchstmögliche CO_2-Konzentrationen, zumindest höher als 200 ppm. Obwohl sie bezüglich CO_2 lange an der Hungergrenze existiert haben, dominieren sie das Pflanzenreich. C4-Pflanzen sind jünger, ihr Name ist der Gabe geschuldet, CO_2 direkt in Moleküle mit vier Kohlenstoffatomen umzuwandeln. Zusätzlich können C4-Pflanzen in ihren Zellen die Konzentration von CO_2 erhöhen, woraufhin Rubisco zum Zug kommt und das CO_2 auf dem Weg über organischen Säuren in Zucker umwandelt. Dadurch gelingt eine weitaus effektivere Nutzung von Kohlenstoff bei niedrigen CO_2-Konzentrationen. Nicht ohne Grund sind unsere produktivsten Nutzpflanzen wie Mais, Zuckerrohr, Hirse und Gräser (wie auch diverse widerspenstige »Unkraut«-Arten) C4-Pflanzen.

C4-Pflanzen entstanden während einer Reihe von Eiszeiten vor ungefähr 4 Millionen Jahren, als die CO_2-Konzentration auf für C3-Pflanzen kritische 200 ppm sank und ein kaltes Klima herrschte. Größere Gebiete wurden von C4-Pflanzen (vor allem Gräsern) dominiert, die seitdem ein wichtiger Akteur in den ländlichen Ökosystemen unserer Welt sind. Nur 4 Prozent aller Pflanzen sind C4-Pflanzen. Aber diese 4 Prozent machen 21 Prozent der Photosyntheseaktivität an Land aus, obwohl nur eine C4-Pflanze als Baum klassifiziert werden kann. Das chronische Kohlenstoffdefizit, dem C3-Pflanzen ausgesetzt sind, lässt sie bei höherem CO_2-Pegel schneller wachsen. Daraus könnte man den Schluss ziehen, dass die ständig

41 Beerling, D. (2007): *The Emerald Planet. How plants changed earth's history.* Oxford University Press.

zunehmende Menge an CO_2 in unserer Atmosphäre auch gute Seiten haben könnte und zu verstärktem (C3-)Pflanzenwachstum führt. Das ist in der Tat so. Die meisten Pflanzen werden größer, wenn ihnen mehr CO_2 zugeführt wird. Dies ist auch der Grund, warum die CO_2-Konzentration in der Atmosphäre nicht noch schneller ansteigt. Es bleibt abzuwarten, welche der beiden Pflanzengruppen mehr vom Klimawandel profitiert – ansteigendes CO_2 kommt den C3-Pflanzen entgegen, höhere Temperaturen und Trockenheit könnte für die C4-Pflanzen von Nutzen sein, obwohl auch sie ab einer gewissen Temperatur und Trockenheit aufgeben müssen. Eine massive Klimaänderung würde sich negativ auf beide Gruppen auswirken.

Wie ich später noch genauer ausführen werde, ist das Pflanzenwachstum nicht nur von CO_2 (und Stickstoff) abhängig, sondern auch von der Verfügbarkeit von Wasser und Phosphor. Wasser wird bereits zu einer kritischen Größe in der Landwirtschaft, und auch der Phosphor kann in naher Zukunft zu einem Problem werden.

Pflanzen haben überdies die Tendenz, ihren Nährstoffgehalt zu reduzieren, wenn ihnen einseitig mehr CO_2 zugeführt wird. Thomas Robert Malthus zeigte in seinem einflussreichen Werk *An Essay on the Principle of Population*[42] aus dem Jahr 1798 auf, dass die Gefahr einer Hungerkatastrophe bestand, da die Bevölkerung schneller anwuchs als die Produktion von Nahrungsmitteln. Was Malthus nicht voraussehen konnte, war die grüne Revolution, der dramatische Anstieg der Nahrungsmittel-

42 Thomas Robert Malthus (1766–1834) war der erste, der seine Besorgnis über das Bevölkerungswachstum in Bezug auf die zur Verfügung stehenden Ressourcen kundtat. Qualitativ gesehen hatte er Recht, lag jedoch quantitativ falsch. Mehr dazu: Malthus, T.R. (1976): *An essay on the principle of population. Text, sources and background criticism (red.)* Philip Appleman. Norton, New York. Meadows, D. H., Meadows, D. L., Randers, J., Behrens III, W. W. (1972): *The limits to growth*. Potomac Associates, New York. Meadows, D. H., Meadows, D. L., Randers, J. (1991): *Beyond the limits*. Potomac Associates, New York. Randers, J. (2012): *2052 A global forecast for the next 40 years*. Chelsea Green Publications.

produktion mithilfe von Bewässerung und Kunstdünger. Aus diesem Grund wurde er unverdient als der erste Umweltpessimist der Welt abgestempelt. Heutzutage ist die Hoffnung wieder aufgekeimt, die grüne Revolution zu erneuern und zu verlängern, indem verschiedene Arten genmodifizierter Pflanzen eingeführt werden. Einer der wildesten Träume war es, C3-Pflanzen wie Reis und Weizen mit der Turbophotosynthese der C4-Pflanzen zu versehen. Dieser Prozess liegt im Grenzgebiet zwischen Science und Fiction. Gelingt dieses Vorhaben, kann man wirklich von einer neuen grünen Revolution sprechen, auch wenn kein Baum in den Himmel wachsen wird.

Noch unbeantwortet ist die Frage, wie die Photosynthese entstanden ist. Diese Frage lässt sich genauso schwer beantworten wie die nach dem Ursprung des Lebens. Niemand kennt die Details, doch wie die meisten komplexen Phänomene ist auch die Photosynthese in Modulen entstanden. Das Enzym Rubisco zeigt uns jedoch, wie oben erwähnt, dass der Prozess selbst zwar beeindruckend sein mag, dass aber dennoch nicht alles daran optimal ist. Wahrscheinlich hatten Teile der Reaktionskette ursprünglich andere Funktionen. Das Chlorophyll-Molekül an sich in all seiner Komplexität hat eine ganze Reihe von Geschwistern. Sie alle zählen zu den Porphyrinen. Auch hier ist das allgegenwärtige Kohlenstoff-Fünfeck ein grundlegender Baustein, wenn auch in diesem Fall mit einem dem Zentrum des Moleküls zugekehrten Stickstoffatom an einer Ecke. In seiner einfachsten Form bilden Porphin und seine Varianten in Verknüpfung zu größeren Molekülen die Porphyrine.

Auch unser eigenes Hämoglobin-Molekül, eine zentrale Komponente des Blutes, gehört zu dieser Familie. Das Chlorophyll-Molekül trägt ein Magnesium-Atom im Zentrum und wird mit der chemischen Bezeichnung $C_{55}H_{72}O_5N_4Mg$ betitelt. Blut hingegen, oder vielmehr, Hämoglobin, basiert auf Eisen, beispielsweise Häm a:

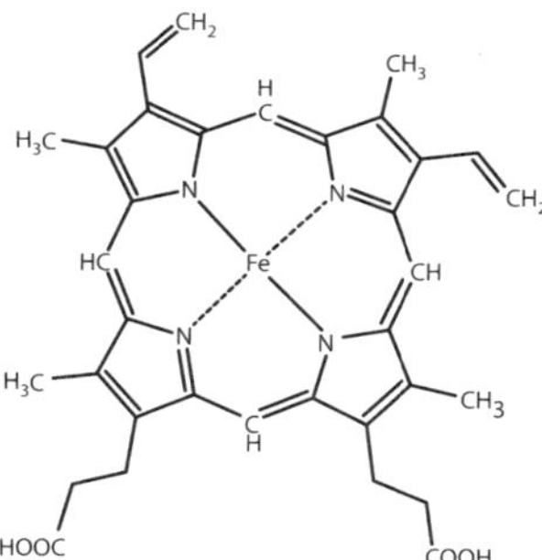

Abbildung 6: Häm-Moleküle und das Chlorophyll-Molekül haben evolutionstechnisch denselben Hintergrund. Wahrscheinlich sind sie aus Porphyrinen entstanden.

$C_{49}H_{56}O_6N_4Fe$. Die Strukturformel erinnert auffällig an Chlorophyll. Es sieht der Natur sehr ähnlich, ein Thema anhand derselben Grundprinzipien zu variieren. Charakteristisch für alle Porphyrine ist die Tatsache, dass sie Licht sammeln und deswegen oft starke Farben haben (Porphyros = Lila). Der Weg zu den Molekülen, die diese Energie nutzen, den Antennenpigmenten, ist deshalb nicht weit.

Alles, was wir wissen, ist, dass irgendwann in grauer Vorzeit ein Cyanobakterium eine ewige Partnerschaft mit einer Urzelle einging.[43] Diese Urzelle »fraß« das Cyanobakterium, doch es stellte sich heraus, dass dieses als Partner nützlicher war, als als Nahrung. Mit diesem Partner bekam die Urzelle Zugang zu einer Einheit, die Sonnenenergie zu chemischer Energie in Form von Zucker oder anderen organischen Molekülen umwandeln konnte. Die Grund-

43 Lynn Margulis gebührt die Ehre, die Endosymbiose entdeckt zu haben, auch wenn der norwegische Biologe Jostein Goksøyr dieselbe Idee zur gleichen Zeit hatte. Die Endosymbiosen sind gewöhnlicher und komplexer als man glauben möchte, und sie sind in den Tiefen des Lebensbaumes verwurzelt: Shalchian-Tabrizi K, Høiland K (2015): *Livets tre – og treets røtter.* Hessen, D. O., Lie, T., Stenseth, N. C. (2015): *Mendels arv – genetikken æra.* Gyldendal.

lage für das Reich der Pflanzen war geschaffen – der Rest ist Geschichte.

Soviel zu der evolutionären *Erfindung* – aber was ist mit ihrer *Entdeckung* durch den Menschen? Hier dürfen wir getrost bei den alten Griechen ansetzen. Aristoteles äußerte bekanntermaßen, dass auch Pflanzen Nahrung brauchen, und mit dieser Erkenntnis war er sicherlich nicht der erste. Die Menschen kultivierten bereits seit 8.000 Jahren Pflanzen als Nahrungsmittel und konnten beobachten, dass sie unter Zugabe von Wasser und Dünger von Haustieren bessere Ernten einfuhren. Aristoteles soll überdies formuliert haben, dass Pflanzen keine Tiere brauchen, aber Tiere Pflanzen. So gesehen sind wir und alle anderen »Tiere« als Schmarotzer im Pflanzenreich unterwegs, denn auch wenn wir mit unserem CO_2-Ausstoß bezahlen, existieren mit Bakterien oder Vulkanen weitaus größere CO_2-Quellen. Auf unseren kümmerlichen Beitrag sind die Pflanzen daher nicht angewiesen.

Seit Mitte des 17. Jahrhunderts wurde spekuliert, ob nicht auch Pflanzen über ihre Blätter Nahrung aufnehmen. Es war offensichtlich, dass Pflanzen sich in der Dunkelheit nicht wohlfühlen. Trotzdem war es erst das Universalgenie Joseph Priestley, das in der zweiten Hälfte des 18. Jahrhunderts das Grundprinzip formulierte: Pflanzen nehmen CO_2 auf, sie geben O_2 ab. Irgendwo mittendrin spielt Licht eine Rolle, aber welche? Der weitere Verlauf bis zum vollen Verständnis der Photosynthese war ein langer und mühsamer Prozess, der streng genommen noch nicht beendet ist. Letztlich verdanken wir es der Atomphysik, dass die Grundprinzipien der Photosynthese heute bekannt sind.

Die Lösung der Atomphysik für die Photosynthese

Die Geschichte der Wissenschaft ist voller beeindruckender Beispiele dafür, dass vier Augen mehr sehen als zwei und dass der gegenseitige Austausch von Gedanken und das Prüfen von Thesen mehr Erfolg verspricht als das einsame Wirken eines Genies in seinem Studierzimmer. Ende der 1930er Jahre kamen Samuel Rubens und Martin Kamen nach Berkeley in Kalifornien, wo sie schnell gemeinsame Sache machten, um die Geheimnisse der Photosynthese zu lüften.[44] Um zu verstehen, auf welchem Weg der Kohlenstoff vom CO_2 zu den anderen Formen gelang, war es klug, die C-Atome zu markieren. Aber wie markiert man ein Atom? Auf der Hand lag die Möglichkeit, Isotope zu nutzen, also andere Varianten als das gewöhnliche ^{12}C. Die Auswahl war damals allerdings nicht gerade groß. Die einzige bekannte radioaktive Form von Kohlenstoff war ^{11}C, aber dieses Isotop hat eine Halbwertzeit von nur 21 Minuten. Dies bedeutete, dass Versuche und Analysen sehr zügig durchgeführt werden mussten, bevor die Radioaktivität abgeklungen war. Ruben und Kamen waren sich deshalb schnell im Klaren darüber, dass sie ein anderes Isotop mit längerer Lebensdauer brauchten.

Neue Isotope sind allerdings nicht gerade Massenware, weshalb Ruben und Kamen sich zuerst dieses Problem vornahmen. Sie hatten Zugang zu einem Strahlenlabor mit eigenem Teilchenbeschleuniger, und nach einer langen Phase mit dürftigen Ergebnissen unternahm Kamen am 19. Februar 1940 einen weiteren Versuch, bei dem er Graphit über 120 Stunden mit Elektronen beschoss. Spät am Abend kratzte er die Graphitreste zusammen und legte sie auf Rubens Tisch, damit dieser sie später

44 Govindjee, J. et al. (2005): *Discoveries in photosynthesis.* Springer, New York.

analysieren konnte. Dann fuhr er nach Hause, um etwas zu schlafen. Bereits früh am nächsten Morgen wurde er von Ruben geweckt, der ihm aufgeregt erklärte, er habe eine neue, radioaktive Form des Kohlenstoffs entdeckt. Diese sollte sich als ^{14}C herausstellen, ein Isotop mit sechs Protonen und acht Neutronen, und – noch wichtiger – einer Halbwertzeit von 5.730 Jahren. Damit konnten sich die beiden nun ihrer eigentlichen Zielsetzung widmen, die Rätsel der Photosynthese zu entschlüsseln. Der bald darauf immer schlimmer wütende Krieg machte ihnen aber einen Strich durch die Rechnung. Ruben wurde für die Kriegsforschung rekrutiert und studierte die Auswirkungen des Giftgases Phosgen auf die Lungenproteine. Phosgen hat weder etwas mit Phosphor noch mit Genen zu tun. Es ist ein Carbonylchlorid, eine der tödlichen Verbindungen von Kohlenstoff, Chlor und Sauerstoff ($COCl_2$). Ruben hatte mit der Entdeckung dieses Gases, dessen schreckliche Auswirkungen bereits im 1. Weltkrieg dokumentiert wurden, nichts zu tun. Seine Forschung richtete sich vielmehr auf die physiologischen Effekte. Er nutzte das ^{11}C-Isotop, um nachvollziehen zu können, wie sich das Phosgen an die Lungenproteine band, und wurde durch seine Arbeit selbst ein unfreiwilliges Opfer der tödlichen Wirkung des Gases. Am 27. September 1942 wurde Ruben einer hohen Dosis ausgesetzt und starb am folgenden Tag im Alter von nicht einmal 30 Jahren. Er fügte sich damit in die lange Reihe der Wissenschaftler ein, die Opfer der Chemie und des Krieges wurden. Auch Kamens Karriere fand im Krieg ein jähes Ende. Er wurde aus dem Strahlenlabor verwiesen, das von nun an für die Erforschung der Entwicklung der Atombombe reserviert war.

In der jüngeren Zeit wurden Reaktoren konstruiert, die große Mengen ^{14}C produzierten. Mithilfe dieses Isotops gelang es schließlich dem Forschertrio Melvin Calvin, Andrew Benson und James Bassham, den alten Traum zu verwirklichen und die Photosynthese zu entschlüsseln.

Dank ihrer Arbeit war es möglich, dem mit ^{14}C markierten CO_2 durch den gesamten Kreislauf der Photosynthese zu folgen und zu analysieren, wo der radioaktive Kohlenstoff in allen Zwischenschritten auftauchte, bis er schließlich als radioaktiver Zucker eingelagert wurde.

Auch ich ging nach diesem Prinzip vor, als ich den Kohlenstoffzyklus in dem See bei Oslo erforschte, und nutzte dasselbe Isotop. Ich versetzte verschiedene Probeflaschen mit radioaktivem Kohlenstoff (in minimalen Mengen) und platzierte diese in unterschiedlichen Wassertiefen, um später die Algen, die sich in den jeweiligen Tiefen und bei abnehmendem Licht entwickelt hatten, auf ^{14}C zu analysieren. Da ich das Verhältnis ^{14}C / ^{12}C kannte, konnte ich anhand der Stärke des radioaktiven Signals genau berechnen, wie viel CO_2 die Algen pro Stunde in unterschiedlicher Tiefe aufgenommen hatten – ich erfasste also einen sehr kleinen, aber doch exakten Teil des globalen Kohlenstoff-Kreislaufs.

Der Calvin-Zyklus[45], eigentlich Calvin-Benson-Zyklus, der auch als Dunkelreaktion bezeichnet wird, beschreibt, kurz gefasst, wie das CO_2 mithilfe des Enzyms Rubisco an einen instabilen C6-Körper bindet. Nachdem der Zyklus sechsmal abgelaufen ist und dabei Energie aufgenommen hat, stabilisiert die Verbindung sich in Form von Glukose ($C_6H_{12}O_6$). Die Glukose wird entweder für die Bildung von Zellulose oder Stärke verwendet, oder sie wird zu den Mitochondrien transportiert, wo die Energie durch die Zellatmung wieder freigesetzt wird.

Der Calvin-Zyklus ist heute Bestandteil eines jeden Lehrbuchs der Biologie. Calvin wurde für seine Arbeit 1961 mit dem Nobelpreis belohnt. Eine verdiente Auszeichnung, wenn auch viele der Meinung waren, dass auch Kamen und Benson mit Calvin auf dem Podium hätten

45 Mehr über den Calvin-Benson-Zyklus findet sich in: Nelsen, D., Cox, M. (2009): *Lehninger Biochemie*, 4. Aufl. Springer, New York.

stehen müssen. Es war übrigens anlässlich eines Essens mit dem Präsidentenehepaar Kennedy, als Calvin und die anderen Nobelpreisträger Kennedys berühmte Aussage zu hören bekamen, »dass dies vermutlich die bisher größte Ansammlung von Intellekt und menschlichem Wissen hier in den Mauern des Weißen Hauses ist, abgesehen natürlich von dem Moment, in dem Thomas Jefferson hier alleine speiste.«

Die Hauptschritte der Photosynthese sind erforscht, und neue Details wurden immer wieder ergänzt, aber es gibt noch immer Aspekte der Photosynthese, die nicht zur Gänze verstanden sind. Wir wissen jedoch, dass alle Pflanzen organisches Material aus CO_2 und Wasser aufbauen können, wenn genug Sonnenenergie und Rubisco als reaktives Zentrum einer komplexen, mikroskopischen Fabrik vorhanden sind. Wir, die wir uns nicht auf die Kunst der Photosynthese verstehen, haben unser Leben diesem Umstand zu verdanken. Wobei diese Abhängigkeit vielleicht nicht ganz so einseitig ist, denn wir liefern in der Gegenleistung dank einer ganzen Reihe von Verbrennungsprozessen das CO_2 zurück. Die Pflanzen aber können beides, sie verstehen sich auf das Aufbauen und das Verbrennen. Das Klima unserer Erde wurde und wird zu einem großen Teil von der Balance zwischen Aufbauen und Verbrennen reguliert – also von der Frage, in welchen Verbindungen der Kohlenstoff auftritt.

Photosynthese rückwärts

An einem richtig heißen Tag oben am See verlor ich einen Wasserprobennehmer, der rasch auf den Grund sank. Es passierte unweit des Ufers, wo es noch so flach war, dass ich das Metall unten am Gewässerboden schimmern sah. Es leuchtete goldbraun wie das Wasser selbst, weil all der gelöste Kohlenstoff das ultraviolette, blaue und grüne Licht absorbiert hatte, während das gelbe und rote Licht weiter in die Tiefe vordrang. Ein Probennehmer ist so teuer, dass man ihn nicht einfach aufgibt. Außerdem hatte ich die Oberflächenwassertemperatur gerade erst mit 22 °C bestimmt, sodass ich nicht lange zögerte, mir die Kleider auszog und Tauchen ging. Unten am Grund hatte ich das Gefühl, den Kopf in einen Kühlschrank zu stecken. Das Metall des Probennehmers kam mir eiskalt vor, als ich mit meinem Fang wieder zurück an die Oberfläche Richtung Licht schwamm.

Ein See kann viele Zusammenhänge illustrieren, so auch den Effekt des Lichts. Licht besteht aus Photonen, und diese können die Photosynthese ankurbeln oder Wärme erzeugen. An der Oberfläche eines Binnensees passiert beides. Ein Teil der Photonen wird von dem braunen, gelösten Kohlenstoff im Wasser oder sogar vom Wasser selbst eingefangen, ein anderer von den Chloroplasten der Algen. Dies führt dazu, dass sich die oberste Schicht des Wassers erwärmt, während die tiefen Schichten kalt bleiben. Deshalb zeigte das Thermometer des Probennehmers 10 °C, als ich, wieder oben, den Wert ablas. Ähnlich ist es auch mit der Photosynthese. In den oberen Schichten wird Biomasse produziert, während in den unteren abgebaut und geatmet wird, weil dort nicht genug Photonen ankommen, um die Photosynthese anzutreiben. Als ich den Sauerstoffverlauf im See maß, sah ich, dass das Wasser an der Oberfläche sauerstoffgesättigt war, während unterhalb von 10 Metern kein Sauerstoff mehr im See enthalten war. Die CO_2-Konzentration zeigte einen gegenläufigen Verlauf: Äußerst geringe Mengen bis in eine Tiefe von 5 Metern und dann ein starker Anstieg bis zum Boden, wo die hohen CO_2-Konzentrationen auch von Methan und Schwefelwasserstoff begleitet wurden. Dies zeigt, wie die wichtigsten Prozesse des Lebens einander spiegeln.

Während bei der Photosynthese mithilfe der Sonnenenergie komplexe Moleküle entstehen, setzt die Atmung oder Zellatmung bei der Zersetzung dieser komplexen Moleküle die gespeicherte Energie frei. In stark vereinfachter Form kann das dargestellt werden als:

$$C_6H_{12}O_6 + 6\ O_2 \rightarrow 6\ H_2O + 6\ CO_2 + \text{Energie.}$$

Es ist die umgekehrte oder gespiegelte Photosynthesegleichung, doch während das Sonnenlicht oder die Photonen die Energie liefern, mit der in der Photosynthese ein brennbares (oxidierbares), organisches Molekül entsteht, setzt die Verbrennung oder Veratmung dieses Moleküls Energie zum Beispiel in Form von Adenosintriphosphat, ATP, frei. Wer sich noch an seine Schulzeit erinnert, wird wissen, dass ATP selbst ein Resultat komplexer Reaktionszyklen ist. Für den Moment reicht es aber, wenn wir uns darauf konzentrieren, dass die hier beschriebenen Prozesse die wundersame Eigenschaft haben, einander in einer globalen Symbiose zwischen Produzenten und Konsumenten auszugleichen. Auch Pflanzen atmen CO_2 aus, nachts setzen sie sogar mehr CO_2 frei, als sie aufnehmen. Auf lange Sicht nimmt eine Pflanze trotzdem mehr CO_2 auf, als sie ausscheidet – sonst würde sie nicht wachsen.

Wir müssen unsere Zellen übrigens nicht mit Zucker füttern, wir können alles Mögliche in den Ofen schieben, um Wärme (idealerweise 37 °C) und Energie für die Arbeit des Tages zu gewinnen, ob wir nun ein Buch über Kohlenstoff schreiben oder joggen gehen. Und der

Ofen? Das sind die Mitochondrien, die Kraftwerke der Zellen, die einiges mit den Chloroplasten gemeinsam haben. Dort spielt sich mit dem Krebs- oder Zitronensäure-Zyklus ein weiterer komplexer Kreislauf ab, der uns mit Energie versorgt. Eine gewöhnliche Muskelzelle enthält 200–300 Mitochondrien. Lange vor der kambrischen Explosion, wahrscheinlich schon vor 1,5 Milliarden Jahren, entstanden Zellen mit eigenen Kernen für ihre DNA. Bis dahin hatte das Leben ausschließlich aus Bakterien bestanden, die sich per Definition aus Zellen ohne eigenen Kern zusammensetzen. Eine dieser frühen Zellen mit Kern schluckte irgendwann ein frei lebendes Bakterium, doch statt es zu verdauen, wurde dies der Beginn einer Symbiose, einer ewigen Partnerschaft. Die Geschichte ähnelt jener der Chloroplasten, sie fand aber früher (auch Pflanzen haben Mitochondrien), und vermutlich nur ein einziges Mal statt. Da Mitochondrien und Chloroplasten jeweils ihre eigene DNA haben, kann man dies nachweisen. Im Fall der Mitochondrien deutet alles auf eine Gruppe von Bakterien aus der SAR11-Familie hin. (SAR nach der Sargassosee, wo diese Bakteriengruppe zum ersten Mal dokumentiert wurde).

Das Ur-Mitochondrium hatte ein besonderes Talent: Es konnte Energie durch die Verbrennung organischen Materials mithilfe von Sauerstoff erzeugen. Das ermöglichte die Nutzbarmachung des lästigen Sauerstoffs. Überdies wurde die Energie wesentlich effektiver erzeugt als über den älteren sauerstofffreien Metabolismus. Hier erwies sich Sauerstoff als ein ungeheuer nützlicher Partner, auf dessen Fähigkeiten alles höhere Leben aufbaut. Die Pflanzen sicherten sich sowohl einen Apparat, um aus CO_2 und Sonnenlicht Energie herstellen und einlagern zu können – die Chloroplasten – als auch einen Verbrennungsapparat, um diese Energie zu nutzen – die Mitochondrien. Tiere, Pilze und alle anderen heterotrophen Lebewesen begnügten sich mit den Mitochondrien und verschafften sich die Energie, in dem sie diejenigen Organismen verspeisten oder an ihnen schmarotzten, die Chloroplasten ihr eigen nannten. Die lebenswichtige Balance zwischen der Produktion von Sauerstoff in den Pflanzen und der CO_2-Produktion durch uns, ist im Grunde nichts weiter als die Balance der Energieproduktion zweier uralter Bakterientypen. Wir sind eigentlich nur ihre Wirte.

Das Feuer ist nicht anspruchsvoll, es verlangt nicht ausschließlich trockenes Kiefernholz, sondern begnügt sich mit nahezu jeder Art von organischem Material, wenn es erst einmal brennt. Betrachten wir das Leben, so gibt es auch dort kaum eine Einschränkung im Hinblick auf möglichen Brennstoff. Insbesondere Bakterien und Pilze haben Appetit auf fast alles, wobei spezifische Arten und Gattungen auch spezifische Ansprüche haben. Häufig sind Bakterien und Pilze dafür verantwortlich, dass alles, was abgebaut oder in seine Bestandteile zersetzt werden kann, auch zersetzt und abgebaut wird, manchmal auch im Team. Ja, sogar Giftstoffe, Plastik und Öl werden früher oder später zersetzt. Mikroorganismen haben durch ihre rasche Generationenfolge außerdem ein ungeheures Potenzial, ihren Stoffwechsel schnell den Bedürfnissen anzupassen. Dass die Ölverschmutzung in Mexiko trotz der massiven Schäden an Flora und Fauna nach einer gewissen Zeit verschwunden war, ist natürlich darauf zurückzuführen, dass es eine ganze Reihe von Bakterien gibt, die Rohöl als Energiequelle nutzen und in CO_2 verwandeln können.

Wir selbst haben eine viel kleinere, nutzbare Bandbreite. Wir brauchen Proteine, Kohlenhydrate und Fette als Brennstoffe. Kohlenhydrate sind die effektivsten Treibstoffe, angeführt von Glukose $C_6H_{12}O_6$. Werden die Kohlenhydrate knapp, greifen wir (also unsere Mitochondrien) auf Fett zurück. Als letztes auf der Liste stehen die Proteine. Aber ob wir nun Brokkoli oder Speck essen – bei uns hat beides das eine Ziel, aufzubauen und zu verbrennen. Der Unterschied zu den Pflanzen besteht lediglich darin, dass wir unsere Nahrung von außen zuführen müssen, während die Pflanzen ihren Brennstoff selbst produzieren. Das Verbrennungsprinzip an sich ist aber dasselbe – es ist die Freisetzung von Sonnenenergie, die durch die Photosynthese als Energie gespeichert wurde. Im Falle von Brokkoli handelt es sich um die über das Jahr gespeicherte Sonnenenergie, während man, wenn man zum Laden fährt, um Brokkoli zu kaufen, von der Sonnenenergie angetrieben wird, die über Hunderte von Millionen Jahren unter der Erde gespeichert war.

Gute Nachbarn

Das Auffälligste an unseren Proben aus dem See, anhand derer wir die Irrwege des Kohlenstoffs durch die vielen Akteure des Ökosystems beobachtet haben, waren die unterschiedlichen Formen und Spielarten des Kohlenstoffs. Zum einen hatten sich große Mengen zu Humus aufgelöst, der im Wasser trieb. Ungefähr 90 Prozent allen Kohlenstoffs in einem typischen Waldsee tritt in der Form von Humus auf – abgebaute Pflanzenreste, leicht zu erkennen an der braunen Farbe. Wenn man die gesamte Biomasse in Plankton, Bodenorganismen und Fisch zusammennimmt, macht diese nicht mehr als 10 Prozent des Kohlenstoffanteils im Wasser aus. Dabei bestehen auch die Organismen zu großen Teilen aus Kohlenstoff. Wir konnten hohe Konzentrationen von CO_2 und CH_4 (Methan) im See messen. Das zeigte uns, dass Waldseen wie der von uns untersuchte eine bedeutende Quelle dieser Treibhausgase sein können. Vereinfacht können wir sagen: Kohlenstoff taucht als ein besonders dominierendes Element in jedem Zusammenhang auf.

Als wir die Beziehung von Kohlenstoff zu anderen Elementen studierten, stellten wir einige auffällige Muster fest. Zum einen variierten die Beziehungen der Elemente je nach Art, auch zwischen Pflanzen und Tieren. Pflanzen weisen einen höheren Kohlenstoffgehalt auf, enthielten jedoch weniger Stickstoff (N) und Phosphor (P). Innerhalb der Arten, besonders bei Tieren, war jedoch wenig Variation im Verhältnis der Elemente zu beobachten. Das bringt uns auf die Spur eines wichtigen Mechanismus: Tiere, die sich von Pflanzen ernähren, nehmen oft mehr Kohlenstoff auf als sie benötigen, da von diesem Element mehr vorhanden ist, als von anderen lebenswichtigen Stoffen wie Stickstoff oder Phosphor, zu denen Pflanzenfresser nur begrenzten Zugang haben. Um ein einigermaßen stabiles Verhältnis zwischen Kohlenstoff, Stickstoff und Phosphor herzustellen, müssen die Tiere also den Kohlenstoffüberschuss abgeben. Einiges davon wird als Fett gespeichert, doch Kohlenstoff kann auch durch vermehrte Atmung abgegeben werden.

Wie bereits erwähnt, können auch Pflanzen nicht von Kohlenstoff allein leben. Kohlenstoff befindet sich relativ weit oben rechts im Periodensystem. In unmittelbarer Nachbarschaft, mit der Ordnungszahl 7, ist der Stickstoff beheimatet, und gleich danach kommt der Sauerstoff. Eine Etage darunter finden sich Silicium, Phosphor und Schwefel. Diese guten Nachbarn nehmen eine ganz spezielle Funktion als Bausteine des Lebens ein, eine Sonderstellung haben jedoch eindeutig Kohlenstoff, Stickstoff und Phosphor. Auch der Sauerstoff ist ein Mitglied in dieser exklusiven Nachbarschaft und geht ebenfalls in die meisten Verbindungen ein, wenn auch bevorzugt als O und nicht als O_2. Sauerstoff macht ungefähr 65 Prozent des Gesamtgewichtes des Menschen und anderer Tieren aus (bei Pflanzen etwas weniger), und selbst wenn man das Wasser abzieht, liegt der Anteil des Sauerstoffs in unserem Körper immer noch bei 35 Prozent und damit nicht weit hinter dem Kohlenstoff. Schwefel kommt in einer Reihe von Enzymen, Hormonen und biochemischen Reaktionen vor. Wenn wir Sauerstoff und Schwefel an dieser Stelle den Rücken kehren, liegt das nicht daran, dass sie nicht wichtig wären, sondern daran, dass sie für das Leben keine ebenso begrenzenden Faktoren sind wie die vier anderen.

Das stabile Verhältnis zwischen den wichtigsten Bestandteilen des Körpers ist nicht zufällig, es reflektiert, wozu diese Elemente verwendet werden. Kohlenstoff ist beinahe allgegenwärtig. Kohlenhydrate bestehen aus C, H und O. N (Stickstoff) oder P (Phosphor) werden für ihren Aufbau nicht benötigt. Das heißt aber auch, dass wir beim Verzehr von Kohlenhydraten weder N noch P aufnehmen.

Auch Fette enthalten in erster Linie C, H und O, und zusätzlich noch einen gewissen Anteil an N und P. Proteine enthalten tatsächlich – neben C, H und O – recht viel N. Tatsächlich sind sie die Haupt-Stickstoffquelle des Organismus. Ähnliches gilt für Nukleinsäuren wie DNA und RNA, die zusätzlich auch noch Phosphor enthalten.

Daher ist Kohlenstoff – wie auch Wasserstoff und Sauerstoff – überall zu finden. Stickstoff ist ein Schlüsselelement in Proteinen und macht einen Anteil von 10 Prozent unseres Trockengewichtes aus. Das Bedürfnis nach Kohlenstoff und Stickstoff ist damit offensichtlich, aber was ist mit Phosphor? Sein Anteil an unserer Trockenmasse beträgt nur 1 Prozent, und trotzdem ist er ein Schlüsselelement des Lebens. Ohne Phosphor keine Erbinformation (DNA), keine RNA, die die Anweisungen der DNA in Proteine überträgt, kein ATP (der zentrale Energieträger bei der Zellatmung) und keine lebenswichtigen Phospholipide in der Zellmembran.

Kurz gesagt: Das Leben, wie wir es kennen, wäre ohne Phosphor gar nicht möglich. Wenn man auf weit entfernten Planeten nach Leben sucht, reicht es nicht, nur nach Wasser und lebensbegünstigenden Temperaturverhältnissen Ausschau zu halten, es braucht die Elemente Kohlenstoff, Stickstoff und Phosphor. Der Hauptgrund, warum Phosphor so eine wichtige Rolle spielt, ist paradoxerweise sein geringes Vorkommen. Angebot und Nachfrage sind auch hier entscheidend. Wir brauchen nur eine minimale Menge Phosphor, hätten aber ein Riesenproblem, sollte das Angebot zurückgehen.

An dieser Stelle möchte ich betonen, dass diesen Fragen schon früher nachgegangen wurde und es schwer ist, in unserer Zeit komplett *neue* Entdeckungen zu machen. Unser alter Freund Jöns Jacob Berzelius benutzte als erster den Begriff Stöchiometrie (aus dem Griechischen Stoichion = Grundstoff und Metron = Maß) für die Mengenverhältnisse in Stoffen und chemischen Re-

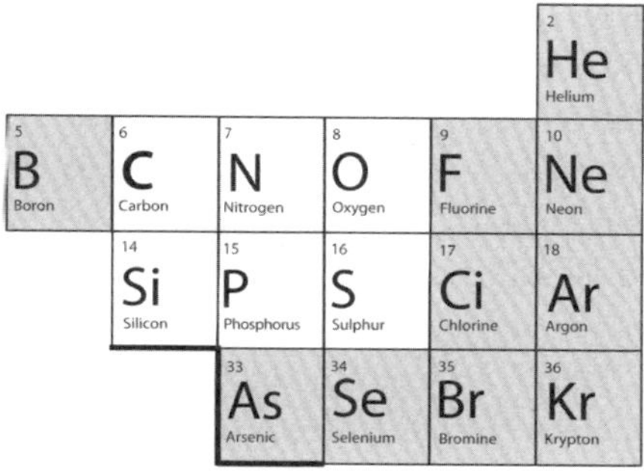

Abbildung 7: Ausschnitt aus dem Periodensystem: An zweiter Stelle in der oberen rechten Ecke des Periodensystems hat Kohlenstoff sich in einer engen und guten Nachbarschaft mit den anderen Schlüsselelementen des Lebens eingerichtet: Stickstoff, Sauerstoff, Phosphor, Silicium und Schwefel.

aktionen.[46] So ist es beispielsweise kein Zufall, dass man mit 12 Sauerstoffatomen (6 O_2) ein Glukosemolekül mit der Stöchiometrie $C_6H_{12}O_6$ verbrennen kann und dass dabei 6 Wassermoleküle und 6 CO_2-Moleküle entstehen. Dass spezifisch die Zahl 6 in dieser Gleichung auftaucht, ist der Stöchiometrie der Glukose geschuldet.

Justus von Liebig hatten wir ebenfalls bereits erwähnt. Er brachte den Entdecker des Benzolringes, August Kekulé dazu, die Architektur an den Nagel zu hängen und sich der Chemie zu widmen. Auch Friedrich Konrad Beilstein, der Mann, der an die schier endlose Aufgabe gegangen war, alle chemischen Verbindungen zu klassifizieren, war bei Liebig in die Lehre gegangen. Und ich muss gestehen, dass Liebig, oder eher seine Erkenntnisse, auch mein eigenes Interesse für die biologische Stöchiometrie weckten.

46 Biologische Stöchiometrie siehe: Sterner, R. W., Elser, J. J. (2002): *Ecological Stoichiometry*. Princeton University Press. Hessen, D. O., Elser, J. J., Sterner, R. W., Urabe, J. (2013): Ecological stoichiometry: An elementary approach using basic principles. *Limnology & Oceanography* 58: 2219–2236.

Liebig war einer von den Menschen, die am liebsten schon ihr Kinderzimmer mit »Mein erster Chemiebaukasten«, Knallfröschen und anderen pulverhaltigen Dingen vollgestopft hätten. Seine Begeisterung für die Clowns auf den damaligen Jahrmärkten, die ihre Feuerwerke und ihr Knallquecksilber zur Schau stellten, bescherte ihm eine lebenslang anhaltende Liebe zur Chemie. Mit gerade einmal 20 Jahren schloss er im Jahre 1823 seine Doktorarbeit ab. Schon ein Jahr später trat er – auf Empfehlung von niemand Geringerem als Alexander von Humboldt – seine Stelle als Professor für Chemie und Pharmakologie an der Universität Gießen an. Seine Errungenschaften reichen von Backpulver und Säuglingsnahrung bis hin zu Chloroform, freien Radikalen und nicht zuletzt Pflanzendünger. Letzterer ist für uns interessant. Aber auch den Fünf-Kugel-Apparat (ursprünglich Kali-Apparat), der auf Liebigs Konto geht, wollen wir hier nicht unterschlagen. 1831 erfand Liebig eine Kammer, die er mit vier runden Glaskolben verband. Um die Kohlenstoffmenge in organischen Verbindungen zu bestimmen, verbrannte er sie und führte das CO_2-Gas durch mehrere Reaktionskammern, bis er schließlich Kaliumcarbonat gewann. Mit diesem Endprodukt berechnete er schließlich die Kohlenstoffmenge in der ursprünglichen Verbindung vor dem Verbrennungsprozess. Das war ziemlich clever – und außerdem war es die erste Anlage der Welt, um CO_2 einzufangen!

Liebig wusste bereits, dass Pflanzen für ein optimales Wachstum nicht nur CO_2 brauchten, sondern auch Stickstoff und eine Reihe anderer Verbindungen, und dass es immer *ein* Element gab, das alles andere begrenzte. Wenn es zu wenig Phosphor in der Erde gab, half auch keine vermehrte Stickstoff- oder CO_2-Zufuhr. Liebigs Minimumgesetz funktioniert wie ein altmodisches Fass, das aus mehreren Holzplanken (oder Fassdauben) zusammengezimmert worden ist. Die Höhe der kürzesten Planke (in unserem Fall die Menge an Phosphor) bestimmt die

Menge an Wasser in dem Fass, und es würde nicht mehr Wasser hinein passen, wenn man nur die anderen Planken verlängerte. Die Fassmetapher reflektiert an dieser Stelle auch, dass Pflanzen Elemente in einem bestimmten Mengenverhältnis brauchen, um ihr Wachstum zu optimieren.

So verhält es sich auch bei uns. Die stöchiometrische Gleichung mit den wichtigsten Elementen würde – den Wasseranteil im Körper nicht mitgerechnet – folgendermaßen aussehen:

$H_{375000000}$ $O_{132000000}$ $C_{85700000}$ $N_{6430000}$ $Ca_{1500000}$ $P_{1020000}$ S_{206000} Na_{183000} K_{177000} Cl_{127000} Mg_{40000} Si_{38600} Fe_{2680} Zn_{2110} Cu_{76} I_{14} Mn_{13} F_{13} Se_{4} Mo_{3} Co_{1}[47]

Die chemische Darstellung zeigt, wie vielfältig der Mensch ist. Wir sind aus einem beachtlichen Anteil des Periodensystems zusammengesetzt, und der Mangel an nur einem dieser Elemente, etwa Eisen (Fe) oder Iod (I), führt zu Problemen – im ersten Fall in Form von Anämie, im zweiten in Form eines Kropfes. Außerdem zeigt uns diese Darstellung, dass im menschlichen Körper auf ein Kobaltatom 375 Millionen Wasserstoffatome kommen und dass das Leben in der Tat aquatisch ist, was die Dominanz von Wasserstoff und Sauerstoff erklärt. Dass Sauerstoff und Kohlenstoff vom Gewicht her der dominierende Part sind, liegt daran, dass Wasserstoff nur eine bescheidene Atommasse von 1 hat, während Kohlenstoff und Sauerstoff jeweils auf 12 und 16 kommen. Unsere Körper können von dieser Stöchiometrie abweichen, aber nur minimal. Ein gewisses Verhältnis zwischen den wesentlichen Nachbarelementen Kohlenstoff, Stickstoff und Phosphor ist erforderlich, um einen Menschen zu bauen. Wenn wir

47 Sterner, R. W., Elser, J. J. (2002): *Ecological Stoichiometry*. Princeton University Press.

uns nun einseitig auf Kohlenhydrate stürzen, wird es uns zwar nicht an Energie mangeln (rein chemisch gesehen, denn wer sich ausschließlich davon ernährt, wird sich nach und nach kaum noch energiegeladen fühlen), aber dafür an Stickstoff, Phosphor und anderen wichtigen Bausteinen. Letztlich würde es darauf hinauslaufen, dass wir überschüssigen Kohlenstoff loswerden müssen oder – noch schlimmer – dass wir ihn als Fett einlagern müssen.

Die Stöchiometrie hat auch eine große Bedeutung für den Kohlenstoffkreislauf, dem wir uns weiter unten noch zuwenden werden. Der Ozeanograf Alfred Redfield beschrieb im Jahr 1934 die enge Gemeinschaft zwischen Kohlenstoff, Stickstoff und Phosphor im Meer mit der Gleichung $C_{106}N_{16}P_1$. Redfield war erstaunt, dass alle Messungen, die er im Meer vornahm, auf dieselbe Zusam-

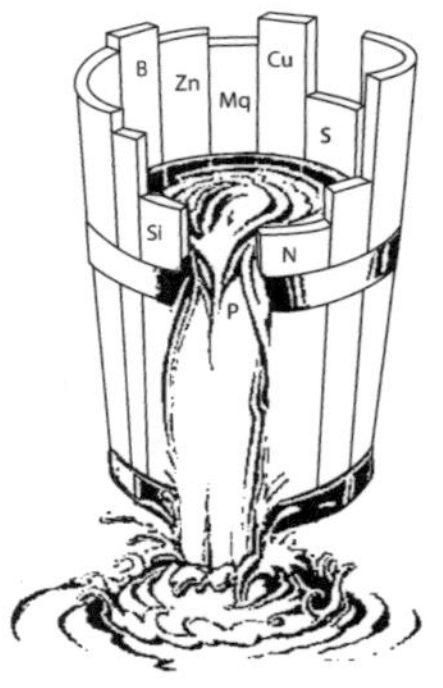

Abbildung 8: Liebigs Fass zeigt, wie die Produktivität in einem Organismus oder Ökosystem – hier versinnbildlicht durch die Wassermenge in einem Fass mit unterschiedlich langen Planken – stets durch die kürzeste Planke begrenzt wird. In vielen Fällen nimmt Phosphor diese Rolle ein.

mensetzung hinausliefen, die zum ikonischen Redfield-Verhältnis werden sollte. Es stellte sich heraus, dass die empirische Grundlage für dieses Redfield-Verhältnis ziemlich dünn war. Umso erstaunlicher war es, dass neuere Messungen in späteren Jahrzehnten es mit einigen, geringfügigen Abweichungen sowohl im Wasser als auch in festen Teilchen bestätigten.

Es wird noch heute diskutiert, wie das möglich ist. Mittlerweile geht man von einer Art gegenseitiger Regulierung zwischen den drei Nachbarn aus, die sich in der Biochemie der Meeresalgen widerspiegelt. In einer Studie, die auf einem Großteil der zugänglichen Daten basiert[48], ermittelten meine Kollegen und ich ein revidiertes Elementeverhältnis: $C_{166}N_{20}P_1$. Ob der Anstieg des Kohlenstoffgehalts bereits auf den erhöhten CO_2-Gehalt in der Atmosphäre zurückzuführen ist, ist unklar, aber dieses Verhältnis zeigt uns, dass ein Phosphoratom 166 Kohlenstoffatome binden kann.

Mehr Stickstoff und mehr Phosphor führen deshalb zu mehr Kohlenstoff (und CO_2), gebunden in Wald und Algen. In vielen offenen Meeresgebieten ist tatsächlich das Eisen der limitierende Faktor, weshalb der Forscher John Martin mit einer für einen Naturwissenschaftler ungewöhnlichen Unbescheidenheit ausposaunte: »Gebt mir ein halbes Containerschiff mit Eisen, und ich gebe euch die nächste Eiszeit.« In anderen Worten: Fügt man in Gebieten mit geringem Eisenvorkommen Eisen zu, führt dies dazu, dass die Algen so viel CO_2 binden, dass die gesamte Erderwärmung zurückgeht. Leider stimmt das so nicht ganz. Im Juli 2012 streute ein Fischerboot vor der Westküste Kanadas 100 Tonnen Eisensulfat ins Meer.[49] Das Ziel war es, das Algenwachstum zu forcieren, einen

48 Sterner, R. W. et al. (2008): Scale-dependent carbon:nitrogen:phosphorus seston stoichiometry in marine and freshwaters. *Limnology & Oceanography* 53: 1169–1180.

49 Sunda, W. G., Huntsman, S. A. (1995): Iron uptake and growth limitation in oceanic and coastal phytoplankton. *Marine Chemistry* 50: 189–206. Watson, A. J. et al. (2000): Effect of iron supply on Southern Ocean CO_2-uptake and implications for atmospheric CO_2. *Nature* 407: 730–733.

größeren Fischbestand zu ermöglichen und gleichzeitig CO_2 zu binden. Das Ergebnis war nicht eindeutig. Hier und da blühten die Algen auf, aber der Großteil des Eisens wurde verdünnt und sedimentierte. Wie auch andere vorgeschlagene *Quick Fixes*, beispielsweise der Einsatz von atmosphärischen Spiegeln in Satellitenbahnen, die das Sonnenlicht reflektieren sollen, mit Eisen beladene Supertanker, die CO_2-Speicherung im Gestein und eine ganze Reihe anderer mehr oder weniger fantasievoller Vorschläge, rettet eine Düngung des Meeres mit Stickstoff, Phosphor oder Eisen uns nicht vor den Klimaproblemen – jedenfalls nicht in der Zeitspanne, die uns noch zur Verfügung steht.

Apropos *Quick Fixes*: Holz besteht in seinem Trockengewicht zu zirka 50 Prozent aus Kohlenstoff, jedoch nur aus 3–4 Prozent Stickstoff bei einem Phosphorgehalt von 0,1 Prozent. Eine Zugabe von Stickstoff und Phosphor würde an dieser Stelle Auswirkungen in Form einer erhöhten CO_2-Aufnahme haben (Eisen wirkt an Land nicht limitierend). Dieser Umstand hat bei einigen das Bestreben hervorgerufen, den Wald zu düngen, mit der Aussicht auf doppelten Gewinn: mehr Holz und weniger CO_2. An dieser Stelle muss jedoch angemerkt werden, dass Meer und Land bereits unbeabsichtigt großzügig gedüngt werden, weil der Stickstoff- und der Phosphorkreislauf bereits fundamental vom Menschen beeinflusst werden, sodass erhöhte Menge dieser Stoffe im Umlauf sind. Der Süden Norwegens nimmt heute zehnmal so viel Stickstoff aus saurem Regen auf wie noch in vorindustriellen Zeiten; und auch die Menge an Phosphor in Partikeln in der Luft ist deutlich gestiegen. Dieses Phänomen ist nicht auf Norwegen begrenzt. Weltweit findet ein globales Düngeexperiment statt, das – so paradox es auch klingen mag – dem Einfluss des Menschen auf den Kohlenstoffkreislauf entgegenwirkt. Eine »Hilfe«, die allerdings Nebenwirkungen zeigt, denn Ökosysteme und Artenzusammensetzung ändern sich. Außerdem ist eines der Nebenprodukte im Stickstoffzyklus Lachgas, N_2O – ein wesentlich potenteres Treibhausgas als CO_2. Verstärkter Niederschlag von Stickstoff als Folge menschlicher Aktivitäten verstärkt die Produktion nicht nur von Lachgas, sondern auch von Methan, weswegen auch die Walddüngung mit Stickstoff sich als Bumerang erweisen könnte: In diesem Fall ginge die CO_2-Konzentration zurück, dafür stiege aber der Anteil an N_2O. Netto wäre das kein Gewinn für das Klima.

Aus all dem kann man viele Lehren ziehen. Die wichtigste ist, dass die enge Beziehung des Kohlenstoffs zu seinen Nachbarn erhebliche Konsequenzen für Leben und Klima hat, nicht zuletzt, weil der Kohlenstoffkreislauf mit so vielen anderen Kreisläufen gekoppelt ist. Als Ausgangspunkt für eine tiefere Auseinandersetzung mit dem Kohlenstoffkreislauf und der Frage, welche Rolle Wälder und Meere dabei spielen, ist das wichtig. Das Klima beeinträchtigt nicht nur das Leben, das Leben beeinträchtigt auch das Klima. Dies wird besonders offensichtlich, wenn wir unseren Blick auf einen weiteren Verbündeten des Kohlenstoffs richten, der seine Finger überall mit drin hat und eine wichtige Rolle als Joker in der Klimaentwicklung unseres Planeten spielt.

C und H_4 – ein heißer Flirt

Als ich damals Tag und Nacht am See im Wald verbrachte, tat ich das, um durch die Nahrungsketten den internen Kohlenstoffkreislauf des Sees zu verstehen. Ich lernte, dass ein Großteil des im See zirkulierenden Kohlenstoffs in den Mooren und Wäldern der Umgebung entstanden war. Angefangen beim CO_2, das die Fichten im Wald zu Nadeln umwandelten, zu Ästen, zu Stämmen, zu Wurzeln, zu Erde – Zucker, Stärke, Lignin, Zellulose. Das wirklich Aufsehenerregende war, dass der See (wie tatsächlich die meisten Seen) vor allem CO_2 in die Atmosphäre abgab. Ein Großteil des Kohlenstoffs, der einst in Nadelbäumen, Mooren und Erde gebunden wurde, gelangt schließlich in das Süßwasser, wo eine Armee hungriger Bakterien sich auf ihn stürzte. Das Endprodukt dieses Festgelages ist CO_2, das als Gas wieder in die Atmosphäre abgegeben wird. Das alles ist nur ein Bruchteil des großen Kreislaufs, der so gesehen ein Flickenteppich aus vielen kleinen Kreisläufen. ist. Das Wesentliche bleibt aber gleich: Einige bauen (Photosynthese), und andere verbrennen (Respiration). Dennoch ging die Gleichung nicht ganz auf, es gab einfach **zu viel** CO_2, das zurück in die Atmosphäre abgegeben wurde. Es musste noch andere CO_2-Quellen geben, und ich musste zurück an den See, um der Sache auf den Grund zu gehen.

Nur wenige Orte sind so still wie ein Waldsee an einem sonnigen Nachmittag im August. Nicht ein Windhauch liegt in der Luft, in der Wasseroberfläche spiegelt sich der Himmel in schärfstem Blau, doch unter der Oberfläche ist das Wasser braun – von all dem sich auflösenden Kohlenstoff aus Bäumen, Moor und Erde. In der Tiefe des Sees herrscht Dunkelheit. Die Libellen patrouillieren über dem Schilf und eine Handvoll Moltebeersträucher wächst am Ufer. Als ich mir ein paar Beeren pflücke, blubbert es in meinen Spuren, die sich im moorigen Uferboden abzeichnen. Den Inhalt dieser Blasen will ich mir genauer ansehen. Ich nehme Wasserproben von den verschiedenen Schichten des Sees – jeweils mit einem halben Meter Tiefenabstand. Diese Proben fülle ich in Flaschen, die ich mit gasundurchlässigen Korken verschließe. Die Probe aus der untersten Wasserschicht riecht unverkennbar nach Schwefelwasserstoff, da sie besonders arm an Sauerstoff ist. Ich weiß von früheren Versuchen von diesem Sauerstoffmangel, da ich zuvor bereits O_2-Messungen in denselben Intervallen unternommen hatte. An einigen Stellen im See habe ich auch umgedrehte Trichter verankert, an denen ich zuvor eine mit Wasser gefüllte Flasche befestigt habe. Wenn es vom Boden zu sprudeln beginnt und das Gas in den Trichter zieht, verdrängt es das Wasser aus der Flasche – und nach geraumer Zeit kann man berechnen, wie viel Gas per Quadratmeter ausgestoßen wird. Ich werde noch einige Male hier hoch kommen, um weitere Messungen vorzunehmen – auch unter Eis.

Als wir später die im Wasser aufsteigenden Gase untersuchten, war es keine große Überraschung, dass die Konzentration an CO_2 sehr hoch war, besonders in den tieferen Schichten. Außerdem fand sich CH_4 – also Methan. Auch das kam nicht unerwartet, es ist das Gas, das am Ufer Blasen schlug. Die Überraschung war eher die Menge an Methan, besonders am Boden des Gewässers. Die Methan-Konzentration nahm zur Oberfläche hin rasant ab, und obwohl dieser See, wie die meisten anderen Seen mit sauerstofffreiem Sediment, Mooren und Feuchtgebieten, einen beachtlichen Export von Methan in die Atmosphäre vorzuweisen hat, wird der größere Anteil von CH_4 auf dem Weg aus der Tiefe bereits in CO_2 umgewandelt. An diesem Punkt werden wir Zeuge eines kleinen Nahrungskettenprozesses: In den sauerstofffreien Tiefen befinden sich *methanogene* (methanproduzierende) Bakterien. Das von ihnen produzierte Methan ist wiederum Nahrung für die *methanotrophen* (methanfressenden) Bakterien, die CH_4 in CO_2 umwandeln. Einige dieser Bakterien fühlen sich in sauerstoffreicher Umgebung wohl, andere wiederum nicht, und sie alle sind erwiesenermaßen erfinderisch, was den Stoffwechsel betrifft. Es existieren sogar methanotrophe Bakterien, die Methan in Formaldehyd (!) umwandeln können, falls sie Zugang zu Sauerstoffquellen haben.

Methan war zunächst nur für einige ausgewählte Forscher von Interesse; das änderte sich aber, als es als zentraler Bestandteil von Erdgas relevant wurde. Inzwischen ist Methan ein heißes Thema im Bezug auf den Treibhauseffekt und die Klimaänderung. In der heutigen Klimaschutz-Debatte geht es vor allem um CO_2 – mit gutem Grund. Doch wenn C mit 4 H gemeinsame Sache macht und zu CH_4 wird, entsteht eine Verbindung, die als Treibhausgas um ein Wesentliches gefährlicher ist. Das hängt mit den Bindungen zusammen. Einfach erklärt: Die Einfachbindungen in CH_4 können mehr infrarote Wärmestrahlen auffangen, die von der Erde ausgehen, als die Doppelbindungen in CO_2.[50] Die Wärmeabsorbierung ist auf die Schwingungen der Moleküle zurückzuführen. Einfachbindungen schwingen stärker als die stabilen Doppelbindungen. Methan ist gefürchtet, weil es einerseits unangenehme Überraschungen für unsere Erde in petto haben kann und andererseits ein heftigeres Treibhausgas als CO_2 ist. Die Kombination aus Unbe-

50 Auch hier bietet wieder David Archers *The Carbon Cycle* eine gründliche Übersicht über die Biochemie des Kohlenstoffkreislaufes. Die IPCC-Berichte können gratis heruntergeladen werden, hier reicht «Summary for policymakers» als Einführung. Von norwegischer Literatur empfiehlt sich: Bjørnæs, C. (2009): *Klima forklart*. Unipub, Oslo. Kalvig, S., Viste, E. (2007): *Himmelog hav. Om klimaendringer i Norge og verden*. Schibsted. Alfsen, K. H., Hessen, D. O., Jansen, E. (2013): *Klimaendringer i Norge. Forskernes forklaringer*. Universitetsforlaget. Ein persönliches Buch eines der bedeutendsten Klimaforscher der letzten Jahre, James Hansen, ist eine beeindruckende Lektüre: Hansen, J. (2009): *Storms over my Grandchildren*. Bloomsbury Press.

rechenbarkeit und Potenz verleiht CH_4 den Charakter einer klimatischen Wildcard. Aber um wie viel potenter ist eigentlich CH_4? Potenz kann sowohl an der Intensität als auch an der Ausdauer gemessen werden. Methan wirkt ziemlich intensiv, jedoch weniger ausdauernd als CO_2, das für seine Hartnäckigkeit in der Atmosphäre bekannt ist. Das macht den Vergleich nicht einfach. Erschwerend kommt hinzu, dass einige Vergleiche auf Molekülbasis vorgenommen werden, andere auf Gewichtsbasis. Auf Molekülbasis ist CH_4 als Treibhausgas 40-mal effektiver. Da das Atomgewicht von CH_4 gerade einmal 16 beträgt (12 + 4 x 1), während CO_2 auf 44 kommt (12 + 16 x 2), ändert sich das Rechenstück mit einem Faktor von 2,75 zugunsten des Methans. Auf das Molekulargewicht bezogen ist Methan 120-mal effektiver als CO_2. Der nächste Punkt ist allerdings die Abbaugeschwindigkeit in der Atmosphäre. Viele Klimamodelle, einschließlich das des Weltklimarats IPCC, berechnen mittlere Unterschiede des Erwärmungspotenzials über 100 Jahre. Daraus wird ersichtlich, dass ein Kilo CH_4 nur 20–30-mal so potent ist, wie ein Kilo CO_2, weil CH_4 in der Atmosphäre schneller zersetzt wird. Das ist vielleicht etwas verwirrend, entscheidend ist aber, dass wir, obwohl CO_2 im Vergleich zu CH_4 knapp doppelt so viel zur Erderwärmung beiträgt, sehr froh über die mikrobiologischen Methanfresser in den Ökosystemen dieser Erde sein können. Ohne sie würden die Emissionszahlen unserer Seen und Sümpfe ganz anders aussehen, klimatisch gesehen säßen wir sonst längst in der Sauna.

Wenn der Winter noch jung und das Eis noch klar und schneefrei ist, sind die unter der Eisschicht gefangenen Gasblasen leicht zu erkennen. Nach ein paar Axtschlägen und einem flinken Streichholzzug brennt eine klare Flamme über dem Loch im Eis, und wir erkennen den Grund für die Beliebtheit der Kohlenwasserstoffe. Methan ist, wie wir gesehen haben, der kleine Bruder unter den

Kohlenwasserstoffen, mit einem kärglichen C umringt von vier Wasserstoff-Atomen. Während CO_2 das Ergebnis von Verbrennung ist, sind CH_4 und seine Brüder eine *Quelle* für Feuer und Energie. Das nächste Element in der Reihe der Kohlenwasserstoffe ist Ethan (C_2H_6), es folgen Propan (C_3H_8) und Butan (C_4H1_0) und so geht es weiter bis zu 10 Kohlenstoffatomen im Dekan.

Methan enthält jedoch mehr Energie als seine großen Brüder. Es ist der Hauptbestandteil in Erdgas, in dem Ethan nur auf dem zweiten Platz steht, während sich die anderen Geschwister noch weiter hinten anstellen müssen.

Methan ist auch unter dem Namen Grubengas bekannt, aber auch in diesem Zusammenhang eilt ihm ein schlechter Ruf voraus, da eine hohe CH_4-Konzentration gepaart mit O_2 eine eine explosive Mischung ist, die Tausende von Bergleuten auf dem Gewissen hat. Da CH_4 geruchlos ist, war es in den Zeiten vor der Entwicklung zuverlässiger Messinstrumente unmöglich, die Explosionsgefahr rechtzeitig zu erkennen. Außer, man hatte einen Kanarienvogel dabei. Kanarienvögel wurden mit ins Bergwerk genommen, wo sie buchstäblich von der Stange fielen, wenn die Konzentration von CH_4 (oder die des giftigen, aber gleichfalls geruchlosen Kohlenmonoxids) zu hoch wurde. Dann galt es nur noch, aus der Grube zu kommen oder für bessere Belüftung zu sorgen. Seitdem haben die Bergwerks-Kanarienvögel ihren Ruf als Frühwarnsystem und sind als Metapher für ein solches auch in der ständig zunehmenden Literatur zu Klimafragen zahlreich vertreten.

Die Blasen, die aus Seen und Mooren aufsteigen, werden auch gerne Sumpfgas genannt. Es handelt sich dabei in erster Linie um Methan, doch auch andere Kohlenwasserstoffe und CO_2 sind dabei.

Alessandro Volta (der übrigens auch die Batterie erfand, und auf den deshalb die Einheit Volt für die elektrische Spannung zurückgeht) isolierte und beschrieb

Methan als Gas bereits 1778 in den Feuchtgebieten um den Laggo Maggiore. Inspiriert hatte ihn Benjamin Franklin, der um einiges früher einen Artikel über »brennbare Luft« verfasst hatte.

Methan ist in erster Linie ein Produkt aus der Verstoffwechselung organischen Materials durch Myriaden von Bakterien ohne Zufuhr von Sauerstoff. Doch es gibt andere Methanquellen, mit deren Entstehung Lebewesen nichts zu tun haben, zum Beispiel die Serpentinisierung, bei der Wasser, CO_2 und das Mineral Olivin in geologisch aktiven Gebieten CH_4 produzieren.

Methan – und seine gute Seite

Die Bedeutung des Kohlenstoffkreislaufs für die Erde und das Klima sind der Beweggrund für dieses Buch. Aber gerade das Methan zeigt außerdem die Vielseitigkeit des Kohlenstoffs. Methan spielt besonders als Energielieferant eine Rolle: 15 Prozent der Weltenergieversorgung und mehr als 22 Prozent der Elektrizität stammen aus Erdgas. Natürlich hat das Nachteile, denn bei der Verbrennung von Methan wird viel CO_2 freigesetzt. Es gibt aber auch Vorteile, denn die pro Energieeinheit abgegebene CO_2-Menge ist bei Erdgas wesentlich geringer als diejenige von Öl oder gar Kohle. Erdgas ist letztlich ein Naturprodukt.

Methan kann synthetisch hergestellt werden, zum Beispiel durch die Erwärmung einer passenden Mischung aus Wasserstoff und Kohlenstoff oder durch chemische Reaktionen des Typs Aluminiumcarbid und Wasser (Al_4 + 12 $H_2O \rightarrow$ 4 $Al(OH)_3$ + 3 CH_4) oder Aluminiumcarbid und Salzsäure (Al_4C_3 + 12 HCl $\rightarrow$ 4 $AlCl_3$ + 3 CH_4).

Wichtiger ist vielleicht, dass auch das Methan Ausgangsstoff für eine Vielzahl chemisch nicht unproblematischer Produkte ist, darunter Methanol (CH_3OH), Formaldehyd (CH_2O), Chloroform (CH_3Cl), Tetrachlormethan (CCl_4) sowie einige Halogenkohlenwasserstoffe oder FCKW-Gase. Methan ist darüber hinaus Ausgangsstoff für die Gewinnung von Wasserstoff (eine der potenziellen, sauberen, neuen Energiequellen), Ammoniak (für Kunstdünger) und Methanol, welches wiederum als Grundstoff für die verschiedensten petrochemischen Produkte dient.

Während in Ethan (C_2H_6) und Propan (C_3H_8) der Kohlenstoff einfach gebunden ist, haben Ethen (C_2H_4) und Propen (C_3H_6) Doppelbindungen, was prinzipiell die Bildung anderer Produkte ermöglicht. Ethen und Propen liegen den Kunststoffen Polyethylen, Polypropylen und

PVC zugrunde. Methanol (gebildet aus Methan) kann chemisch über einen Katalysator zu Ethen und Propen reagieren. Methan ist damit potenzieller Ausgangsstoff für viele Materialien, die auch aus Erdöl produziert werden können. Ja, Methan kann sogar zu Diesel verarbeitet werden.

Aus biologischer Sicht ist jedoch viel interessanter, dass aus Methan auch Nahrung hergestellt werden kann. Methan entsteht in erster Linie aus der Verstoffwechselung organischer Verbindungen. Aber lässt sich dieser Vorgang auch umkehren? Kann Methan ohne den Umweg über CO_2 und Photosynthese zu Proteinen werden? Ein Weg in den biologischen Kreislauf führt über methanfressende Bakterien, welche von einzelligen Protisten oder tierischem Plankton gefressen werden. Es gibt jedoch noch andere, weiter reichende Möglichkeiten. 1990 gründeten die Firmen Statoil und Hafslund die Gesellschaft *Norferm*, um im großen Maßstab methanbasiertes Protein herzustellen. Ziel war der Tier- und Fischfuttermarkt. Besonders nachgefragt wurde Fischprotein, das bislang aus Chile importiert worden war. Letzteres schien zwar ökonomisch, nicht aber ökologisch sinnvoll. Die weltweit größte Bioproteinfabrik wurde im Herbst 1998 in Tjeldbergodden eröffnet. Die Jahreskapazität betrug 10.000 Tonnen methanbasiertes Protein.[51] Da Proteine Polymere von Aminosäuren sind, braucht es für ihre Produktion auch eine Ammoniumquelle. In diesem Zusammenhang kommt Methan ins Spiel.

Die zentrale Produktionseinheit der neu gegründeten Fima bildete der Bakterienstamm *Methylococcus capsulatus*, der bei 45 °C in großen Reaktoren mit Methangas, Sauerstoff, Ammoniak und Nährsalzen gefüttert wurde. In diesen Reaktoren vermehrten sich die Bakterien schnell. Bei 45 °C und guten Wachstumsbedingungen dauerte es

51 Tjeldbergodden: http://www.tbu.no.

nur jeweils 2–3 Stunden, bis die Bakterienkolonien sich verdoppelt hatten. Jeder, der die Geschichte des Entwicklers des Schachbretts kennt, der sich als Lohn ein Reiskorn auf dem ersten Feld erbat, zwei auf dem zweiten, vier … kennt das Prinzip des logarithmischen Wachstums, dem die Bakterien folgen. Wer die Geschichte nicht kennt, dem sei gesagt, dass auf dem letzten Feld 2^{63} Reiskörner nötig wären, mehr als es auf der ganzen Welt gibt.

So weit trieben es die Bakterien nicht, aber die Produktionskapazität war atemberaubend und das Endprodukt enthielt 70 Prozent Protein (im Trockengewicht), was für Fische und Nutztiere eine ausgezeichnete Nahrungsquelle darstellte, und sicher auch für die Ernährung von Menschen geeignet wäre. Norferm konnte trotzdem keinen kommerziellen Erfolg verbuchen, aber andere Betriebe haben die Idee weiterentwickelt. Ich nehme daher an, dass es nur eine Frage der Zeit ist, bis Methan zu einer wichtigen Proteinquelle wird. Vielleicht nicht mit *Methylococcus* als Ausgangspunkt, sondern eher mit einer der vielen synthetischen, speziell entwickelten Bakterienarten, die nach konkreten DNA-Modulen in Laboren entworfen werden.

Archaeen

Wenden wir uns wieder dem Methan als Bestandteil des großen Kreislaufs zu. Dieses Molekül unterstreicht, wie sehr das Leben die meisten Prozesse steuert. Der weitaus größte Teil des Methans basiert auf dem Kohlenstoff, der einmal als CO_2 durch die Photosynthese gebunden wurde. Die meisten anderen Nebenprodukte der Photosynthese können in irgendeiner Form in Methan umgewandelt werden – die richtigen Bedingungen vorausgesetzt. Wesentlich ist die Abwesenheit von Sauerstoff – und an dieser Stelle kommen die Archaeen ins Bild. Diese Urbakterien bevölkerten schon die Erde, als es noch keinen Sauerstoff gab.[52] Viele Arten leben noch heute, und viele davon produzieren in sauerstofffreien Systemen weiterhin Methan. Dabei kann es sich um Moore, den sauerstofffreien Schlamm am Grund von Gewässern oder die Mägen von Termiten oder Wiederkäuern handeln.

Den Archaeen oder Archaebakterien fehlt wie allen eigentlichen Bakterien ein Zellkern (entsprechend der wissenschaftlichen Definition für Bakterien oder Prokaryoten), aber evolutionär sind sie so weit von den anderen Bakterien entfernt wie wir von den Pilzen. Sie bilden eine der drei Domänen, denen alle zellulären Lebewesen zugeordnet werden. Die anderen beiden Domänen sind Bakterien und Eukaryoten (die Lebewesen mit Zellkern). Wir haben es also mit einer ganz eigenen Gruppe zu tun, die sich bereits zu Beginn der Evolution entwickelt hat. Es ist deshalb absolut in Ordnung, die Bezeichnung Bakterien fallenzulassen und sie nur als Archaeen zu bezeichnen. Die Gruppe selbst ist sehr variabel und liebt

52 Martin, W. et al. (2008): Hydrothermal vents and the origin of life. *Nature Review* Microbiology 6: 805–814. Hinrichs, K. U. et al. (1999): Methane consuming archaebacteria in marine sediments. *Nature* 398: 802–805.

extreme Bedingungen. Von siedend heißen Quellen über Säurebäder, Schwefelpfützen bis hin zu den bizarren Ökosystemen am Grund gewisser Tiefseeregionen, wo Gase aus dem Erdinneren austreten und regelrechte Schlote bilden. Die Hauptart dieser Schlote sind die sogenannten Schwarzen Raucher (Black Smokers). Sie stoßen – tatsächlich – schwarzen Rauch aus Metallsulfiden aus, der Temperaturen von bis zu 350 °C erreicht. Die anderen Schlote sind die Weißen Raucher (White Smokers). Hier wird weißer Rauch aus Barium, Calcium und Silicium ausgestoßen, der etwas geringere Temperaturen erreicht. Diese bizarren Schornsteine werden bevölkert von eigenen Archaeengemeinschaften, die die Basis für hoch spezialisierte Ökosystem mit einem eigenen Tierleben bilden. Die Archaeen ertragen mühelos nicht nur Temperaturen von über 100 °C, sondern auch die eisige Kälte inmitten des Grönlandeises und sie können auch nach Jahrtausenden im Permafrostboden der sibirischen Tundra wieder zum Leben erweckt werden.

Mit gutem Grund gelten Archaeen also als extremophil. Einer der Gründe für diese extremen Vorlieben ist ganz einfach die Tatsache, dass nur noch diese Nischen zur Verfügung standen, als die moderneren und sauerstofftoleranten Organismen in der Frühzeit der Erdgeschichte den Planeten übernahmen. Die Extremlebensräume, in denen die Archaeen heute noch zu finden sind, erinnern an die Bedingungen vor 4 Milliarden Jahren, als unsere Erde noch ein junger, rauchender, lebloser, sauerstofffreier Planet war. Dass die Archaeen in die extremen Zonen der Erde verwiesen wurden, heißt aber nicht, dass sie keine Bedeutung haben. Im Gegenteil gehören sie zu den zahlreichsten Gruppen im Meer, auch in den oberen Wasserschichten (viele Archaeen kommen mit Sauerstoff gut klar) und sie spielen eine zentrale Rolle in den großen biogeochemischen Kreisläufen, wie dem des Stickstoffs und Kohlenstoffs. Besonders wichtig ist ihr Einsatz im

Hinblick auf die Menge des freigesetzten, klimawirksamen Methans.

Feuchtgebiete, inklusive der Reisfelder und Binnenseen, sind global betrachtet die wichtigsten Methanquellen, aber auch die Wiederkäuer und sogar die Termiten tragen im großen Maßstab dazu bei, dass Methan freigesetzt wird. Als dritte Quelle müssen in diesem Zusammenhang die Müllkippen genannt werden. Aus diesem Grund ist die Frage, ob es sich um natürliche oder anthropogene, also menschengemachte Methanfreisetzungen handelt, nicht so leicht zu beantworten. Vielleicht wäre es richtig, zu sagen, dass wir einen Großteil der natürlichen Quellen angezapft haben. Und auch wir selbst sind nicht ganz unschuldig. Zu der artenreichen Mikroflora, die einen Teil des »Ökosystems Mensch« ausmacht, gehören auch einige methanogene Archaeen in den Windungen unseres Darms. Es ist immer wieder interessant zu erwähnen, dass wir Menschen etwa zehnmal mehr Bakterienzellen auf und in uns herumschleppen als eigene Zellen. Natürlich sind die Bakterien und Archaeen so klein, dass sie gewichtsmäßig kaum zu Buche schlagen, ein bis zwei Kilogramm machen sie aber schon aus. Die methanogenen Bakterien tragen zur Gasbildung bei, sodass es nicht ratsam ist, ein Feuerzeug nahe der eigenen Kehrseite zu entzünden, wenn man »Luft« ablassen muss. Wer es trotzdem tut, muss mit unangenehmen Nebeneffekten rechnen.

Die mehr als 50 bekannten methanogenen Archaeen nutzen die unterschiedlichsten Wege der Methanproduktion. Allen gemein ist jedoch, dass die Prozesse in Abwesenheit von Sauerstoff ablaufen. Die hydrogenotrophen Arten nutzen sogar CO_2, um Methan zu bilden ($CO_2 + 4H_2 \rightarrow CH_4 + 2\ H_2O$). Es ist dieser Prozess, bei dem sich bei niedrigen Temperaturen und geringem Druck die als Methanhydrate oder -klathrate bekannten gefrorenen Blöcke aus Methan und Wasser (bzw. Eis) bilden können, die einigen Klimaforschern den Schlaf rauben. Auf die

Gründe werden wir noch zu sprechen kommen. In Feuchtgebieten und im Verdauungssystem sowie in Termiten ist häufig Acetat (CH_3COO-) der Ausgangspunkt der Reaktion. Das Acetat kann aus den unterschiedlichsten Quellen stammen. Bei den Termiten entsteht es aus der verzehrten Zellulose der Bäume oder Blätter, die von der Darmflora der Termiten erst in Glukose verwandelt und dann in Acetat umgesetzt wird. Bei diesem Prozess wird auch CO_2 freigesetzt. Allein durch die Termiten sind das etwa 700 Millionen Tonnen pro Jahr. Trotz der hohen Zahl ist das nur ein winziger Teil des globalen CO_2-Ausstoßes. Wesentlicher ist der Beitrag der Termiten zur Methanfreisetzung.

Interessanterweise unterscheiden sich die Prozesse der Methanbildung in Salz- und Süßwasser. Während am Meeresboden die CO_2-Reduktion dominiert, findet im Süßwasser und in Feuchtgebieten vorwiegend die Acetat-Reduktion statt.

Insgesamt wird der jährliche Methanausstoß aus »natürlichen« Quellen auf etwa 270 Millionen Tonnen oder 0,27 Gigatonnen CH_4 geschätzt.[53] Das Wort natürlich ist nur deshalb in Anführungsstriche gesetzt, weil es durchaus infrage gestellt werden darf, wie natürlich diese Quellen tatsächlich sind. Reisfelder können kaum als natürlich bezeichnet werden. Und auch der Methanausstoß von Wasserflächen, die für die Stromgewinnung aufgestaut wurden, ist nicht gerade natürlichen Ursprungs. Von diesen 270 Millionen Tonnen Methan stammen 225 Millionen aus Feuchtgebieten und Binnengewässern, gefolgt von Termiten (20 Millionen), während das Meer aus 15 Millionen Gashydraten 10 Millionen Tonnen Methan freisetzen kann.

Selbstverständlich ist die Frage gerechtfertigt, wie

53 United States Environmental Protection Agency. Übersicht über die Treibhausgase: http://www.epa.gov/climatechange/ghgemissions/gases/ch4.html

es möglich ist, den Methanausstoß einer unbekannten Milliardenanzahl von Termiten einzuschätzen. Es gibt etwa 2000 Termitenarten mit höchst variablem Methanausstoß, ja es gibt sogar Arten, die gar kein Methan erzeugen.

Es ist aber möglich, den Ausstoß bestimmter einzelner Termitenhügel zu bestimmen und dies auf alle Termitenkolonien weltweit zu extrapolieren. Es muss nicht extra ausgeführt werden, dass es sich bei all dem nur um *Einschätzungen* handelt, die die *Größenordnung* aber trotzdem richtig widergeben.

Auch die Quantifizierung des Methanausstoßes aus Seen und Feuchtgebieten ist nicht einfach. Sogar in meinem kleinen Waldsee zeigte sich rasch, dass einige der tief montierten Probennehmer viel Gas einfingen, andere aber nur wenig oder gar keines. Das Gas steigt manchmal als große Einzelblase aus dem Sediment auf, manchmal als Ansammlung winziger Bläschen – und dieser Ausstoß ist nicht gleichmäßig über den Seegrund verteilt.

Und das Meer? Im Großen und Ganzen spielt das Meer eine bescheidene Rolle für den Methanausstoß, weil dort die Lebensbedingungen für methanogene Archaeen ungünstig sind. Andererseits kann das Meer auf lange Sicht eine massive Methanquelle werden, sollte es aus irgendeinem Grund seine Methanhydrate freigeben. Es gibt mittlerweile eine ganze Reihe von Sensoren und Analysestationen für CH_4, sodass wir eine Vorstellung von der Methanproduktion des Meeres haben. So würden wir auch gewarnt werden, sollten die Methanhydrate instabil werden. Was dann zu tun ist, weiß allerdings noch niemand.

Leichter ist es, sich realistische Zahlen über den menschlichen Methanausstoß zu beschaffen. Dieser summiert sich auf etwa 330 Millionen Tonnen jährlich, wobei Energiegewinnung (Kohle, Öl und Gas) und Tierhaltung (Wiederkäuer) mit Abstand die größten, beinahe gleich hohen Anteile stellen. Es gibt – wie wir sehen werden – mehrere Gründe, weshalb das Steak einen großen klimatischen Fußabdruck hat. Auch Mülldeponien, Müllverbrennungsanlagen und die Verfeuerung von Biomasse tragen zum Methanausstoß bei.

Anhand der Isotopensignatur ist es sogar möglich, die verschiedenen Quellen des Methans in der Atmosphäre zu unterscheiden. Von Archaeen in Ökosystemen produziertes Methan hat ein anderes Verhältnis zwischen den Isotopen ^{13}C und ^{12}C als Methan, das aus Gasblasen im Boden oder vom Meeresboden entweicht. Während das ^{14}C ein radioaktives Isotop ist, das nach einigen Zehntausend Jahren zerfällt, ist das ^{13}C ein stabiles (nicht radioaktives) Isotop ohne konkretes Haltbarkeitsdatum.

Auch die Methanverluste müssen berücksichtigt werden. Diese haben weder etwas mit Photosynthese, noch mit Verwitterung oder Kalkfällung zu tun, sondern sind in erster Linie über atmosphärische Zersetzung zu erklären. Diese Verluste belaufen sich jährlich auf etwa 550 Millionen Tonnen. Der Boden nimmt geringe Mengen Methan auf, welches in der Folge durch methanophile Bakterien in CO_2 verwandelt wird (wie in meinem See). Die Trockenlegung von Mooren und die Drainage von Feuchtgebieten führen ebenfalls zu einer gewissen Methanreduzierung. Als gezielte Maßnahme für den Klimaschutz taugt dies aber nicht – die Methanreduzierung wird, wenn der über Jahrtausende dort gespeicherte Kohlenstoff freigesetzt und oxidiert wird, durch den erhöhten CO_2-Ausstoß mehr als wett gemacht. Außerdem sind Moore und Feuchtgebiete an sich bereits wertvolle Biotope, sowohl was die speziellen Ökosysteme angeht, die sich dort finden, als auch mit Blick auf die hochwasserdämpfende Rolle dieser Landschaftstypen. Moore und Feuchtgebiete fungieren wie Schwämme, die das Wasser aufnehmen, wenn zu viel davon auf einmal kommt, und es dann langsam und gleichmäßig wieder abgeben, wenn es trockener wird.

Die Totalbilanz des Methans sieht in etwa wie folgt aus: 270 Millionen Tonnen (natürlicher Ausstoß) + 330 Millionen Tonnen (Mensch) – 580 Millionen Tonnen (Zersetzung in Atmosphäre und Boden) = 20 Millionen Tonnen. Keine gute Bilanz – wie in einem Betrieb wäre auch hier ein ausgeglichener Haushalt anzustreben. Trotzdem ist es gut, dass 97 Prozent des jährlichen Ausstoßes zersetzt werden. Auch wenn die konkreten Zahlen für Ausstoß und Zersetzung unsicher sind, zeigen die Messwerte weltweit wie beim CO_2 seit Jahren einen immer weiter zunehmenden Ausstoß an.[54]

CH_4 hat, wie wir heute wissen, eine wesentlich kürzere Lebenszeit in der Atmosphäre als CO_2. Ein durchschnittliches CH_4-Molekül kann kaum mehr als 7 Jahre überdauern. Der Hauptgrund dafür ist die Tatsache, dass diese Moleküle ein beliebtes Opfer für Hydroxyl-Radikale (OH·) sind. Radikale sind hochreaktiv, weil sie notorisch instabil sind. Wenn energiereiche Strahlung, zum Beispiel kurzwelliges UV-Licht, auf organisches Material trifft, können chemische Bindungen sich ändern und Radikale abgespalten werden, die dann alle möglichen Reaktionen eingehen, um möglichst schnell ein Ladungsgleichgewicht zu erreichen. Auf diese Weise entstehen auch Gen- und Zellenschädigungen durch UV-Licht, wenn auch die meisten dieser Schäden durch die effektiven Reparaturmechanismen der Zelle behoben werden. Freie Radikale bilden sich aber auch auf andere Weise und stellen eine der Ursachen für das Altern und die Faltenbildung dar.

Wenn zum Beispiel Wasserdampf in der Atmosphäre ein H-Atom verliert, jagt das OH·-Radikal (der Punkt hinter dem OH symbolisiert ein ungepaartes Elektron) fieberhaft nach einem neuen Atom – zum Beispiel aus

54 IPCC 5th assessment report: https://www.ipcc.ch/report/ar5/. Caulton, D. R. et al. (2014): Toward a better understanding and quantification of methane emissions from shale gas development. *PNAS* 111: 6237–6242.

dem CH_4-Molekül. Trifft es mit einem Methan-Molekül zusammen, kommt es zu folgender Reaktion: $CH_4 + OH\cdot \rightarrow CH_3\cdot + H_2O$. Jetzt ist das Methan zu einem instabilen Methyl-Radikal geworden und muss sich auf die Suche nach einem Partnerelektron machen, das den freien Platz füllen kann. Nach einer Reihe von Zwischenreaktionen entsteht endgültig:

$CH_4 + 2\,O_2 \rightarrow CO_2 + 2\,H_2O$. Das Gleichgewicht ist damit wiederhergestellt worden, unter Zerlegung eines Methanmoleküls.

Aber woher kommt das Radikal selbst? Meistens ist die Quelle eine chemische Reaktion, bei der UV-Licht eine wichtige Rolle spielt. Sowohl Kohlenwasserstoffe als auch oxidierter Stickstoff (gerne als NO_x bezeichnet) können die Bildung von Radikalen fördern, und beide Stoffe führen wir Menschen der Atmosphäre zu. Kohlenwasserstoffe haben wir bereits besprochen, und NO_x entsteht auch durch unseren Lebensstil, der auf der Verbrennung alter KW basiert.

Jeder Verbrennungsprozess, ob er nun in einem Automotor stattfindet, einem Kohlekraftwerk oder in einem Ölfeuer, wandelt einen Teil des freien und nicht reaktiven (= inerten) N_2 in der Atmosphäre in NO_x um. Wir werden im Folgenden noch darauf eingehen, doch in diesem Zusammenhang geht es erst einmal darum, dass die große Menge NO_x, die wir der Atmosphäre zuführen, die Radikale $NO^\cdot$ und $NO_2^\cdot$ enthält.

Die Bildung von Radikalen ist eine Art »Reise nach Jerusalem«, bei der es darauf ankommt, anderen die Elektronen wegzuschnappen, was dann zur Bildung neuer, instabiler Moleküle führt. Wie sich all das letztendlich auf die CH_4-Konzentration auswirkt, ist nicht sicher. Es deutet aber einiges darauf hin, dass vermehrte Radikalbildung durch NO_x dazu beitragen kann, die Lebenszeit von CH_4 zu verkürzen. Auf die gleiche Weise wie der vermehrte Ausstoß von Stickstoff die Wälder und Meere düngen kann, kann NO_x auch dazu beitragen, das Methan in der Atmosphäre in Schach zu halten. Auch hier gilt wieder, dass alles zwei Seiten hat.

Die CH_4-Konzentration in der Atmosphäre ist wie so vieles andere eine Massenbilanz aus Zuwachs minus Abnahme. In erster Linie wird sie reguliert durch die Bakterien, die Methan produzieren (z.B. in Feuchtgebieten), durch die Bakterien, die Methan fressen, und die Menge der freien Radikale in der Atmosphäre. Anders als bei CO_2 wird ein reduzierter CH_4-Ausstoß schon in kurzer Zeit zu einer Abnahme der Konzentration in der Atmosphäre führen. Warum gibt es dann immer mehr Methan? Treibt irgendjemand die Archaeen an? Die immer zahlreicheren Nutztiere und größer werdenden Anbauflächen für Reis tragen sicher dazu bei, aber die Änderungen sind auch eine Folge des mehr oder minder unbeabsichtigten Ausstoßes durch die Bereitstellung fossiler Energien.

Ich übertreibe nicht, wenn ich sage, dass unsere Zukunft entscheidend vom Kohlenstoffkreislauf und unserer Einstellung dazu abhängt. Es ist deshalb von Bedeutung, uns diesen Kreislauf, soweit wir ihn kennen, etwas genauer anzuschauen.

TEIL 2
Kohlenstoffkreislauf

Die Keeling-Kurve

Vielleicht verdient die Gleichung zur Photosynthese die Bezeichnung *Wichtigste biochemische Reaktion der Welt.* Ich würde ihr auf jeden Fall meine Stimme geben, auch wenn die Konkurrenz stark ist. Dementsprechend ist es nur selbstverständlich, der DNA den Status als wichtigstes Molekül der Welt zuzusprechen. Zumindest ist dieser spiralförmige Träger der Erbinformation, der den Kern des Lebens beinhaltet und das genetische Schicksal aller Individuen bestimmt, das bekannteste und ikonischste Symbol der Wissenschaft. Die Frage nach der wichtigsten wissenschaftlichen Grafik ist noch schwerer zu beantworten, aber aus heutiger Sicht geht meine Stimme an die Keeling-Kurve, die die CO_2-Konzentration an der Messstation auf dem Gipfel des Mauna Loa auf Hawaii darstellt.[55]

Charles David Keeling kam, wie die meisten großen Namen in der Geschichte des Kohlenstoffs, eher zufällig zur Chemie. Gleich nach dem Zweiten Weltkrieg begann der 20-Jährige, sich in dem damaligen größten Feld der Chemie – der Polymerchemie – zu spezialisieren. Keeling schloss seine Studien im Jahr 1953 ab und hätte zu dem Zeitpunkt einen sicheren Job in der blühenden Plastikindustrie in Aussicht gehabt. Der Naturmensch Keeling fühlte sich jedoch nicht zu einem Leben in der Industrie berufen, trotzte dem vehementen Rat seines Professors und entschied sich für den unsicheren Karriereweg als Postdoktorand im Bereich der Geochemie am California Institute of Technology, kurz Caltech, was sich sehr gut mit Bergwanderungen kombinieren ließ.

55 Harris, D. C. (2010): Charles David Keeling and the story of atmospheric CO_2 measurements. *Analytical Chemistry* 82: 7865–7870. Keeling, C. D., Stuiver, M. (1978): Atmospheric carbon dioxide in the 19th century. *Science* 202: 1109.

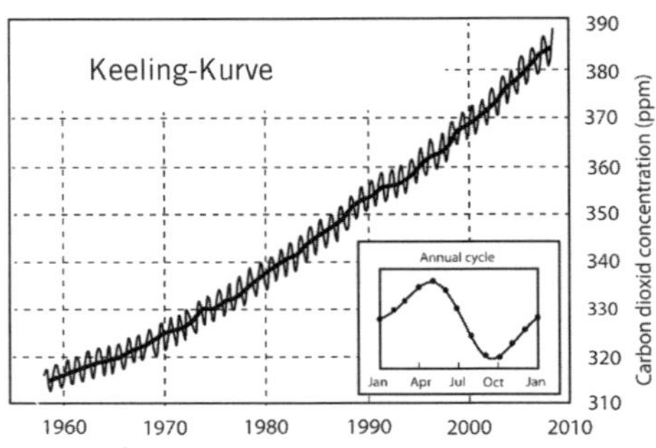

Abbildung 9: Die Keeling-Kurve zeigt den graduellen Anstieg von atmosphärischem CO_2 an der Messstation auf dem Mauna Loa, Hawaii.

Es war sein betreuender Professor am Caltech, der auf die Idee kam, dass es möglich sein müsste, die Carbonatkonzentration im Grundwasser zu bestimmen, wenn man davon ausging, dass Wasser mit $CaCO_3$ und atmosphärischem CO_2 im Gleichgewicht stehe. Die Wege des Kohlenstoffs in Luft und Wasser zu verstehen, war eine zentrale Frage der Geochemie, auch wenn sie zu der Zeit noch nicht von potenziellem Klimawandel motiviert war.

Keeling nahm die Herausforderung an. Dafür brauchte er ein Instrument, das mit ausreichender Präzision CO_2 messen konnte. Ein Problem war, dass in den 1950er-Jahren niemand genau sagen konnte, wie hoch die CO_2-Konzentration in der Atmosphäre überhaupt war; ein exaktes Messinstrument gab es nicht. Die meisten Messungen deuteten auf eine Konzentration von ungefähr 300 ppm (also 0,03 Prozent) hin, aber die Beträge schwankten zwischen 250 und 550 ppm. Keelings erste Tests zeigten deutlich, dass die Ergebnisse von der Anwesenheit von Menschen abhängig waren. Unser Atem reichte schon, um höhere CO_2-Messwerte zu erhalten. Die Konzentration war aber nicht nur davon abhängig, *was* man maß, sondern auch *wo*. Keeling stellte überdies fest, dass nachts höhere CO_2-Konzentrationen gemessen werden konnten als tagsüber, und beobachtete, dass die Vegetation und andere Bodenverhältnisse einen großen Einfluss auf die Ergebnisse hatten. Die ursprüngliche Fragestellung rückte mehr und mehr in den Hintergrund, während Keeling beinahe davon besessen war, aussagekräftige Daten über CO_2 zu sammeln.

Glücklicherweise stand das internationale geophysikalische Jahr 1957–1958 auf dem Plan, und damit das große Ziel, alles Messbare zu messen. Fördermittel wurden bewilligt, auch aufgrund der Tatsache, dass die Sowjetunion den Startschuss für den Wettlauf ins All im selben Jahr gegeben hatte. Der »Sputnik-Schock« erschütterte die USA, und diese reagierten sofort mit Investitionen in diejenigen Forschungsfelder, die mit dem Weltraum oder im weitesten Sinne mit der Weltraumtechnologie zu tun hatten. Die NASA wurde 1958 als direkte Folge dieser Ereignisse gegründet und lebte in Saus und Braus von Fördergeldern. Doch auch andere Bereiche bekamen etwas ab. Sputnik und die Sowjetunion für die Keeling-Kurve verantwortlich zu machen, würde trotzdem etwas zu weit gehen, ihren Anteil hatten sie aber.

Das Gerücht von Keelings Gründlichkeit und seinen analytischen Fähigkeiten drang bis zu Harry Wexler, dem Chef der meteorologischen Forschungsabteilung des staatlichen *Weather Bureaus* in Washington. Er war mit der Ausarbeitung von Plänen für CO_2-Messstationen beschäftigt, unter anderem einer auf dem Gipfel des 3400 Meter hohen Mauna Loa auf Hawaii – weitab von jedem menschlichen Einfluss. Wexler lud Keeling nach Washington ein, um die Möglichkeiten und Begrenzungen von CO_2-Messungen zu diskutieren. Keeling kannte die Problematik, da er selbst noch mit einem alten Quecksilbermanometer arbeitete.

Der Treibhauseffekt war schon seit einer Weile bekannt (wenn er auch in den 1950ern noch nicht als

Problem galt), also wusste man, dass CO_2 langwellige Infrarotstrahlen absorbierte. Das brachte Keeling auf die Idee, diesen Umstand zu nutzen, um exakte Messungen der CO_2-Konzentration durchzuführen. Er nutzte also das Prinzip des Treibhauseffektes, um die Ursache des Treibhauseffektes zu ermitteln! Wexler kaufte ihm diese Idee unmittelbar ab, und am darauffolgenden Tag bot er Keeling einen Job an.

Keeling baute zwei Instrumente mit einem Sensor, der die Abschwächung von Infrarotlicht messen konnte – welche sich wiederum proportional zur CO_2-Menge verhielt. Das eine Instrument wurde in die Antarktis gesandt, das andere auf den Gipfel des Mauna Loa. Dort führte es im Laufe von 48 Jahren regelmäßige Messungen durch, bis es im Jahr 2006 in den Ruhestand ging. Der ursprüngliche Gedanke belief sich auf eine Messperiode während des geophysischen Jahres 1958, und eventuell eine weitere Messung 20 Jahre später, eigentlich nur um festzustellen, ob die Konzentration konstant blieb. Im Mai 1958 wurde ein Maximum von 315 ppm gemessen, im Herbst fielen die Werte auf 310 ppm. Natürlich gab es einige Probleme bei der Durchführung, und es war nicht eindeutig zu bestimmen, ob dieser Unterschied von 5 ppm nicht doch eher dem Messinstrument geschuldet war. Deswegen sollten die Messungen bis ins Jahr 1959 fortgesetzt werden. In diesem Jahr funktionierte alles einwandfrei, und die Ergebnisse bestätigten die Messungen aus dem Vorjahr. Das Maximum im Frühling wurde kurz vor der Knospung der Bäume gemessen, deren Blätter erst die CO_2-absorbierende Photosynthesemaschinerie anwarfen. Das Minimum wurde im Herbst ermittelt und war das Ergebnis der sommerlichen Kohlenstofffixierung in der Vegetation zu Lande und zu Wasser. Keeling selbst beschrieb die Schwankungen folgendermaßen: »Wir sind nun zum ersten Mal Zeuge davon, wie die Natur im Sommer CO_2 einatmet und es erst im darauffolgenden

Winter wieder abgibt.« Wenn man auf eine Mutter-Erde-Metapher aus war, konnte man hier förmlich sehen, wie der Planet ein- und ausatmete; allerdings waren Nord- und Südhalbkugel dabei nicht synchron. Zuvor waren die Schwankungen mit den Jahreszeiten als Messfehler abgetan worden. Nun stellte sich heraus, dass dank seiner außergewöhnlichen Präzision Keelings Messinstrument tatsächlich zeigte, wie das Gleichgewicht zwischen Photosynthese und Zellatmung messbare Schwankungen in der CO_2-Konzentration der Atmosphäre verursachte.

1961 waren die Behörden der Meinung, dass man sich mit diesen Antworten begnügen konnte. Das geophysikalische Jahr war längst vorbei, die außerordentlichen Forschungsgelder waren verbraucht und es gab keinen konkreten Grund, noch mehr Geld für die Überwachung eines trivialen Gases zu verschwenden. Keeling hingegen war überzeugt davon, dass die Messungen fortgesetzt werden mussten, nicht zuletzt, weil seine Geräte in gewohnter Präzision einen absonderlichen Anstieg der CO_2-Werte dokumentierten, der nicht mit Instrumentenfehlern erklärt werden konnten. 1960 belief sich dieser Anstieg nur auf 0,7 ppm pro Jahr, im Durchschnitt der Jahre 2004–2014 lag er aber bereits bei 2,07 ppm pro Jahr. Keeling begegnete den Vorschlägen, die Messungen einzustellen, mit Warnungen vor den eventuellen klimatischen Folgen durch die erhöhte CO_2-Konzentration. Durch eifrige Lobbyarbeit gelang es ihm mit Mühe und Not, einige Fördermittel zusammenzukratzen, mit denen er die Messungen noch einige Jahre fortsetzen konnte.

1963 kamen Keeling und einige andere Experten zusammen, um die Bedeutung des anormalen CO_2-Anstiegs zu diskutieren. In ihrem Bericht kamen sie zu der Schlussfolgerung, dass eine mögliche Verdoppelung des CO_2-Gehalts im Laufe des nächsten Jahrhunderts einen Anstieg der globalen Durchschnittstemperatur von 4 °C zur Folge haben konnte. Knappe 50 Jahre später müssen wir feststellen, dass Keelings Warnung nicht zu großen Veränderungen in der Gesellschaft geführt hat, aber immerhin durfte er weiterarbeiten. Im Laufe der nächsten Jahre stieg der CO_2-Gehalt unbeirrt weiter an, und die Keeling-Kurve wurde zu einem ikonischen Symbol für das steigende Fieber der Patientin Erde. Keeling veröffentlichte seine Ergebnisse und Warnungen am laufenden Band. Sie bildeten eine Grundlage für die Arbeit späterer Klimaforscher. Er erkannte außerdem, dass zwischen der Atmosphäre und dem Meer ein ständiger Gasaustausch besteht, wodurch es auch im Meer zu einem kontinuierlichen Anstieg von CO_2 kam, was unter Umständen zum Beispiel eine **Versauerung** zur Folge haben konnte. Keeling wurde zu einem Paten der Erforschung der Treibhausgase. Er war der erste, der klare Beweise dafür vorlegte, dass der CO_2-Kreislauf aus dem Gleichgewicht gekommen war. Mauna Loa sollte nicht lange die einzige Messstation auf der Welt bleiben. Aber auch die anderen Instrumente bestätigten den CO_2-Anstieg. Der weltweit erste CO_2-Wert, der die symbolische Grenze von 400 ppm überstieg, wurde tatsächlich auf norwegischem Boden gemessen, nämlich 2013 auf dem Gipfel des Zeppelinberges auf Spitzbergen.

Der Mauna Loa ist ein alter Vulkan, der uns von Zeit zu Zeit an den Anstieg des Kohlenstoffdioxids in unserer Atmosphäre erinnert, indem er ein bisschen Extra-CO_2 ausatmet. Keeling war das bewusst. Eigentlich war es einfach, diese vereinzelten Sonderfälle von dem graduell ansteigenden Muster abzugrenzen, doch sie heizten auch die immer wiederkehrenden Einwände derjenigen an, die behaupteten, der CO_2-Anstieg habe ganz andere Gründe als Kohlekraftwerke, Industrie, Flug- und Autoverkehr usw. Laut dieser Kritiker war die Natur selbst die Ursache für den CO_2-Anstieg, beispielweise wenn Gas aus Vulkanen austrat. Diese Einwände waren sonderbar, da sich schließlich recht einfach nachweisen ließ, wie viel CO_2 durch fossile Energiequellen und bei der Zementproduktion freigesetzt wurde. Es war ziemlich offensichtlich, dass der ständig zunehmende Verbrauch fossiler Energieträger ständig zunehmende Mengen an CO_2 mit sich brachte und dass dieses CO_2 in die Erdatmosphäre entwich. Nicht ganz so einfach war es mit der Berechnung des Beitrages der Entwaldung, wie auch von Bränden und Landschaftsveränderungen generell, zum CO_2-Anstieg. Dass dieser Faktor neben Kohle, Öl und Gas nicht zu vernachlässigen ist, lag aber auf der Hand.

Das Verwunderliche war nicht, dass der CO_2-Anteil in der Atmosphäre zunahm, sondern dass der Anstieg nicht noch viel *rapider* erfolgte. Nur knapp die Hälfte unseres CO_2-Ausstoßes gelangt in die Atmosphäre, die Frage lautet also nicht, inwiefern die Natur selbst zu einem Anstieg beitrug, sondern vielmehr, wie viel unseres eigenen Ausstoßes durch die Natur und die Ökosysteme bereits *kompensiert* wurde. Die Keeling-Kurve hätte durchaus steiler ausfallen können. Über eine sehr lange Zeitspanne wird CO_2 bei der Verwitterung der Gesteine gebunden, aber hier reden wir von einer Skala von 100.000 Jahren. Es mussten also andere Mechanismen dahinterstecken, wahrscheinlich primär die Photosynthese. Aber wo wird dieses CO_2 abgefangen? Im Meer oder an Land? Keeling kam zu der Erkenntnis, dass gründliche Messungen von CO_2 im Wasser und von O_2 in der Luft notwendig waren. Vor diesem Hintergrund begann er mit der Überwachung der CO_2-Konzentration im Meer, die ebenfalls anstieg, während der pH-Wert sank. Das Meer wurde sauer.

Das andere Thema – die Veränderung des O_2-Gehalts der Atmosphäre – untersuchte er zusammen mit seinem Sohn Ralph. Wenn die Ursache für den CO_2-Anstieg Verbrennungsprozesse waren, musste mit ihm eine Reduktion des O_2-Gehalts in der Atmosphäre in einem stöchiometrischen Verhältnis zur Menge des produzierten CO_2 oder des verbrannten C einhergehen. Ralph Keeling hatte sowohl das Interesse als auch das Talent seines Vaters geerbt. Während der Vater einen sensiblen Analyseapparat für CO_2 entwickelte, konstruierte Ralph ein noch sensibleres Instrument für die Messung von atmosphärischem O_2. Damit konnte er nachweisen, dass die Abnahme der O_2-Konzentration tatsächlich dem Anstieg des CO_2 entsprach.

Es besteht keine Gefahr, dass der Sauerstoff in unserer Atmosphäre beinahe aufgebraucht ist. Pro Million Moleküle in der Atmosphäre gibt es 400 CO_2-Moleküle (ppm: parts per million), und reichlich Sauerstoff, um die 210.000 ppm. Auch wenn alle Kohle-, Öl- und Gasvorkommen verbrannt würden, würde nur ein Prozent des atmosphärischen Sauerstoffs verbraucht werden – da liegt also nicht das Problem.

Übrigens war es Ralph, der nach und nach den Familienbetrieb und die Verantwortung für die Messstation auf dem Mauna Loa übernahm. Keeling Senior starb im Jahr 2005.

Ab 1988 wurden neben der CO_2-Messung auch kontinuierliche Messungen von Methan auf dem Mauna Loa durchgeführt. Diese zeigten, dass auch das CH_4-Niveau anstieg. Ergänzt durch Eiskernmessungen konnte belegt werden, dass das Methan-Niveau in der Atmosphäre von relativ stabilen 700 ppb zu vorindustriellen Zeiten auf ungefähr 1800 ppb geklettert war – ein 2,5-facher Anstieg. Die Mengenangabe lautet hier parts per billion, also Anteile pro Milliarde. Die Ergebnisse sorgten für Verwirrung. Sogar in seriösen Berichten und Büchern gibt es die Tendenz, sich bei den Einheiten zu vertun. Fakt ist aber, dass der Methan-Anteil in der Atmosphäre noch geringer ist als der von CO_2. Der Anteil von CO_2 liegt also bei 400 ppm, der von Methan bei 1,8 ppm. Dennoch trägt Methan zu 25 Prozent des heutigen Treibhauseffektes bei.

Der Anstieg von CO_2 verlief bisher gleichmäßig und relativ vorhersagbar, der Anstieg von CH_4 hingegen ist unberechenbarer, vermutlich, weil es aus mehreren Quellen stammt. Das Methan-Niveau stieg bis zum Jahr 2000 rapide an, flachte bis 2006 etwas ab, doch nun ist es weiter auf dem Weg nach oben.

Ein Schwede, seiner Zeit voraus

Keeling hat der Menschheit ins Bewusstsein gerufen, dass sie einen Einfluss auf Wetter und Klima hat. Die Vermutung, dass CO_2 einen Anteil an der Klimaänderung haben könnte, bestand jedoch schon seit 60 Jahren, als Keeling seine Messreihe aufnahm. Sie geht zurück auf den Schweden Svante Arrhenius, den Gewinner des Nobelpreises für Chemie im Jahr 1903, der daraufhin, im Jahre 1905 den Posten des Direktors am Nobelinstitut übernahm, den er bis zu seinem Tod im Jahre 1927 innehatte.[56] 1896 überschlug er die Konsequenzen einer Verdopplung der CO_2-Konzentration. Dieses Szenario war zu jenem Zeitpunkt reine Theorie. Es galt mehr der Illustration der Bedeutung von CO_2 für ein erträgliches Klima auf der Erde. Seine schnellen Berechnungen wichen jedoch nicht sehr weit von Keelings Ergebnissen ab, die 60 Jahre später erschienen

In seinem 1906 veröffentlichen, weit verbreiteten Buch *Das Werden der Welten* stellte er seine Berechnungen in einen größeren Zusammenhang. Ausgangspunkt war eine CO_2-Konzentration von 300 ppm: »...Ich habe berechnet, dass wenn das gesamte CO_2 – auch wenn es nur 0,03 Volumenprozent ausmacht – aus der Luft verschwinden würde, die Oberflächentemperatur der Erde um 21 Grad sinken würde.« Er schlussfolgerte weiterhin, dass dies den Wasserdampfgehalt der Atmosphäre erheblich senken und zur weiteren Abkühlung beitragen würde. Könnten die CO_2-Schwankungen also die historischen klimatischen Veränderungen erklären und helfen, zukünftige Entwick-

56 Weart, S. R. (2008): *The discovery of global warming.* Harvard University Press. Seine eigenen zentralen Werke: Svante Arrhenius (1896): *On the Influence of Carbonic Acid in the Air upon the Temperature of the Ground*, London, Edinburgh, and Dublin Philosophical. Arrhenius, S. (1908): *Das Werden der Welten.* Academic Publishing House.

lungen vorherzusagen? »Wenn der CO_2-Gehalt der Luft um die Hälfte sinkt, geht auch die Temperatur um 4 °C zurück, sinkt er um drei Viertel, fällt die Temperatur um 8 °C. Andererseits würde eine Verdopplung des CO_2-Gehaltes in der Luft dazu führen, dass die Temperatur der Erdoberfläche um 4 °C steigt, eine Vervierfachung sogar für einen Temperaturanstieg von 8 °C sorgen... Das wirft die Frage auf, ob derartige Temperaturunterschiede wirklich auf der Erde beobachtet wurden. Die Antwort der Geologen lautet: Ja!« In der 6. Auflage spricht er auch die menschgemachten CO_2-Ausstöße an, nicht ohne eine gewisse Besorgnis: »... Der CO_2-Gehalt in der Luft ist so gering, dass die jährliche Kohlenverbrennung, die sich im Moment auf 1200 Millionen Tonnen beläuft (anno 1907) und rapide steigt, in der Atmosphäre ein Fünfhundertstel ihres eigenen CO_2-Anteils ausmacht.«

Arrhenius wies darauf hin, dass der Anstieg des Kohleverbrauchs enorm war und sich allein von 1890 bis 1907 verdoppelt hatte. Er vermutete, dass der CO_2-Gehalt der Atmosphäre weiter anstieg, auch wenn das Meer viel davon aufnehmen würde. Des Weiteren erklärte er, dass der andere langsame Prozess, der der Anreicherung von CO_2 in der Atmosphäre, entgegenwirkt, die Verwitterung sei. Mit Verweis auf den »berühmten Chemiker Liebig« diskutierte er die Verbindung zwischen dem langsamen geochemischen Kreislauf, der von Verwitterung und chemischem Verlust gesteuert wird, und dem biologischen Kreislauf. Ein höheres CO_2-Niveau kann das Pflanzenwachstum stimulieren, woraufhin die verstärkte Bildung von Pflanzenwurzeln zur erhöhten Verwitterung beiträgt, bei der Minerale freigesetzt werden, unter anderem Phosphor. Dies wiederum stimuliert das Pflanzenwachstum, woraufhin wieder mehr CO_2 aufgenommen werden kann. Da ein Großteil des pflanzlichen Materials aus Zellulose besteht, deren Kohlenstoffgehalt bei 40 Prozent liegt, berechnete Arrhenius, dass »... die aktuelle jährliche Kohlenproduktion durch pflanzliche Prozesse bei 13.000 Millionen Tonnen liegt, ungefähr ein Elffaches vom Steinkohlekonsum...«

Kurz gesagt beschreibt der beeindruckende Visionär Arrhenius auf mehreren Seiten die wesentlichen Erkenntnisse zum Kohlenstoffkreislauf und zieht dabei Emissionen von fossilen Energiequellen als mögliche Ursachen für Klimaveränderungen in Betracht. Auch mit der Beschreibung der Mechanismen für eine globale Thermostatregulierung, die eine wesentliche Rolle in James Lovelocks Gaia-Theorie spielt, auf die wir später noch zu sprechen kommen werden, ist er seiner Zeit voraus. Arrhenius trifft mit seinen Schätzungen zur jährlichen Kohlenstoffbindung durch Pflanzen nicht ganz ins Schwarze, aber seine Annahmen über die Effekte eines verdoppelten CO_2-Gehalts der Atmosphäre auf die Temperaturen sind verblüffend nah an den Prognosen des IPCC. Außerdem ist es interessant, dass Arrhenius von derselben Annahme ausgeht wie Keeling 60 Jahre später: 300 ppm in der Atmosphäre. Schlicht und ergreifend keine schlechte Schätzung, aber auch nicht ausreichend, um genau zu bestimmen, was in der Atmosphäre eigentlich vor sich geht.

Wenn es um skandinavische Forscher geht, können wir auch wieder zu Carl von Linné zurückkommen. Es mangelte ihm an der analytischen Kapazität Arrhenius', doch er besaß eine enorme Intuition. Linné war wahrscheinlich der erste, der den Kreislauf des Lebens und der Nahrungsketten beschrieben hat, und das mit beeindruckendem Verständnis. Er veranschaulichte auch den kurzen Kohlenstoffkreislauf auf eine präzise, wenn auch leicht makabre Art und Weise, die typisch für die Mitte des 18. Jahrhunderts war: Er erklärte, wie Menschen in ihren Gräbern auf dem Friedhof zu Erde zersetzt werden, in der man wiederum Kohlköpfe ziehen könne, die dann wiederum von Menschen verspeist würden...

Linné berief sich nur selten auf die Arbeit von Kollegen, wohingegen Arrhenius keinen Hehl daraus machte, auf wessen Arbeit seine Erkenntnisse fußten, so etwa der von John Tyndall.[57] 1859, im gleichen Jahr, in dem Darwin mit seinem Werk *Die Entstehung der Arten* Furore machte, und hundert Jahre bevor Keeling zufrieden auf seine erste vollständige Messreihe mit Daten aus einem ganzen Jahr vom Mauna Loa schauen konnte, führte der irische Physiker John Tyndall eine Reihe beeindruckender Versuche durch, die im Prinzip die Grundlage für Keelings präzise Messinstrumente bilden sollten. Sein selbst gebauter, aber eleganter Apparat zur Messung von unterschiedlichen Wellenlängen von Strahlen und ihrem Verhalten in der Luft verhalf ihm zu der Erkenntnis, dass die Wärme in der Erdatmosphäre damit zu erklären sei, dass bestimmte Gase die Fähigkeit hätten, infrarote Strahlung oder Wärmestrahlung zu absorbieren, also den langwelligen und unsichtbaren Teil des Lichtspektrums.

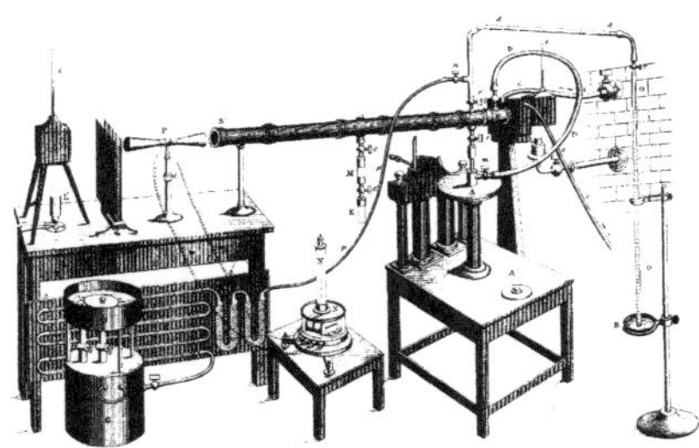

Abbildung 10: John Tyndalls selbst gebauter Apparat, mit dessen Hilfe erstmals die Absorption von Wärmestrahlung durch Gase beschrieben werden konnte – und damit auch der Treibhauseffekt.

Er maß die Fähigkeit, Infrarotlicht zu absorbieren, an Gasen wie CO_2, CH_4 (Methan), N_2 (Stickstoff), O_2 (Sauer-

57 Über John Tyndall: Weart, S. R. (2008): *The discovery of global warming*. Harvard University Press.

stoff), O_3 (Ozon) und Wasserdampf und notierte, dass O_2 und N_2 praktisch keine langwelligen Strahlen absorbieren konnten, wohingegen die anderen Gase, inklusive Wasserdampf, über mehrere Absorptionsbereiche verfügten. Das bedeutet, dass die Energie oder Wärme in Gebieten mit langwelligen Rückstrahlungen von der Erdoberfläche von diesen Gasen aufgefangen wird. Daraus folgt der Umkehrschluss, dass die Menge dieser Gase die Temperaturen auf unserem Planeten beeinflusst. Da auch Methan eine Rolle bei dieser Erwärmung spielt, ist Kohlenstoff bei zwei wesentlichen Treibhausgasen mit im Spiel, CO_2 und CH_4. Tyndall fand mit dieser Erkenntnis den Schlüssel zu einem alten Rätsel: Wie wird die Temperatur auf der Erde reguliert? Diese Erkenntnis war wichtig genug, um Tyndall einen Platz in der *Hall of Fame* der Wissenschaften zu sichern. Im Jahr 2000 wurde das *Tyndall Centre for Climate Change Research* – eines der führenden Zentren für Klimaforschung in Großbritannien – eröffnet.

Wenn wir noch ein Stückchen weiter in der Zeit zurückreisen, werden wir sehen, dass sich auch (Jean Baptiste) Joseph Fourier dieselbe Frage gestellt hat, und dies bereits 40 Jahre bevor Tyndall mit seinen Experimenten begann. Wenn die Sonnenstrahlen die Erde erwärmen, warum absorbiert die Erde nicht ständig mehr Wärme, bis sie schließlich so warm ist wie die Sonne selbst? Oder alternativ, bis es einen Wärme-Kälte-Ausgleich zwischen beiden Körpern gibt, sodass sie am Ende die gleiche Temperatur aufweisen? Fourier nahm ganz richtig an, dass die Erde langwellige Strahlen abgab, die für das menschliche Auge unsichtbar waren. An dieser Stelle sei bemerkt, dass Fourier, wie so viele andere frühe Meister der Naturwissenschaft, ein vielseitiger Herr war. In seiner Jugend war er von aufrührerischer Natur gewesen und wurde für sein Mitmischen bei der Französischen Revolution verhaftet. Er folgte Napoleon als dessen wissenschaftlicher Ratgeber in den ägyptischen Feldzug, erlangte jedoch vor allem als

Mathematiker Bekanntheit. Seine Analysen periodischer Funktionen sind noch heute als Fourier-Analyse bekannt. Außerdem leistete er Beiträge zur Gleichungstheorie und Wahrscheinlichkeitstheorie, mit denen wir aber an dieser Stelle niemanden quälen wollen.

Fouriers Ausgangspunkt war der Versuch, den Wärmeeffekt des Strahlengleichgewichts auf der Erde zu berechnen. Nach gründlichen Kalkulationen kam er im Jahr 1820 zu dem etwas überraschende Ergebnis, dass die Erde eigentlich wesentlich kälter sein müsste, als sie war – mit Temperaturen bis unter den Gefrierpunkt. Er veröffentlichte weitere Theorien, um dieses Paradox zu erklären, und eine von diesen Theorien war, dass die Atmosphäre eine Art isolierenden Effekt haben müsse, der die Temperatur auf einem Niveau hielt, das das Leben auf der Erde erträglich und möglich machte. Man könnte natürlich noch weiter zurückschauen, aber es wäre durchaus verdient, Herrn Fourier an dieser Stelle als Urvater der Treibhaustheorie auszurufen.

Fourier, Tyndall und Arrhenius legten das theoretische Fundament. Der von ihnen gebahnte Weg führte zu Keeling, der seinerseits die Theorie um die konkreten Messwerte der Keeling-Kurve ergänzte. Diese vier waren natürlich nicht allein in ihrem Feld, es gab viele andere Wissenschaftler, die Gase, speziell CO_2, mit einer potenziellen Erwärmung in Verbindung brachten. Einige meinten, dass dies ein wahrer Schatz sei, auf dessen Grundlage bessere Ernten eingefahren werden und eventuellen zukünftigen Eiszeiten vorgebeugt werden könne (ein Argument, das heute noch bisweilen zu hören ist). Andere hielten das Aufwärmungspotenzial für real, glaubten aber, dass die CO_2-Überschüsse im Meer absorbiert würden, da dieses viel mehr CO_2 enthält als die Atmosphäre, sodass diese stabil bliebe. Ab den 1960er-Jahren war aber den meisten klar, dass etwas im Argen lag und dass dieses Etwas mit der rasant wachsenden Weltbevölkerung und dem dadurch ansteigenden Energieverbrauch zu tun hatte. Um die steigende Energienachfrage zu decken, wurde Kohlenstoff, der über Millionen von Jahren gespeichert worden und seit Ewigkeiten nicht Teil des Kreislaufs gewesen war, in Rekordtempo in die Atmosphäre und Biosphäre abgegeben. Der Schlüssel zu weiteren Erkenntnissen lag im Kohlenstoffkreislauf.

Ein Kreislauf oder mehrere?

Es ist eine grobe Vereinfachung, von *dem* Kohlenstoffkreislauf zu sprechen, denn es gibt zahllose Kreisläufe, sowohl in Hinblick auf die Zeit als auch den Ort. Einige laufen im Inneren von Zellen ab, wie die Kohlenstofffixierung durch den Photosynthesezyklus, andere bei der Zellatmung, wo – wie im Citratzyklus beschrieben – durch die Verbrennung von Kohlenhydraten, Fett und Proteinen zu CO2 Energie bereitgestellt wird. Wieder andere entstehen durch das Zusammenwirken verschiedener Arten und können über eine Zeitskala von Stunden oder Tagen ablaufen. Es gibt aber auch Zyklen, die Jahre, Jahrhunderte oder gar Jahrtausende dauern. Trotzdem hängen all diese Kreisläufe irgendwie zusammen, was ihr Verständnis nicht einfacher macht. Sollte Ihnen jemand erzählen, dass er den Kohlenstoffkreislauf bis ins letzte Detail verstanden hat, dürfen Sie sich ruhig zu einem ironischen Lächeln herablassen. Es ist teilweise noch unklar, was die unterschiedlichen Kreisläufe antreibt und welche Auswirkungen diese auf das Klima haben. Aber es sind die vielen Wege des Kohlenstoffs, wie unerforschbar sie auch sein mögen, die in noch nicht absehbarer Zeit über unser Schicksal entscheiden werden. Dabei lasse ich jetzt stattliche Meteoriten, Gammablitze, eine Explosion des Supervulkans unter dem Yellowstone Nationalpark und andere derartige Unwägbarkeiten außen vor, da es ganz einfach sinnvoller ist, sich auf das zu konzentrieren, was wir beeinflussen können.

Man sollte eigentlich meinen, dass man umso mehr weiß, je tiefer man bei den einzelnen Kohlenstoffkreisläufen ins Detail geht, aber schon unsere Ernährungsdebatten zeigen, wie viele unterschiedliche Meinungen und Unbekannte es schon in Bezug auf unsere eigene Kohlenstoffbilanz gibt. Jeder von uns hat einen eigenen ökologischen Fußabdruck im globalen Kohlenstoffkreislauf und wir alle setzen dabei im Laufe unseres Lebens viel mehr CO_2 frei, als wir nur durch Atmung erzeugen können. Aber dazu später mehr. Jetzt geht es um innere Werte.

Was wir auch essen, es enthält Kohlenstoff, normalerweise verteilt auf die drei Grundnährstoffe Kohlenhydrate, Fett und Proteine. Als Brennstoff für unsere Zellen spielen diese drei Hauptgruppen unterschiedliche Rollen. Die Kohlenhydrate sind Zucker, sie sind für die Zellen am einfachsten verfügbar. Sie enthalten viel Energie pro Gewichtseinheit, ansonsten aber wenig anderes. Während die einfachen Zuckerarten, also Monosaccharide und Disaccharide, die wir im Alltag vereinfacht als »Zucker« bezeichnen, effektive Brennstoffe darstellen, sind Polysaccharide wie Stärke und Zellulose nicht so einfach zu verwerten. Fett ist ebenfalls ein Treibstoff mit sehr hoher »Oktanzahl«, aber die primäre Funktion des Fettes ist die Speicherung von Energie für schlechte Zeiten sowie die Isolierung. Fett ist nicht einfach nur Fett. Daran erinnern uns die nicht endenden Ernährungsdebatten beinahe täglich. Es gibt gesättigte Fettsäuren, ungesättigte, mehrfach ungesättigte, und all diese unterschiedlichen Fette haben ebenso unterschiedliche Rollen und Eigenschaften. Aber darauf wollen wir jetzt nicht eingehen. Auch Proteine sind gespeicherte Energie, aber mit einer ganz eigenen, zentralen Funktion als Bausteine von Muskelgewebe, als Botenstoffe und Verschiedenes mehr.

Jegliche Nahrung enthält Energie in Form von organischem Kohlenstoff. Im Grunde ist das nichts anderes als Sonnenenergie, die die Pflanzen großzügigerweise in eine Form verwandelt haben, die wir Tiere nutzen können. In einem ersten Schritt gelangt dieser Kohlenstoff in unseren Körper und wird zerkaut und geschluckt. Dann entscheiden Magen und Darm darüber, ob das Material für den Körper genutzt werden kann und soll. In der Regel wird eine Auswahl von Verdauungsenzymen dafür sorgen, dass eine maximale Menge an Kohlenstoff aufgenommen wird. Es gibt aber immer auch einen Teil, der außerhalb unserer Reichweite bleibt. Zellulose ist der Hauptbestandteil von pflanzlichen Zellwänden, Holz sowie von Baumwolle, Leinen und anderen Pflanzenfasern. Die Polymere der Zellulose, häufig eine tausendfache Wiederholung von $C_6H_{10}O_5$, sind so widerspenstig, dass unser Darm sie nicht zersetzen kann. Das können nur wenige Bakterien und einige einzellige Organismen. Zellulose wird auf die unterschiedlichste Weise genutzt, aber als Nahrung taugt sie nicht. Wer Zellulose nutzen will, ob es sich nun um Termiten oder andere Organismen handelt, muss sich mit Darmsymbionten verbünden, die diese Aufgabe für ihn übernehmen.

Der Kohlenstoff, der über die Darmwände assimiliert wird, wird zu großen Teilen in seine Bestandteile zerlegt und steht damit unserem Körper für vielfältige Aufgaben zur Verfügung. Ein Großteil davon wird als Brennstoff in den Mitochondrien genutzt, deren Aufgabe es zum einen ist, unsere Temperatur aufrechtzuerhalten und die zum anderen die Energieversorgung für alle anderen Aktivitäten des Körpers sicherstellen . Das Endprodukt dieser Verbrennung ist das CO2, das wir ausatmen. Sollte nach all den notwendigen Aufgaben noch etwas Kohlenstoff übrig sein, wird dieser als Fett gespeichert. Einst war das eine kluge und notwendige Absicherung für schlechtere Zeiten. Einige Körper haben ein großes Talent für diese Art der Einlagerung, andere nicht. Diese Strategie kommt einem heute nicht mehr so klug vor, aber es ist durchaus möglich, dass auch wir noch einmal Zeiten erleben werden, in denen ein Fettspeicher wieder gebührende Wertschätzung erfahren wird.

Im Prinzip ist auch der körpereigene C-Haushalt eine simple Rechenaufgabe mit plus und minus. C (aufgenommen) – C (ausgeschieden) – C (veratmet) = C akkumuliert (ob nun als Sixpack oder als Schwimmring). Das Gleichgewicht ändert sich, wenn wir mehr aufnehmen oder verbrauchen. Tausende von Schlankheitstipps besagen im Grunde nichts anderes als das. Auch die großen Kreisläufe sind eigentlich simple Bilanzen, aber die Problemstellung ist hier etwas anders: Wir zehren von den fossilen Lagerstätten, wollen aber gerade *nicht*, dass wir am Ende mehr CO2 freisetzen als aufnehmen. Das Prinzip ist einfach, die Wirklichkeit hingegen komplex.

Die Kohlenstoffbilanz eines Menschen unterscheidet sich im Wesentlichen nicht von der anderer Säugetiere, und da all jene von uns, die keine Vegetarier sind, generell etwas essen, das schon anderes oder andere gefressen hat, sind wir häufig das letzte Glied in einer Serie miteinander verbundener Kohlenstoffbilanzen. Wir stehen an der Spitze der Nahrungskette, und ist diese Kette lang genug, muss ganz unten eine ganze Menge Kohlenstoff zugeführt worden sein, damit oben auch für uns Menschen noch genug übrig bleibt. Damit ist die Zeit gekommen, die Kohlenstoffbilanz von den Zellen und Individuen auf das Ökosystem auszuweiten.

Pyramiden, Ketten und Netze

Die Biologie war lange ein Fach, in dem es um die Beschreibung der Arten ging, gerne um exotische Arten aus exotischen Gegenden. Eine Art Briefmarkensammlung für Naturliebhaber, in der sich in der Zeit zwischen Aristoteles und Carl von Linné nicht viel getan hatte. Linné betrachtete die Natur als statisches System mit ein für alle Mal festgelegten Arten. Gleichzeitig erkannte er aber bereits den Kreislauf, bei dem Pflanzen aus der Erde wachsen, dann von Tieren gefressen werden, die schließlich wiederum zu Erde werden.

Gut einhundert Jahre nach Linnés grober Skizzierung des einfachsten vorstellbaren ökologischen Kohlenstoffkreislaufs ging Charles Darwin mehr ins Detail. Bei der Evolution ging es seiner Meinung nach nicht nur um die Konkurrenz innerhalb einer Art, sondern auch um die Anpassungen aller Arten innerhalb eines Ökosystems. Pflanzen und Tiere entwickelten sich in gegenseitiger Anpassung, und Darwins Beschreibung der Ursachen der Schwankungen bei der Kleeernte in einem englischen Dorf ist eine elegante Auslegung der Nahrungskette. Die Ernten waren natürlich vom Klima abhängig, die wichtigsten Faktoren waren aber die bestäubenden Insekten, in diesem Fall vor allem Hummeln. In Jahren, in denen Hummeln zahlreich waren, war die Bestäubung effektiv und die Ernte gut. In Gegenden oder Jahren mit vielen Mäusen gab es wenige Hummeln, weil manche Mäusearten die Hummelnester plündern. In der unmittelbaren Nähe der Dörfer gab es häufig bessere Kleeernten, weil die Katzen dort die Mäusepopulation niedrig hielten. Übertragen wir die Akteure dieser Wechselwirkung auf Kohlenstoff-Einheiten, erhalten wir einen Ausschnitt eines Kreislaufs, der natürlich immer komplexer wird, je mehr Teilnehmer man hinzufügt.

Es war schließlich ein anderer Brite, Charles Elton, der genauer auf den Kreislauf der Nahrungskette, oder besser gesagt, des Nahrungsnetzes, einging.[58] 1921 erhielt der damals einundzwanzigjährige Zoologiestudent die Gelegenheit, unter der Leitung seines Professors Julian Huxley an einer Expedition nach Spitzbergen teilzunehmen. Huxley war übrigens der Enkel von Darwins engstem Verbündeten Thomas Huxley, sodass es sogar eine historische Verbindung gibt. Elton studierte die einfachen Ökosysteme Spitzbergens gemeinsam mit dem jungen Botaniker Victor Summerhayes. Sie gingen zwar vom Stickstoffkreislauf des Ökosystems aus, das Prinzip bleibt aber dasselbe. Mit Hilfe detaillierter und eleganter Analysen zeigten sie, dass alle Akteure dieses Ökosystems eng miteinander verbunden waren. Es begann mit dem freien Stickstoff der Luft (N_2), der von Bakterien assimiliert wurde und dann seinen Weg durch Pflanzen und Tiere in Wasser und Erde nahm, von den Milben im Boden und den Algen und Rädertierchen im Wasser über Insekten und Vögel bis hin zu Robben, Polarfüchsen und Eisbären... Das Netzwerk der Abhängigkeiten und Symbiosen im Kreislauf des Stickstoffs ist komplex und sähe für den Kohlenstoff mehr oder weniger identisch aus. Es war einfach, die Verbindungslinien zwischen den Produzenten und Konsumenten zu ziehen, aber wie ließen sich diese Vorgänge quantifizieren? Ist es überhaupt möglich, ihnen konkrete Zahlen (gerne in Kohlenstoff-Einheiten) zuzuordnen?

1942 erschien in dem renommierten Journal *Ecology*[59] eine Publikation mit dem Titel *The trophic-dynamic aspect of Ecology*.[59] Der Autor, der siebenundzwanzig Jahre alte Raymond Laurel Lindeman, erlebte die Publikation

58 Summerhayes, V. S., Elton, C. S. (1923): Contributions to ecology of Spitsbergen and Bear Island. *Journal of Ecology* 11: 214–286.

59 Lindeman, R. (1942): The trophic-dynamic aspect of ecology. *Ecology 23*: 399–418.

seiner Arbeit nicht mehr, er starb kurz zuvor an einer seltenen Art von Lungenentzündung. Der Artikel war Teil von Lindemans Doktorarbeit, die auf seinen Studien am Cedar Bog in Minnesota basierten. Es handelt sich dabei um einen See ähnlich dem »meinen«, weshalb es mir leicht fällt, mir Raymond dort am Ufer des Wassers vorzustellen. Er sah die Libellen über das Schilf fliegen und fragte sich, was in den dunklen Tiefen wohl vor sich geht. Er studierte, wer produzierte und wer konsumierte, und erstellte danach eine vollständige Energiebilanz in einem komplizierten Nahrungsnetz. Lindeman maß die Energieübertragung, während unsere Einheit der Kohlenstoff ist, aber das Prinzip ist auch hier dasselbe. Er berechnete, wie effektiv Energie oder Kohlenstoff von einem trophischen Niveau auf ein anderes übertragen werden konnte. (Niveau 1 = Pflanzen, Niveau 2 = Pflanzenfresser, Niveau 3: diejenigen, die Pflanzenfresser fressen, und so weiter). Die Faustregel, die Lindeman aufstellte, lautete, dass 10 Prozent der zur Verfügung stehenden Energie eines Niveaus auf das nächste Niveau übertragen werden. Mit anderen Worten ergeben also 100 Kilogramm pflanzlicher Kohlenstoff 10 Kilogramm Hasen-Kohlenstoff, aus denen 1 Kilogramm Fuchs-Kohlenstoff entsteht. Daraus leitet sich auch der Begriff der *trophischen Pyramide* ab, die nach oben hin schmaler wird, weil viele Bestandteile nie genutzt werden oder als Rauch oder CO_2 in die Luft entschwinden.

Mit jedem Niveauübergang wird also eine Art Kohlenstoffsteuer eingefordert, sodass die Essenz des Kohlenstoffkreislaufs innerhalb eines Ökosystems lautet: Pflanzen binden Kohlenstoff, der dann durch die Nahrungskette wandert, wobei der gebundene Kohlenstoff stetig verdünnt wird. Mit jedem Glied verschwindet ein Teil im großen Trog des toten, organischen Kohlenstoffs (der nicht verdaut werden kann) und ein anderer entweicht als CO_2 in die Luft. Warmblüter wie wir selbst zahlen höhere Steuern als wechselwarme Tiere, weil ein großer Teil des organischen Kohlenstoffs dafür benötigt wird, die Körpertemperatur stabil zu halten. Speziell wir Menschen brauchen Energie nicht nur, um unseren Körper konstant auf 37 °C zu halten, sondern auch unser Gehirn fordert außergewöhnlich viel davon – volle 20 Prozent unseres Energiebedarfs. Zum Schluss reicht es einfach nicht mehr für noch ein weiteres Trophieniveau.

Elton und Lindemann haben ihre Studien in kleinen Seen durchgeführt. Diese sind durch die enge Begrenzung ideal dafür geeignet, derartige Kreisläufe zu untersuchen. Damit kommen wir von Elton und Lindeman zurück zu meinem Waldsee.

Nach genauen Messungen und Berechnungen ist die Zeit gekommen, um Bilanz zu ziehen. Was haben wir auf der Bank? Wertpapiere und Sparguthaben sind in den verschiedensten Währungen vorhanden, sodass wir uns auch hier für den Kohlenstoff als gemeinsame Währung entscheiden. Als Maßeinheit nehmen wir Mikrogramm pro Liter. Im Lehrbeispiel einer Nahrungskette in Seen bilden Planktonalgen das Fundament. Darauf folgt tierisches Plankton, das das Phytoplankton abweidet, weiter oben gefolgt von planktonfressenden Fischen, die wiederum abgelöst werden von Raubfischen, die die Spitze der trophischen Pyramide ausmachen. So ist es nur recht und billig, dass diejenigen, die ganz oben thronen und von den anderen leben, diesen zahlenmäßig unterlegen sind.

Mein Waldsee entsprach – wie so oft in der Wirklichkeit –nicht ganz dem Lehrbuch. Absolut dominierend war dort der gelöste, organische Kohlenstoff, also die braunen Humusverbindungen, die ihrerseits Restprodukte von Wald, Moor und Erde sind, die den See umgeben. Es zeigte sich, dass es davon mehr als zehnmal so viel gab wie von der nächsten Gruppe, dem anorganischen Kohlenstoff, der in der Regel als CO_2 vorlag.

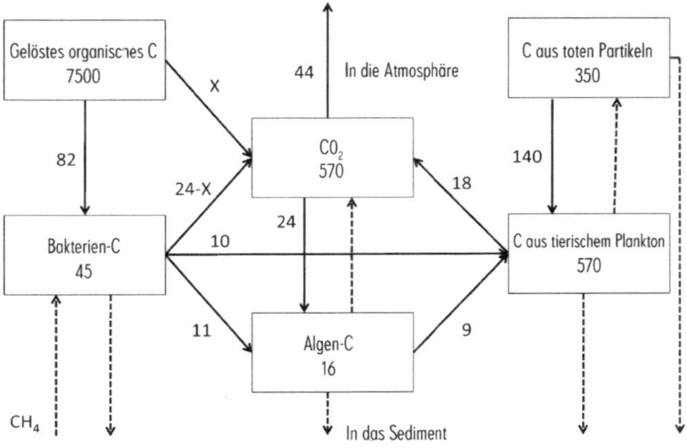

Abbildung 11: Kohlenstoffkreislauf – natürlich stark vereinfacht – an einem Sommertag in einem norwegischen Waldsee. Die Kästchen zeigen die Menge des Kohlenstoffs in Mikrogramm, die Pfeile geben die Flussrichtungen zwischen den Kästchen oder in Richtung Atmosphäre oder Sediment an. Gemessen wurden diese Ströme mithilfe von ^{14}C.

An dritter Stelle folgten verschiedene Arten toter Partikel. Erst dann kamen das tierische Plankton, die Bakterien und das Phytoplankton, die die belebte Welt ausmachten. Eine Einschätzung für Fische und am Boden lebende Tiere war kaum möglich, aber eine erste grobe Kalkulation ergab für sie bestenfalls einen bescheidenen Anteil an dem in lebender Materie gebundenen Kohlenstoff. Damit betrug das Verhältnis tot zu lebendig im Fall von Kohlenstoff fast 40 : 1. Die Hauptgrundlage der Nahrungskette in diesem See waren also nicht die Pflanzen (Algen). Sie machten nur ein (1) bescheidenes Prozent des gesamten Kohlenstoffs im See aus.

Die Studie führte, kurz gesagt, zu zwei zentralen Ergebnissen: Es existiert eine enorme Kohlenstoffpumpe, durch die Kohlenstoff in die Vegetation an Land aufgenommen wird. Das ist die Photosynthese. Der Großteil des durch die Photosynthese aufgenommenen Kohlenstoffs wird für kurze oder längere Zeit in Bäumen oder der Erde gespeichert, aber ein Teil gelangt auch in die Gewässer. Dort wird dieser Kohlenstoff dann durch die umgekehrte Reaktion der Photosynthese veratmet. Der von den Landpflanzen produzierte organische Kohlenstoff wird zur Energiequelle (Nahrung) für Bakterien, die wiederum selbst zu einem Teil der Nahrungskette werden. Es gibt tatsächlich viele Lebewesen, die Bakterien fressen. Einige davon sind sogar in der Lage, sowohl Photosynthese zu betreiben (wie richtige Pflanzen) als auch Bakterien zu fressen und sich damit wie Tiere zu verhalten. Etwas großzügiger betrachtet, verhält sich tatsächlich der ganze See wie ein Tier – er frisst das Phytoplankton und atmet CO_2. Ein Nebeneffekt dieses seltsamen Kreislaufs – von dem wir glauben, dass er für die meisten Seen der borealen Nadelwälder gilt – ist das sauerstoffarme Tiefenwasser. In Kombination mit dem reichen Kohlenstoffangebot bildet es die Grundlage für die ziemlich kräftige Methanproduktion. Ein Teil dieses Methans wird von Bakterien wieder in CO_2 umgewandelt, der weitaus größere Teil aber findet seinen Weg in die Atmosphäre und trägt zu einem, wenn auch sehr kleinen, Teil des Treibhauseffektes bei. Ein solcher Waldsee ist in vielerlei Hinsicht ein Ventil für die Rückführung des in Wald und Mooren gebundenen CO_2 und repräsentiert eine Extremvariante des Kohlenstoffkreislaufs im Wasser.[60]

Ich laufe oft an dem faszinierenden Wasserfall des Flusses Lysakerelva vorbei. In niederschlagreichen Zeiten ist das Wasser braun von Humus, also schweren, kohlenstoffreichen und äußerst komplexen Restprodukten von Lignin und Zellulose. Sie absorbieren das Licht und zeigen

60 Paasche, E. (1962): Coccholith formation. *Nature* 193: 1094–1095. Riebesell, U. et al. (2007): Enhanced biological carbon consumption in a high CO_2 ocean. *Nature* 450: 545–548. Emerson, S. R., Hedges, J. I. (2008): *Chemical Oceanography and the marine carbon cycle.* Cambridge University Press

ihre Anwesenheit durch die unverkennbare Braunfärbung (wie wenn man einen Teebeutel in heißes Wasser tunkt). Ein sehr kleiner Teil des Flusswassers stammt aus dem kleinen Bach, der aus meinem See oben im Wald fließt. Auf dem Weg zum Fjord entledigt sich das Wasser sicher der Hälfte des gelösten, braunen Kohlenstoffs. Dieser kehrt zurück in die Atmosphäre, bereit für einen neuen Reigen. Vielleicht wird der Kohlenstoff nach Norden geweht und gelangt in die Spaltöffnungen der Nadelbäume oben am See, über die er dann irgendwann wieder im Fluss landet.

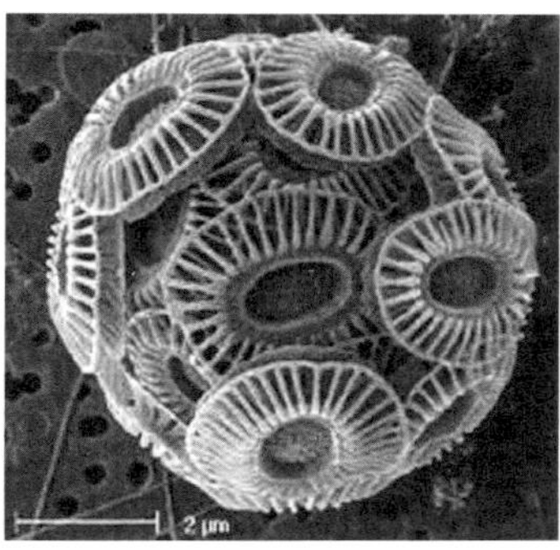

Abbildung 12: Emiliania huxleyi in all ihrer Schönheit, gesehen durch ein Elektronenmikroskop. Die ovalen Kalkplatten sind einer der Gründe dafür, dass Emiliania so wichtig für den Kohlenstoffzyklus des Meeres ist. Andererseits ist sie deshalb anfällig für saureres Meerwasser.

Das Flusswasser trägt auch alle Arten von Verwitterungsprodukte von Erde und Fels mit sich, insbesondere Calcium, Silikat, Phosphor, Eisen und anorganischen Kohlenstoff. Sie alle landen im Meer und leisten ihren Beitrag zum Algenwachstum oder zur Pufferung gegen Übersäuerung. Alles hängt zusammen, nicht wahr?

Die Kohlenstoffkönigin Emiliania

Emiliania huxleyi ist nicht nur ein schöner Name, er bezeichnet auch ein wunderbares Geschöpf. Nein, Emiliania ist keine schöne Meerjungfrau, und sowohl Vor- als auch Nachname haben einen männlichen Ursprung. Ihr Vorname kommt von dem italienisch-amerikanischen Forscher Cesare Emiliani, der Eingeweihten als Gründer der *Paläo-Ozeanografie* bekannt ist. Der nicht ganz intuitive Begriff umfasst Studien zum Klima der Vorzeit, bei denen Analysen an Meeressedimenten durchgeführt werden, deren Mikrofossilien viel über Klimaänderungen der vergangenen Hunderttausenden von Jahren sagen können. Tote Algen und andere Partikel sinken seit Ewigkeiten in die Tiefen der Meere, wo sie vom Bodenschlamm bedeckt und konserviert werden. Einige von ihnen haben Schalen – stumme Zeitzeugen des Klimas aus längst vergangenen Zeiten. Wie *Emiliania huxleys* Vorgänger.

Auch der Nachname hat einen historischen Klang und bezieht sich auf den bereits erwähnten Thomas H. Huxley. Huxley verteidigte nicht nur Darwins Theorie, er war auch selbst ein außerordentlicher Evolutionsbiologe. Zu seinen vielen Verdiensten zählen unter anderem die Studien von Kalkflagellaten, den mikroskopischen Bausteinen von Englands ikonischen weißen Klippen bei Dover. *Emiliania huxleyi*, von Freunden *Ehux* genannt, ist eine Alge von einzigartigem, ästhetisch ansprechenden Äußeren, aber viel wichtiger ist, dass sie trotz ihrer bescheidenen Größe von ungefähr 5 Mikrometern im Durchmesser ein mächtiger Akteur ist, wenn es um die Regulierung des Klimas auf unserem Planeten geht. Sie ist die Kohlenstoffkönigin der Meere.

Kohlenstoff hat mit dem Karbon seine eigene geologische Epoche bekommen. Diese ist benannt nach den außergewöhnlichen Verhältnissen auf unserem Planeten, die dazu beigetragen haben, dass wir heute Kohlenstoff ausgraben können, der sich vor ungefähr 300 Millionen Jahren im Laufe von 60 Millionen Jahren abgelagert hat, und ihn in rasendem Tempo in die Atmosphäre zurückführen können. Die zweite Kohlenstoffperiode, die wir Kreide nennen, erstreckte sich von 145 bis 65 Millionen Jahren vor unserer Zeit. Sie wurde charakterisiert durch die Vorgänger des heutigen *Ehux* – das mächtige Geschlecht der *Coccolithophorida*, beziehungsweise der Kalkflagellaten. Die Kreidefelsen von Dover erreichen heute eine Höhe von 100 Metern. Hauptsächlich bestehen sie aus den mikroskopisch kleinen Calciumcarbonatschalen der Kalkflagellaten. Wir wollen keine Schätzungen darüber abgeben, wie viele Zellen die Grundlage dieser Klippen bilden – die übrigens im warmen, tropischen Meer entstanden sind – doch sie sind das kumulative Ergebnis einer zig Millionen Jahre andauernden Produktion, bei der CO_2 in Kalkschalen umgewandelt wurde.[61]

Das dominierende Familienmitglied unter den Kalkflagellaten (von denen es ungefähr 200 Arten gibt), ist *Ehux*. Diese ist außerdem ein evolutionärer Newcomer, der sich erst vor 270.000 Jahren in den fossilen Schichten des Meeresbodens gezeigt und seine dominierende Rolle erst vor 70.000 Jahren eingenommen hat. Ihre Geschichte ist der des Menschen also nicht ganz unähnlich, und ähnlich wie wir hat Ehux ziemlich viel evolutionären Erfolg gehabt. Bei guten Verhältnissen (genug Licht, regelmäßige Phosphorzufuhr, ausreichend Stickstoff und CO_2) kann sie sich auf mehr als 100.000 Quadratkilometern ausbreiten, und die hellen Algenteppiche im Meer sind dann sogar vom Weltraum aus zu sehen. Ehux trägt neben der Bindung von CO_2

61 Paasche, E. (1962): Coccholith formation. *Nature* 193: 1094–1095. Riebesell, U. et al. (2007): Enhanced biological carbon consumption in a high CO_2 ocean. Nature 450: 545–548. Emerson, S. R., Hedges, J. I. (2008): *Chemical Oceanography and the marine carbon cycle*. Cambridge University Press.

noch auf andere Arten zu unserem Klima bei. Sie kommt in so großen Mengen vor, dass sie die Lichtreflexion des Meeres über große Flächen hinweg beeinflusst. Sie lässt die *Albedo* ansteigen, das Rückstrahlvermögen für Lichtenergie, und bewirkt auf diese Weise, dass weniger Sonnenenergie vom Meer absorbiert wird. Zusätzlich verfügt Ehux über die für die meisten Algen typische Fähigkeit, Dimethylsulfid zu produzieren. Dies ist wichtig für den globalen Schwefelkreislauf, aber auch für die Wolkenbildung – und damit wiederum für das Klima. Nichts zeigt besser, dass es nicht auf die Größe ankommt, als Ehux.

Dass Ehux eine wesentliche Rolle im Kohlenstoffkreislauf zugesprochen werden muss, ist nicht allein der CO_2-Aufnahme geschuldet, sondern vielmehr auch dem Umstand, dass sie einen bedeutenden Teil des CO_2 in Calciumcarbonat oder Calcit umwandelt. Davon wiederum sinkt ein Großteil auf den Meeresboden, wo es für die Zukunft gespeichert wird. Ehux spielt daher eine wesentliche Rolle in der *marinen Kohlenstoffpumpe*. Gleichzeitig gehört sie zu den Arten, die bei der Versauerung der Meere potenziell am meisten zu verlieren haben, da Calciumcarbonat sich nicht besonders gut mit einem niedrigen pH-Wert verträgt – es kommt zu einer Umkehrreaktion, bei der der Kalk aufgelöst wird.

Warum haben Ehux und andere Kalkflagellaten sich darauf eingelassen, sich mit hübsch verzierten Kalkplatten auszustatten? Die Ornamentik an sich hat keinen ästhetischen Grund, sondern einen rein physikalisch-chemischen. Man könnte meinen, die Kalkplatten dienten als Schutz vor hungrigen Ruderfußkrebsen und anderem tierischen Plankton, das sich von Algen ernährt. Doch in erster Linie sind sie eine evolutionäre Antwort auf den chronischen Mangel an Stickstoff und Phosphor; statt Zellwänden, die diese wertvollen Ressourcen zum Bau benötigen, bilden sie anorganische Zellwände, nur aus Kohlenstoff – von dem genug da ist.

Einer der wichtigsten Akteure der Nahrungskette ist der Ruderfußkrebs (2–3 Millimeter groß, und dennoch die grasende Kuh oder das Gnu des Meeres). Er verschlingt Kalkflagellaten mit großem Appetit. Der Darm eines Ruderfußkrebses, der sich im Frühling durch das Ehux-Schlaraffenland frisst, kann mit bis zu 100.000 Algenzellen vollgestopft sein. Wenn der wertvolle Inhalt unter der Schale assimiliert ist und zu Ruderfußkrebsproteinen und Ruderfußkrebslipiden umgewandelt wurde, wird eine fertig verpackte Ladung von $CaCO_3$ aus dem Darmsystem heraus auf den Meeresboden geschickt. Dies ist ein wichtiger Bestandteil der biologischen Kohlenstoffpumpe.[62] Dass das Meer mehr CO_2 aufnimmt, als es abgibt, und damit dafür sorgt, dass die Keeling-Kurve nicht so steil wird, wie unsere CO_2-Austöße es erwarten ließen, ist teilweise Ehux zu verdanken. Wir sollten uns stets in Erinnerung rufen, dass die Biomasse der mikroskopischen Meerespflanzen zwar wegen ihrer veritablen Anzahl nicht mehr als 10 Prozent der gesamten pflanzlichen Biomasse des Planeten ausmacht, dass diese aber dennoch für die Hälfte der Photosynthese und Kohlenstoffbindung verantwortlich sind.

Das wichtigste Tier in Norwegen ist nicht etwa der Lachs oder das Schaf, sondern der Ruderfußkrebs *Calanus finmarchicus*.[63] Er stellt das dominierende tierische Plankton dar und bildet ein Bindeglied zwischen Algen und Fisch. In der mittleren Norwegischen See liegt das Gewicht der dort vorkommenden *Calanus finmarchicus* bei 200 Millionen Tonnen, das ist zwanzigmal mehr als der

62 Anderson, T. et al. (2013): Sensitivity of secondary production and export flux to choice of trophic transfer formulation in marine ecosystem models. *Journal of Marine Systems* 125: 41–53. Siehe auch: Passow, U., Carlson, C. A. (2012): The biological pump in a high CO_2-world. *Marine Ecol. Progr. Ser.* 570: 249–271.

63 Mehr zu *Calanus finmarchicus* und klimatischen Auswirkungen auf unsere maritimen Ökosysteme in: Alfsen, K. H., Hessen, D. O., Jansen, E. (2013): *Klimaendringer i Norge*. Forskernes forklaringer. Universitetsforlaget 2013.

Bestand des Norwegischen Frühjahrslaichers, der örtlichen Heringspopulation. *Calanus finmarchicus* ist nicht nur eine wichtige Nahrungsquelle für Fische; möglicherweise ist er ebenso wichtig für den CO_2- und O_2-Gehalt des Meeres. Man nimmt an, dass die biologische Kohlenstoffpumpe an Fahrt aufnahm, als die Ruderfußkrebse vor schätzungsweise 550 Millionen Jahren erstmals auftraten. Zwar wurden Algen schon zuvor abgebaut und gaben dabei ihren gespeicherten Kohlenstoff in Form von CO_2 wieder ab, doch erst mit den Krebsen kam ein massiver Transport von kompakten, kohlenstoffreichen Pellets zustande, der zu einem bedeutenden Kohlenstoffexport in die Tiefe beitrug. Dadurch sank der Abbau von organischem Material in den oberen Wasserschichten rapide, was wiederum einen geringeren Verbrauch von Sauerstoff zur Folge hatte. Es erscheint verrückt, dass millimetergroßes tierisches Plankton einen so starken Einfluss auf den Kohlenstoff- und Sauerstoffhaushalt der Erde haben soll, doch auch hier sei wieder daran erinnert, dass die Anzahl mehr aussagen kann als die bescheidene Größe.

Andere Forscher betonen, dass die wichtigste Gruppe von Organismen im Meer Viren sind, die das Schicksal von Algen und Bakterien und dadurch wiederum den Kohlenstoff beeinflussen. Verglichen damit leistet der gesamte Walbestand des Planeten nur einen knapp messbaren Beitrag zum Kohlenstoffhaushalt. Alle Berechnungen zeigen, dass die biologische Pumpe hauptsächlich von den mikroskopischen Mitgliedern der Nahrungskette im Meer angetrieben wird.

Die Kalkflagellaten sind nicht die einzigen Organismen, die CO_2 im Meer binden. Es existiert eine reichhaltige Auswahl an Planktonalgen und größeren Algen (wie beispielsweise Tang), die CO_2 in organischen Kohlenstoff umwandeln, der wiederum in die biologische Nahrungskette des Meeres aufgenommen wird. Wo dieser Kohlenstoff später endet, ist ungewiss; wenn man Dorsch oder eine fette, kohlenstoffreiche Makrele zum Mittag isst, nimmt man definitiv etwas davon auf, und ein Teil davon wird vielleicht irgendwo gespeichert – der Großteil wird jedoch verbrannt und kehrt zurück in den Kreislauf. Von zehn Kohlenstoffatomen, die von einer Alge gebunden werden, wird die Alge selbst ungefähr fünf durch Zellatmung wieder an die Atmosphäre abgeben. Wenn sie von einem Ruderfußkrebs gefressen wird, wird wieder vielleicht eines der verbleibenden fünf verbrennen, bevor der Krebs selbst von einer Makrele gefressen wird... Viel wird den Meeresboden nicht erreichen, aber das ständige Absinken von toten Organismen und Partikeln genügt fürs erste, und keiner arbeitet so effektiv wie *Emiliania huxleyi* und *Calanus finmarchicus*.

Schätzungsweise ein Viertel des Kohlenstoffs, der von Algen per Photosynthese gebunden wird, gelangt in die Tiefe, wo er als Nahrung für Bakterien dient und dann in CO_2 umgewandelt wird, doch dort unten geht das CO_2 in den langsamen Tiefseekreislauf ein. Der Anteil, der auf den Meeresboden gelangt und dort permanent in Bodensedimenten eingelagert wird, ist äußerst bescheiden, aber ausreichend, um einen Unterschied in der atmosphärischen CO_2-Konzentration zu machen. Dovers Kreidefelsen zeigen, dass daraus im Laufe der Zeit ganze Berge entstehen können.

Die Menge an freiem anorganischem Kohlenstoff im Meer ist ungefähr fünfzigmal so hoch wie in der Atmosphäre. Auf einer hinlänglich langen Zeitskala betrachtet, ist es das Meer, das den CO_2-Gehalt der Atmosphäre reguliert, nicht umgekehrt. Es besteht ein kontinuierlicher Austausch von CO_2 zwischen Meeresoberfläche und Atmosphäre. Es werden davon schätzungsweise 90 Gigatonnen abgegeben und 92 Gigatonnen aufgenommen. In den oberen produktiven Wasserschichten ist das CO_2 die Lebensbasis für Ehux und andere Primärproduzenten. Sein Gehalt wird deshalb durch diese begrenzt, während der CO_2-Gehalt steigt, je tiefer man kommt. Dieser Anstieg ist zum einen das Ergebnis des ständigen Herabsinkens kohlenstoffhaltiger Partikel aus den oberen Wasserlagen, welche sich teilweise auflösen und teils in der Tiefe von Bakterien abgebaut werden. Eine weitere Quelle ist eine Pumpe, die von den Gesetzen der Physik angetrieben wird. Einige Orte, beispielsweise die Framstraße zwischen Grönland und Spitzbergen, sind besonders wichtig für diese Tiefseezirkulation. Kaltes, salzhaltiges Wasser sinkt, begünstigt durch seine hohe Dichte, hinab. Auch CO_2 wird dort in die Tiefe gezogen, und es kann dort über Jahrhunderte verweilen beziehungsweise den Tiefseeströmungen folgen. Früher oder später kommt es wieder an die Wasseroberfläche, vor allem an südlichen Breitengraden. Unser Golfstrom ist einer der Ströme, bei denen in der Tiefe kaltes Wasser gen Süden geführt wird, während warmes Wasser in den oberen Schichten zu uns gelangt.[64]

Es gibt viele Gründe für die Befürchtung, dass die wichtigsten Kohlenstoffpumpen des Meeres und damit seine Fähigkeit, große Mengen unseres CO_2-Ausstoßes aufzufangen, schwächer werden. Da die Zufuhr von CO_2 wesentlich schneller erfolgt als die von Carbonat aus Verwitterungsprozessen an Land, kommt es sowohl zu einer Übersäuerung der Meere als auch zu einer Sättigung der CO_2-Aufnahme. Wärmeres Oberflächenwasser bildet einen stabileren »Deckel«, der aus verschiedenen Gründen den Kohlenstofftransport in die Tiefe verhindert und gleichzeitig das Aufsteigen von Nährstoffen aus der Tiefe einschränkt. Dadurch werden die Produktion der Algen und ihre Fähigkeit, Kohlenstoff aufzunehmen, geschwächt. Kurz gesagt: Wir können uns nicht darauf verlassen, dass das Meer uns aus dem Schlamassel hilft. Aber was ist mit dem Wald?

64 Mehr über den Golfstrom und das Meeresklima: Alfsen, K. H., Hessen, D. O., Jansen, E. (2013): *Klimaendringer i Norge*. Forskernes forklaringer. Universitetsforlaget.

In der Nähe »meines« Sees liegt ein Bergrücken, auf den ich oft geklettert bin. Auf der Westseite fällt der Hang steil ab, sodass ich auf den See schauen kann, der von dort oben wie ein blaues Auge in einem grünen Meer wirkt. Das grüne Meer ist ein winziger Zipfel des größten Kohlenstofflagers der Welt – des borealen Nadelwaldes. Dieser erstreckt sich als breiter, grüner Gürtel von der norwegischen Westküste über Schweden und die Ostsee nach Finnland und von dort weiter durch ganz Russland bis nach Japan. Im russischen Süden reicht dieser Waldgürtel bis zur Nordgrenze von Kasachstan. Auf der anderen Seite der Beringstraße geht er dann weiter, dort bedeckt er weite Teile von Alaska und Kanada. Der boreale Nadelwald macht ein Drittel der weltweiten Waldgebiete aus und enthält beinahe 60 Prozent des gesamten, weltweit im Wald gespeicherten Kohlenstoffs.[65] Tropische Wälder tragen im Vergleich nur zu etwa 30 Prozent zur Kohlenstoffbindung bei, während die übrigen Wälder zusammen die verbliebenen 10 Prozent des Kohlenstoffs speichern.

Es ist deshalb nicht übertrieben, zu sagen, dass die CO_2-Aufnahme und Abgabe des borealen Nadelwaldes, und vor allem ihre Differenz, von lebenswichtiger Bedeutung für die Kohlenstoffbilanz der Erde sind. Der

65 Zum Thema Wald und Kohlenstoff finden sich viele relevante Artikel: DeLuca, T., Boisvenue, C. (2012): Boreal forest soil carbon: distribution, function and modeling. *Forestry*, doi:10.1093/forestry/cps003. Framstad, E. et al. (2013): *Biodiversity, carbon storage and dynamics of old northern forests.* Nordisk Ministerrad, ISBN 978-92-893-2510-3. Gamfeldt, L. et al. (2012): Higher levels of multiple ecosystem services are found in forests with more tree species. *Nature Communications* 1–8, DOI: 10.1038/ncomms2328. Holtsmark, B. (2011): Harvesting in boreal forests and the biofuel carbon debt. *Climatic Change* DOI 10.1007/s10584-011-Noter 0222-6. Magnani, F. et al. (2007): The human footprint in the carbon cycle of temperate and boreal forests. *Nature* 447: 848–852.

Wald leistet, wie auch das Meer, einen extrem wichtigen Beitrag, indem er netto mehr CO_2 aufnimmt als er abgibt. Ein großer Teil des Kohlenstoffs wird als Zellulose oder Lignin gespeichert – die beiden absolut häufigsten Kohlenstoffpolymere auf der Erde. Gemeinsam machen diese beiden Verbindungen mehr als die Hälfte des gesamten nicht fossilen Kohlenstoffs auf dem Festland aus.

Ein Nadelbaum wächst in unseren Wäldern in der Regel etwa 30 Jahre, bis er gefällt wird.

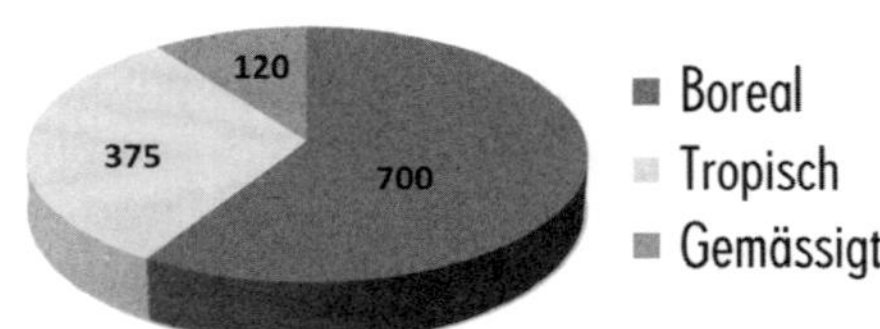

Abbildung 13: Verteilung des im Wald gebundenen Kohlenstoffs.

Eine Fichte, die in Frieden wachsen kann, kann 100 Jahre alt werden. Eine Kiefer bis zu 400. Ein ansehnliches Alter, aber früher oder später muss sich selbst die stärkste Kiefer dem Zahn der Zeit beugen und ihren Kohlenstoff freigeben. Einige Bäume können viele Hundert Jahre alt werden, und in den Mooren im Norden finden sich Baumstämme, die mehrere Tausend Jahre alt sind. Sie sind die Reste des Waldes, der in der letzten Warmzeit hier oben wuchs. Jahresringe lebender Bäume, altes Bauholz und in Mooren »konservierte« Bäume können herangezogen werden, um über einige Hundert bis zu wenige Tausend Jahre das Klima der Vergangenheit zu rekonstruieren. Schlechte Jahre führten zu dichten Jahresringen, gute Jahre zu breiten. Rückschlüsse über die CO_2-Konzentration in der Vergangenheit sind dadurch aber nicht möglich. Dafür gibt es andere Methoden.

Man kann sich kaum vorstellen, dass die mikroskopische Untersuchung alter trockener Herbariumspflanzen aus Museen zu aufsehenerregenden Ergebnissen führen kann. Vermutlich geschieht das auch sehr selten. Zu einer solchen wissenschaftlichen Sensation kam es allerdings 1987, als Ian Woodward in dem renommierten Magazin *Nature* seine Resultate über die Untersuchung von Spaltöffnungen diverser Herbariumspflanzen publizierte. Die Reaktionen überraschten ihn selbst.[66] Seine Ergebnisse waren nämlich von höchster Bedeutung für die Klimaforschung. Das Erbe von Carl von Linné beinhaltet unter anderem viele Tausend sorgsam gepresster und gut konservierter Pflanzen aus dem 18. Jahrhundert. Charles Darwin und viele andere Wissenschaftler führten die Tradition fort, sodass es für einzelne Pflanzenarten beinahe ununterbrochene Zeitreihen von mehr als 200 Jahren gibt. Woodward entdeckte bei der Untersuchung der Pflanzen aus verschiedenen Jahren, dass die Dichte der Spaltöffnungen zur Gegenwart hin massiv abnahm. Heute lebende Pflanzen haben bis zu 40 Prozent weniger Spaltöffnungen als ihre am selben Standort gewachsenen Ahnen von vor 150 Jahren.

Gibt es ein Sauerstoffdefizit, wie bei mir, wenn ich mit den Skiern einen steilen Berg erklimme, kompensiere ich das, indem meine Lunge wie ein Blasebalg arbeitet. Aber was tun Pflanzen, wenn es sie nach mehr CO_2 verlangt, weil die Konzentration geringer ist? Sie erhöhen die Anzahl an Atemöffnungen, also der Spaltöffnungen, und reduzieren diese wieder, wenn wieder mehr CO_2 in der Atmosphäre ist. Aber warum diese Reduktion? Woodward meinte, dass viele Spaltöffnungen auch einen höheren

66 Woodward, F. I. (1987): Stomatal numbers are sensitive to increases in CO_2 from pre-industrial levels. *Nature* 327: 617–618. Hetherington, A. M., Woodward, F. I. (2003): The role of stomata in sensing and driving environmental change. *Nature* 424: 901–910.

Wasserverlust mit sich brächten, weshalb es sich lohnen könnte, ihre Anzahl auf das Nötigste zu begrenzen. Die Theorie ließ sich einfach bestätigen. Man baute Pflanzen bei unterschiedlichen CO_2-Konzentrationen an. Es zeigte sich, dass die Anzahl der Spaltöffnungen von der CO_2-Konzentration abhängig ist. Die Herbarien können uns also Auskunft über die CO_2-Konzentrationen der letzten 200 Jahre geben. Weitere Untersuchungen zeigten dann, dass fossile Pflanzen, von denen viele bis ins kleinste Detail konserviert sind, ebenfalls eine Art Klima- oder CO_2-Archiv darstellen, über welches Einblicke in das CO_2-Niveau vor Millionen von Jahren möglich sind.

Von meinem Aussichtspunkt oben auf dem Berg blicke ich voller Dankbarkeit auf die grüne Lunge, die mich umgibt. Ich spüre die Nähe des Waldes durch eine ganz eigene Frische. Der grüne Teppich erstreckt sich, so weit das Auge reicht, über Hügel und Täler. In diesem Augenblick – bei Sonnenlicht – dringt eine unvorstellbare Anzahl von CO_2-Molekülen durch die ebenso unvorstellbar kleinen Spaltöffnungen all der vielen, kleinen Nadeln. Der Zucker, gebildet durch die Photosynthese, wird weitertransportiert und der Großteil bildet Polymere, um Zellwände oder Holz aufzubauen, also Zellulose und Lignin. Dieser Vorgang erfordert Energie, und auch Pflanzen müssen dafür Zucker verbrennen. Dadurch gelangt ein beträchtlicher Teil des in der Photosynthese gebundenen Kohlenstoffs wieder zurück in die Atmosphäre. Der Baum leitet einen Teil des Zuckers aber auch in die Wurzeln, wo dieser Zucker die Zellatmung antreibt, ehe er als CO_2 freigesetzt wird.

Dieses unterirdische CO_2 hat andere und wichtigere Funktionen als jenes, das die Bäume durch die Blätter und Nadeln verlässt. Der Baum streckt seine Wurzeln tief hinein in den langsamen, verwitterungsbasierten Kohlenstoffkreislauf, denn das von den Wurzeln ausgeschiedene CO_2 bildet in der feuchten Erde Kohlensäure.

Diese Kohlensäure wiederum hilft, Mineralien aus dem Boden zu lösen, die der Baum für sein Gedeihen benötigt, darunter Phosphor, Eisen und Silikat. In gewisser Weise stellt dieses System eine biologische CO_2-Pumpe dar, da die Verwitterungsprozesse viel von dem CO_2 binden, welches die oberen Teile der Bäume aus der Atmosphäre aufgenommen haben.

Der grüne Gürtel des Nadelwaldes, der sich rund um den nördlichen Teil des Planeten erstreckt, speichert einen Großteil des Kohlenstoffs unterirdisch, in Wurzeln und Erde. Drei Viertel des gesamten Kohlenstoffs des borealen Nadelwaldes befindet sich unter der Grasnarbe oder im Torf. Dies ist das Resultat von jahrtausendelangem hartem Sparen, und der Kohlenstoff ist dort sicher verwahrt. In gewisser Weise wirft dieses Sparguthaben sogar Zinsen ab, denn mehr Erde gibt besseres Wachstum, das dann wiederum zu mehr Erde führt. Die Gesamtmenge an gebundenem Kohlenstoff minus das abgegebene CO_2 stellt den Kohlenstoffgewinn des Baumes dar. Diese Nettoproduktion ist wichtig, für den Waldbauern wie für den Kohlenstoffhaushalt.

Der Baum selbst kann an vielen verschiedenen Kreisläufen in ganz unterschiedlichen Zeitrahmen teilnehmen. Der Großteil des von ihm aufgenommenen CO_2 geht zurück in die Atmosphäre, nachdem es für weniger als einen Tag seinen Weg durch die Blätter und Nadeln genommen hat. Auf einer Zeitskala von Tagen bis zu einem Jahr wandeln all jene, die sich von Bestandteilen des Baumes ernähren (Käfer, Läuse, Weidetiere), einen weiteren kleinen Teil in Körpergewebe um. Durch ihre Zellatmung wird das CO_2 dann wieder an die Atmosphäre zurückgegeben. Der Jahreszyklus der Bäume sorgt dafür, dass Nadeln und Blätter fallen, sich zersetzen und das darin gebundene CO_2 wieder abgeben. Wird der Baum gefällt, geben Zweige und Rinde den Kohlenstoff infolge der massiven Angriffe von Insekten, Pilzen und Bakterien sehr schnell frei. Das Holz selbst kann – als Papier – eine Lebensdauer von mehreren Jahren haben, als Bauholz auch mehrere Jahrzehnte.

Auf lange Sicht zählt deshalb auch im borealen Nadelwald vor allem der im Untergrund gespeicherte Kohlenstoff. Es gibt auch dort ein Ökosystem aus Pilzen und Bakterien. Zellulosereste sind aber harte Kost, sodass der Kohlenstoff im Schatten der Baumkronen Tausende von Jahren überdauern kann.

Die Kohlenstoffablagerung variiert in der borealen Zone sehr stark. Auf dem Bergrücken hinter meinem See ist die Erdschicht vielleicht 10 Zentimeter dick. Die Wurzeln der Kiefern klammern sich in Spalten und Klüften des Felsens fest. Ein paar Fichten haben gegen die letzten Herbststürme verloren; ihre kreuz und quer liegenden Stämme zeigen deutlich, wie hart das Leben hier oben ist. Unter ihren in die Luft ragenden Wurzeln zeigt sich der blanke Fels unter einer dünnen Erdschicht. Dieser Fels wurde vor 8.000 Jahren von der letzten Eiszeit glattgeschliffen, und die dünne Bodenauflage ist alles, was Generationen von Pflanzen seither akkumuliert haben.

Gleich neben dem Höhenzug liegt ein breites Tal. Sticht man dort den Spaten in den Boden, stößt man auf schwarzen Waldboden. Dort muss man sehr tief graben, um auf Fels zu stoßen. Entlang eines Teiches unweit des Sees haben sich »grundlose« Moore gebildet, unter denen der Fels noch tiefer liegt. Wie können 8.000 Jahre Geschichte im gleichen Gebiet so vollkommen unterschiedliche Kohlenstofflager hervorbringen?

Die Antwort gibt das Wasser. Die Höhenzüge und Berge sind relativ trocken. Dort gibt es nur selten oder nie Sauerstoffmangel, sodass Nadeln, Zweige und Stämme vollständig zu CO_2 abgebaut werden. In den Senken und Tälern dagegen sammelt sich das Wasser, wodurch die Zersetzungsprozesse langsamer ablaufen und eine Erdschicht entstehen kann, die eine Grundlage für besseres Wachstum bildet. Nach einer Weile wird es in den tieferen Lagen zu Sauerstoffmangel kommen, sodass die Zersetzung noch langsamer vonstattengeht. Aber auch das Eis trug dazu bei, indem es die Höhenzüge glattschliff und Schluff und Lockermaterial in den Tälern zusammenschob.

In Mooren führt die Kombination aus Sauerstoffmangel und niedrigem pH-Wert aufgrund von Huminsäuren dazu, dass die Zersetzung beinahe vollkommen ins Stocken gerät, wovon auch die Moorleichen Zeugnis ablegen, die immer wieder gefunden werden. Der 1952 in Dänemark in einem Moor westlich von Silkeborg gefundene *Grauballemann* sah aus, als wäre erst im Jahr davor im Moor ertrunken.[67] Die ^{14}C-Datierung zeigte aber, dass er etwa 300 Jahre vor Christus ins Moor geworfen worden war. Die Obduktion wusste überdies von einem brutalen Tod zu berichten, denn man hatte dem Mann die Kehle durchgeschnitten und den Schädel eingeschlagen. Ja sogar seine letzte Mahlzeit konnte ermittelt werden: Getreidegrütze, Weizen, Kräuter und vermutlich Schweinefleisch. Der Kohlenstoff war in all seinen Bestandteilen gut erhalten geblieben.

In Norwegen gibt es keine derart gut konservierten Moorleichen, aber viele Funde Jahrtausende alter Wurzelstöcke in Gebirgsmooren illustrieren nicht nur den konservierenden Effekt der Moore, sondern auch, dass die Waldgrenze im norwegischen Gebirge früher viel höher gelegen haben musste. So war die Hardangervidda, um ein Beispiel zu nennen, in der Bronzezeit noch komplett bewaldet. Vermutlich wird dies in wenigen Hundert Jahren wieder so sein und zu einer beträchtlichen Zunahme der Speicherung von Kohlenstoff im Wald führen. Womit wir bei einem Thema angelangt sind, das hitzig diskutiert

67 Asingh, P., Lynnerup, N. (2007): *Grauballe man: An iron age bog body revisited.* Aarhus University Press.

wird. Wie kann der Wald als Kohlenstoffspeicher genutzt werden?

Die Frage, ob der Wald als Klimaschutzmaßnahme fungieren kann, wird schon seit Jahren diskutiert – gerade in Ländern mit hohem Waldanteil wie Kanada, aber ganz sicher auch in Norwegen. Es gibt einige offensichtliche Gründe dafür. Norwegen hat das große Bedürfnis, seine CO_2-Bilanz zu verbessern (womit wir uns in guter – oder schlechter – Gesellschaft mit vielen anderen Ländern befinden). Im Energiesektor ist in Norwegen nicht viel zu holen, da die Energieversorgung bereits auf CO_2-freier Wasserkraft basiert. Wir sind aber ein wichtiger Akteur in der fossilen Energiebranche und haben überdies die Möglichkeit, die Waldwirtschaft zu intensivieren und auszuweiten. Das angeschlagene holzveredelnde Gewerbe ist zudem immer bemüht, über Papier und Holzprodukte hinaus weitere Märkte zu erschließen. Im Prinzip kann jedes petrochemische Produkt auch aus Holz gewonnen werden. Die Holzindustrie behauptet gerne, dass Treibstoff aus Holz als nachwachsendem Rohstoff vollkommen sauber sei. Es gibt keinen Zweifel, dass Energie aus Holz klimatisch betrachtet besser ist als Energie aus Kohle, Öl oder Gas, auf jeden Fall, wenn wir davon ausgehen, dass das CO_2, das zum Beispiel aus holzbasiertem Bioethanol freigesetzt wird, wieder vom Wald aufgenommen wird. Ideal wäre ein geschlossener Kreislauf, der netto keinen Beitrag zur Atmosphäre liefert (wobei die Bäume natürlich keinen Unterschied zwischen »sauberem« CO_2 aus Bioethanol und »schmutzigem« CO_2 aus Öl machen).

Die Diskussion dreht sich in der Regel um die Frage, welcher Waldtyp am besten geeignet ist, um positiv auf die CO_2-Bilanz zu wirken: Ein intensiv bewirtschafteter Plantagenwald mit jungen, schnell wachsenden Bäumen oder ein alter, langsam wachsender Wald, in dem die

Natur ihren Lauf nimmt und alte, morsche Bäume von Pilzen zersetzt werden?

Die Antwort ist nicht so einfach, wie man glauben möchte. Natürlich binden schnell wachsende Bäume viel Kohlenstoff. Es dauert aber einige Jahre, bis sie eine Größe erreicht haben, bei der die CO_2-Aufnahme wirklich spürbar ist – und dann kommen bereits die Holzerntemaschinen und machen Platz für die nächste Generation. Entscheidend ist natürlich auch, was mit dem geernteten Holz passiert. Ein Großteil wird sicher zu Papier, und es dauert nicht lang, bis dieses seinen Kohlenstoff wieder an die Atmosphäre abgegeben hat. Ein bisschen länger dauert es beim Bauholz, aber kein Haus lebt ewig, sodass auch das keine langfristige C-Anlage darstellt.

Jedenfalls wächst der norwegische Wald bereits sehr rasch und nimmt jährlich etwa 25–30 Millionen Tonnen CO_2 auf, etwa die Hälfte unseres jährlichen Festlandsausstoßes.[68] Da mehr Wald zwangsläufig auch mehr CO_2 bindet, ist hier ohne Zweifel immenses Potenzial vorhanden. Allerdings kommt sogleich die zeitliche Perspektive mit ins Spiel. Die norwegischen Waldgebiete können zudem nicht unbegrenzt ausgedehnt werden, sodass das Potenzial in recht kurzer Zeit ausgeschöpft wäre.

Aber nicht nur der intensiv bewirtschaftete Wald bindet CO_2, sondern auch natürlich gewachsener Wald aus verschiedenen Baumarten unterschiedlichen Alters. Dieser Waldtyp scheint als Kohlenstoffspeicher sogar effektiver zu sein, wobei ein Großteil des Kohlenstoffs auch hier im Erdreich gespeichert wird. Der Schlüssel für die starke C-Bindung scheint aber eher bei den Pilzen als bei den Bäumen selbst zu liegen, obwohl es eine symbiotische Beziehung zwischen Mykorrhiza-Pilzen und den Wurzeln der Bäume gibt. Diverse Untersuchungen belegen, dass die Pilze für den größten Teil der Kohlenstoffspeicherung

68 http://ssb.no/natur-og-miljo/statistikker/klimagassn/aar-forelopige/2015-05-07.

im Waldboden verantwortlich sind. Da diese Pilze sich in altem, natürlich gewachsenen Mischwald am wohlsten fühlen, ist davon auszugehen, dass natürlich gewachsene Wälder einen besseren und langfristigen Job bei der Kohlenstoffspeicherung leisten.[69]

In Norwegen sind große Waldbrände eine Seltenheit, teils wegen fehlender Trockenheit, teils weil die Feuerwehr schnell vor Ort ist und die bewaldeten Gebiete recht klein sind. In Kanada sind die Wälder und damit auch die Waldbrände viel größer. Dort sind Brände auch an der Tagesordnung. Diese Brände haben sich als entscheidend für die Kohlenstofflagerung erwiesen. Es überrascht nicht, dass es immer wieder hitzige Diskussionen darüber gibt, ob die Brände gelöscht werden sollen oder ob man sie als Teil der natürlichen Waldökologie erachtet und damit einfach ausbrennen lässt.

Überraschender ist eher, dass ein Land wie Kanada, das weite Teile seines borealen Nadelwaldes unter Schutz gestellt hat, weltweit führend im Ölsandabbau ist, wodurch nicht nur der Wald und seine Vielfalt zerstört werden, sondern wodurch das Land überdies auf eine extrem ineffektive, verschmutzungsintensive Ölproduktion setzt. Dieser Widerspruch erklärt sich durch die Autonomie der verschiedenen, politisch sehr unterschiedlich aufgestellten Teilstaaten. Das Resultat ist etwa ebenso paradox wie die Verhältnisse in Norwegen vor einigen Jahren, wo man mit der einen Hand Millionen für den Schutz der Regenwälder ausgab, während man mit der anderen, via Ölfonds, in Firmen investierte, die denselben Wald rodeten. Zum Glück ist wenigstens das heute nicht mehr so.

Die Kohlenstoffbilanz des Waldes enthält diverse Posten, denn aus Zellulose- und Ligninpolymeren kann man unglaublich viele unglaublich verschiedene Produkte

69 Averill, C. et al. (2014): Mycorrhizamediated competition between plants and decomposers drives soil carbon storage. *Nature, doi:10.1038/nature12901.*

herstellen. Es ist faszinierend, wie aus dem eher langweiligen Lignin durch Aufspaltung eine schmackhafte Variante einer CHO-Verbindung entstehen kann, die den formellen Namen 4-Hydroxy-3-Metoxybenzaldehyd trägt. Das $C_8H_8O_3$ besteht aus einem Kohlenstoffring mit einem Sauerstoff-Atom, einer Hydroxyl-Gruppe (-OH) und einer Aldehyd-Gruppe (-OCH_3) und ist besser bekannt als Vanillin. Wir finden also Holz in Vanilleeis und Vanillesoße. Dies ist umso faszinierender, da Lignin auch der Grundstoff für ein paar weniger wohlschmeckende Sachen wie Asphalt, Beton oder Farbe ist. Auch Zellulose ist nicht ohne. Aus ihren Polymeren können Textilien oder Bioethanol entstehen. An dem Tag, an dem der Kohlenstoffkreislauf vom Wald über den Treibstoff zum CO_2 und zurück zum Wald geschlossen werden kann, hat die Waldwirtschaft allen Grund, stolz auf sich zu sein.

Die Rechnung umfasst aber auch ein paar Komponenten, die nicht direkt mit dem Kohlenstoff zu tun haben. Der Wald schafft Arbeitsplätze und die Holzprodukte, die wir brauchen, er ist aber auch Heimat für eine große biologische Vielfalt, die in monotonen Plantagenwäldern nicht zu finden ist. Eine der Arten, die sich immer wieder im Wald findet, ist der Mensch. Auch er scheint die älteren, vielfältigen und artenreichen Wälder vorzuziehen. Es gibt kein klares Fazit, wie der beste Wald aussieht, weil dies extrem vom Standpunkt und der jeweiligen Zielsetzung abhängt. Was die Bedeutung für das Kohlenstoffbudget angeht, deutet aber vieles daraufhin, dass der alte, natürlich gewachsene Wald massiv unterschätzt wird.

Viele Wissenschaftler gehen davon aus, dass der boreale Wald, im Gegensatz zum Regenwald, flächenmäßig wächst, wenn die Wärme weiter nach Norden hinauf reicht und den Dauerfrostboden auftaut. Das wird er auch, auf jeden Fall wird es zweifelsohne immer grüner, wenn Büsche und Kräuter weiter nach Norden vordringen. Der Wald selbst hat aber eine unsichere Zukunft. Satellitendaten zeigen, dass auch die nördlichen Wälder aufgrund von Rodung und zunehmender Bebauung bedroht sind. Im Moment ist der Flächenschwund aber noch marginal, jedenfalls im Vergleich zu dem, was weiter südlich passiert.

Ganz anders sieht die Kohlenstoffbilanz in tropischen Wäldern aus. Diese leben größtenteils von der Hand in den Mund und verfügen in der Regel nicht über die Möglichkeit, Kohlenstoff zu speichern. Auch wenn die Regenwälder der Erde noch immer größere Areale bedecken als der riesige boreale Nadelwaldgürtel, enthalten sie nur halb so viel Kohlenstoff. Die Erklärung dafür ist schlicht und einfach: Beinahe der gesamte Kohlenstoff befindet sich über der Erdoberfläche, also in den Bäumen selbst. Ein Teil davon steckt natürlich auch in den Wurzeln, aber wer je die Gelegenheit hatte, einen Spaten in den Boden eines Regenwaldes zu stechen, der weiß, dass jener meistens hart, durchmineralisiert und rot ist und damit ganz anders aussieht als die schwarze Erde, die man in nördlichen Wäldern findet. Blätter und Holz, die auf den Boden fallen, geben ihren Kohlenstoff innerhalb kürzester Zeit wieder direkt an die Atmosphäre ab, nachdem Insekten, Pilze und Bakterien ihr Festmahl beendet haben. Das Schicksal der Nadeln und Stämme im Norden sieht da ganz anders aus. Zwar findet auch dort Zersetzung und eine Freisetzung von Kohlenstoff in die Atmosphäre statt, aber ein großer Teil wird eingekapselt und endet als Humus im Boden. Die klassische Erklärung für diesen Unterschied lautet, dass durch die Kälte im borealen Gürtel der Zersetzungsprozess nicht mit der Kohlenstoffbindung Schritt halten kann, während in den feuchtheißen Tropen diese sehr schnell vonrangeht. Das ist zwar nicht ganz falsch, entscheidend ist aber vor allem die ganz unterschiedliche Pilzflora im Boden.

Erst vor Kurzem haben wir zur Gänze erkannt, dass die Pilze die große Dirigenten des Kohlenstoffkreislaufs im Boden sind. In den Tropen herrscht eine Pilzflora, die mit Leichtigkeit auch die komplexen Polymere in

Zellulose und Lignin zersetzen kann. Ist das einmal erledigt, greifen andere Pilze und Bakterien ein und das Zersetzungsfest beginnt. In den nördlichen Regionen überwiegen hingegen Braunfäulepilze, die in erster Linie an Nadelbäume, Eichen, Buchen und Birken gebunden sind.[70] Sie lassen einen Teil der Zellulose und den größten Teil des Lignins unzersetzt, was in Kombination mit den niedrigen Temperaturen dazu beiträgt, dass die Erde schwarz und kohlenstoffreich ist. Ein Regenwald im Gleichgewicht trägt also weder positiv noch negativ zum atmosphärischen CO_2 bei (und auch nicht zum O_2). Die Metapher, die Regenwälder seien die Lungen der Welt, ist also nicht nur deshalb unglücklich gewählt, weil Lungen nachweislich O_2 aufnehmen und CO_2 ausatmen.

Da immer mehr tropische Wälder gefällt oder verbrannt werden und der Kohlenstoff in die Atmosphäre entweicht (bei der Brandrodung sofort, beim Fällen erst später), ist es jedoch mehr als berechtigt, die Aufmerksamkeit auf die Regenwälder zu richten. Vielfältige Ökosysteme, deren Aufbau zig Millionen Jahre gedauert hat und die eine einzigartige Artenvielfalt beherbergen, sind im Laufe einer Zeitspanne, die historisch gesehen nicht mehr als ein Wimpernschlag ist, im Begriff, für immer verloren zu gehen. Hier steht mehr als »nur« das Klima oder der Kohlenstoff auf dem Spiel, aber da wir uns in diesem Buch dem Kohlenstoff widmen wollen, gehen wir jetzt nicht weiter auf all die farbenfrohen Papageien, die Tapire, Affen und Tausenden von anderen Arten ein.

Der Verlust dieser Wälder geht in unbeschreiblichem Tempo vor sich. Über beinahe die gesamte Menschheitsgeschichte hinweg haben die Regenwälder zwischen 10 und 15 Prozent der Erdoberfläche bedeckt.[71] Noch 1970 war der Wald größtenteils intakt. Damals betrug die Weltbevöl-

70 Hoiland, K., Ryvarden, L. (2014): *Er det liv er det sopp*. Gyldendal.

71 http://www.livingrainforest.org/about-rainforests/logging/.

kerung offiziell 3,692 Milliarden Menschen. Mittlerweile hat die Bevölkerungszahl sich verdoppelt, während das Areal des Regenwaldes auf die Hälfte geschrumpft ist. Allein zwischen den Jahren 2000 und 2012 verschwanden jedes Jahr 130.000 Quadratkilometer, eine Fläche von der Größe Griechenlands. Allein im größten Regenwald der Welt, im Amazonasgebiet, waren es zwischen den Jahren 2000 und 2010 volle 216.000 Quadratkilometer, was beinahe der Fläche Großbritanniens entspricht. Geht es in diesem Tempo weiter – wonach es weitestgehend aussieht – werden bald nur noch Regenwaldfragmente übrig sein. Und Fragmente von Regenwald werden bald kein Regenwald mehr sein.

Brasilien, die weltweit größte Regenwaldnation, hat ihren Namen übrigens von dem portugiesischen Wort *brasa* – was so viel heißt wie verbrannter Baum. Holzkohle ist eine alte Exportware Brasiliens, sie spielt bei der heutigen Energieversorgung neben all der Steinkohle allerdings kaum noch eine Rolle. Weniger marginal ist die Holzkohleproduktion allerdings für den Regenwald – und damit auch für den globalen Kohlenstoffkreislauf. Insgesamt werden pro Jahr etwa 1,35 Millionen Tonnen Holzkohle in der Welt verbraucht, eine verschwindend kleine Zahl im Vergleich zu den *7 Milliarden* Tonnen Kohle, die jährlich verfeuert werden. Trotzdem ist der Druck, der damit auf dem Amazonasurwald lastet groß, da die Holzkohle hauptsächlich für die Eisenindustrie vor Ort verwendet wird. Das größte Stahlwerk am Amazonas benötigt jedes Jahr allein 12 Millionen Festmeter Holz. Das entspricht in etwa einer Rodungsfläche von 200.000 Hektar.

Zurzeit scheint der Regenwald etwas mehr CO_2 aufzunehmen, als er abgibt, was auf den etwas paradox klingenden Eigendüngungseffekt zurückzuführen ist. Obwohl normalerweise Nährstoffe wie Stickstoff und Phosphor das pflanzliche Wachstum begrenzen, kann mehr CO_2 für eine gewisse Zeit zu einem verstärkten Wachstum führen. Das bedeutet, dass mehr CO_2 durch die Spaltöffnungen der Pflanzen aufgenommen wird und die Photosynthese auf Hochtouren läuft. Mehr Zucker wird produziert, mehr Polymere werden gespeichert. Das Resultat ist ein größeres Pflanzenvolumen, aber das passiert, ohne dass die entsprechenden anderen Mengen an Elementen aufgenommen werden können. Daher ist dieser Zuwachs für die Pflanzenfresser weniger gut zu verwerten, und der Abbau dieses pflanzlichen Materials geht langsamer vonstatten. Diese Situation kann zudem nur vorübergehend sein. Trotzdem trägt der Regenwald aktuell dazu bei, dass die Keeling-Kurve nicht noch steiler ansteigt.

Eine neue Studie am Amazonas geht von einer Aufnahme von 2,2 Milliarden Tonnen Kohlenstoff durch die Pflanzen aus. Dem steht eine C-Abgabe von nur 1,7 Milliarden Tonnen gegenüber. Es ist aber viel schwerer, die Kohlenstoffbilanz für den Amazonas als für meinen kleinen Waldsee zu berechnen. Das Kohlenstoffgleichgewicht im Amazonasgebiet zeigt überdies große Schwankungen zwischen trockenen und feuchten Jahren. In trockenen Jahren können netto bis zu 500 Millionen Tonnen CO_2 in die Atmosphäre gelangen. Der Regenwald am Kongo ist aufgrund der Trockenheit weniger grün und auch der Amazonasurwald wird trockener.[72] Einige Forscher fürchten, der Amazonas könne durch Rodung, Feuer und Zerstückelung in Kombination mit höheren Temperaturen und Trockenstress in eine Negativspirale geraten. Satellitenbilder zeigen auch, dass der Wald

72 Doughty, C. et al. (2015): Drought impact on forest carbon dynamics and fluxes in Amazonia. *Nature* 519: 78–82. Malhi, Y., Betts, R., Roberts, T. (Eds.) (2008): Climate change and the fate of the Amazon. *Roy. Soc. Phil. Trans. B.* 363. Zhou, L. et al. (2014): Widespread decline of Congo rainforest greenness in the past decade. *Nature* 509: 86–90. Hilker, T. et al. (2014): Vegetation dynamics and rainfall sensitivity of the Amazon. *PNAS* 111: 16041–16046.

nicht nur umfangsmäßig abnimmt, sondern seit 2000 immer weniger grün ist. Der Amazonas scheint echte Atemprobleme zu haben, und das kann damit enden, dass er – unter Umständen permanent – mehr CO_2 ausschwitzen als aufnehmen wird. Ein Albtraumszenario ist das allmähliche Austrocknen des ganzen Amazonas in Richtung einer kargen, pampasähnlichen Landschaft. Eine solche Veränderung würde sich deutlich auf den globalen Kohlenstoffhaushalt auswirken.

In dieser Gleichung ist C auf beiden Seiten vertreten. Jährlich trägt der Verlust des Waldes (Holz zu CO_2) mit 10–15 Prozent zu dem menschengemachten CO_2-Ausstoß bei. Aber warum? Niemand hat etwas gegen den Regenwald, aber die Menschen werden immer zahlreicher und verbrauchen mehr Ressourcen, und das auf eine falsche Art und Weise. Die Hälfte des weltweiten Regenwaldverlustes kann der vermehrten Nachfrage nach vier Produkten zugeschrieben werden: Palmöl, Soja, Holz / Papier und Fleisch. Letzteres wird zwar nicht direkt vor Ort durch Abweiden der gerodeten Flächen produziert, sondern mittelbar über den Import von Soja als Tierfutter. Norwegen ist – bezogen auf den einzelnen Einwohner bezogen – tatsächlich der weltweit drittgrößte Importeur von Soja. Mehr als 530.000 Tonnen Soja – hauptsächlich aus Brasilien – werden dort zu Kraft- und Fischfutter verarbeitet. Um diese Menge Soja zu produzieren, braucht es eine Fläche, die 17 Prozent der landwirtschaftlichen Nutzfläche Norwegens einnehmen würde. Somit trägt auch jeder Norweger zu der Entwaldung bei – ebenso wie jeder Einwohner eines anderen Landes, das Soja aus Brasilien importiert. Noch dazu kommt der Import von brasilianischem Rindfleisch. Wie man sieht, kennt der Kohlenstoffkreislauf viele Irrwege, und im globalisierten Waren- und Dienstleistungsverkehr muss man höllisch aufpassen, um jeden Posten richtig zuzuordnen. Sollte der

CO_2-Ausstoß aufgrund der Entwaldung für die Produktion von Palmöl, Soja und Fleisch wirklich nur Brasilien, Indonesien und Kongo zugeschrieben werden, oder muss auch jeder von uns einen Teil davon übernehmen?

Es gibt auch Regenwälder mit einem Kohlenstoffspeicher in der Tiefe. Je feuchter es ist, desto größer ist die Chance für sauerstofffreie Zustände, unter denen der organische Kohlenstoff nur zu kleinen Teilen zu CO_2 oxidiert wird. Die feuchtesten Gebiete im Amazonasurwald haben reiche Kohlenstofflager, aber nichts schlägt die Torfmoore in Indonesien, wo Kohlenstoff bereits seit Millionen von Jahren abgelagert wird. Diese Sumpfregenwälder sind die Heimat der Orang-Utans und Tausender anderer Arten, die es nirgendwo sonst auf der Welt gibt. Dieser Wald steht auf einem gigantischen Kohlenstofflager. An vielen Stellen ist die Torfschicht weit über 10 Meter dick und an manchen sogar bis zu 20. Indonesiens Torfmoore allein enthalten fast so viel Kohlenstoff wie der gesamten Amazonasregenwald. Wird der Wald gerodet und werden die Moore entwässert und im schlimmsten Fall in Brand gesetzt (Torfmoore können bis zu mehrere Monate brennen), wird der gesamte Kohlenstoff, der über Millionen von Jahren gespeichert wurde, auf einen Schlag zurück in die Atmosphäre geblasen.

Moore sind unterschätzte Ökosysteme. Lange sah man in ihnen nur dann einen Wert, wenn man sie entwässern, kultivieren und bepflanzen oder den Torf nutzen konnte. Die Feuchtgebiete und Moore der Welt werden schon seit Generationen stiefmütterlich behandelt und sind im großen Stil umgestaltet worden, weil sie fruchtbar waren. Wenn das Wasser erst fort war, wuchs dort alles ganz wunderbar.

Whittlesey Mere ist ein fruchtbarer Landstrich bei Petersborough nördlich von Cambridge.[73] Bis ins Jahr

73 Moore und Feuchtgebiete galten traditionell als ziemlich wertlos, bevor sie

1850 war Whittlesey Mere ein großer, flacher See, ja sogar der flächenmäßig größte in ganz Südengland. Dann wurde der bekannte niederländische Ingenieur Cornelius Vermuyden geholt, um zu tun, was niemand so gut konnte wie die Niederländer – er sollte das Wasser in Land verwandeln. Im Laufe weniger Jahre hatten Gräben, Kanäle, Dämme und Pumpen einen Großteil des Sees in fruchtbares Ackerland verwandelt. Kurz darauf kam dem lokalen Landbesitzer William Wells eine Idee, die vage an Keelings CO_2-Messung erinnerte. Wells hatte nach der Drainage bemerkt, wie das Land absank. Er ließ einen schweren Stahlpfosten einschlagen, bis dieser festen Grund erreichte, und verankerte ihn gründlich. Anfangs reichte der Pfosten bis knapp über den torfigen Boden, doch schon nach zehn Jahren ragte er 1,80 Meter aus dem Boden heraus. Seither hat sich das Absinken verlangsamt, aber die Spitze des Pfostens liegt mittlerweile vier Meter über Bodenniveau.

Während Keeling die zunehmende Kohlenstoffkonzentration in der Atmosphäre dokumentierte, war Wells' Messreihe eine Dokumentation des aus dem Boden verschwindenden Kohlenstoffs. Der Prozess begann mit der Austrocknung, in deren Folge die gewaltigen Kohlenstofflager des Feuchtgebiets oxidiert wurden. Sie verwandelten sich in CO_2 und lösten sich wortwörtlich in Luft auf. Es dauerte vermutlich an die 10.000 Jahre, die vielen Meter kohlenstoffreichen Moorboden durch Photosynthese aufzuhäufen, doch nur 150 Jahre, um sie zurück in CO_2 zu verwandeln. Das Prinzip ist dasselbe wie bei der Verbrennung von Kohle, Gas oder Öl: Der Kohlenstoff, der durch die Photosynthese über Millionen

entwässert wurden. Erst vor Kurzem haben wir erkannt, welch gewaltige Kohlenstofflager Moore sind und welche wichtige Leistungen als Ökosystem sie in Form der Wasserspeicherung leisten. Beispiele wie Whittlesey Mere und andere finden sich in dem preisgekrönten Buch: Juniper, T. (2013): *What has nature ever done for us?* Synergetic Press.

von Jahren im Boden gespeichert wurde, kehrt in kürzester Zeit als CO_2 in die Atmosphäre zurück. Wie viel Kohlenstoff durch die Oxidation von Whittlesey Mere in die Atmosphäre gelangte, ist schwer zu sagen, aber Berechnungen der jährlichen Ausgasung von CO_2 aus entwässerten Feuchtgebieten in England zufolge kann es sich um bis zu 6 Millionen Tonnen CO_2 pro Jahr handeln. Diese Zahl entspricht mehr als 15 Prozent der jährlichen CO_2-Emissionen Norwegens.

Was Moore als Ökosysteme vollkommen gratis in Form der Kohlenstofflagerung leisten, wird noch immer nicht anerkannt. An der Grenze zwischen den norwegischen Gemeinden Ullensaker und Nes liegt das Moor Flakstadmåsan. Dieses Moor wird aktuell im großen Stil entwässert, um Torf zu gewinnen. Wird ein Moor zerstört, werden große Mengen CO_2 freigesetzt. Man hat berechnet, dass allein durch die geplante Torfentnahme so viel CO_2 in die Atmosphäre gelangen wird wie durch 150.000 Autos in einem Jahr.[74] Es gibt zwar keine Methanausgasungen aus dem Moor mehr, wenn dieses erst verschwunden ist; dass die Kohlenstoffbilanz trotzdem negativ ausfällt, bezweifelt aber niemand. Jedes Jahr werden allein in Norwegen 500 Hektar (700 Fußballfelder) Moor bepflanzt, entwässert oder abgetragen. Ein großes Problem nicht nur für das Klima, sondern auch für die speziellen Ökosysteme, die Moore und Feuchtgebiete darstellen.

Ökosysteme, seien es nun Binnenseen, Meere, Wälder oder Moore, haben einen Kreislauf, der nachvollzogen und zumindest qualitativ erfasst werden kann. Die Quantifizierung ist nicht ganz so einfach, es gibt aber Grund zur Annahme, dass wir mittlerweile mit den richtigen Größenordnungen rechnen, was die Zufuhr und die Speicherung angeht. Der Kohlenstoff, der in diese haupt-

74 http://sabima.no/redd-myrene-vare.

sächlich biologischen Kreisläufe eingeht, variiert auf einer Zeitskala von Tagen (die CO_2-Konzentration in einem Wald ist aus verständlichen Gründen tagsüber niedriger als nachts), Jahren (Winter-Sommer), Jahrzehnten (Lebensalter der Wälder), bis zu Hunderten von Jahren (alte Wälder, Moore, Tiefsee). Wir sprechen hier über Prozesse und Zeiträume, die für uns nachvollziehbar und relevant sind. Diese Kreisläufe hängen ihrerseits wiederum mit größeren Kreisläufen auf ganz anderen Zeitskalen zusammen. Zoomen wir näher heran, so ist die Kohlenstoffbilanz des Amazonasregenwaldes zum Beispiel die Summe der Bilanzen der einzelnen Bäume, und diese wiederum sind das Resultat der zahlreichen Spaltöffnungen der Blätter und der Chloroplasten, nicht zu vergessen all die Insekten, Bakterien und weitere Lebewesen, die den Baum bewohnen. Die Forschung findet auf allen Ebenen statt und liefert Teile eines Kohlenstoffpuzzles, mit dem wir nie fertig werden. Um mit einer überschaubaren Anzahl an Puzzleteilen arbeiten zu können, müssen wir herauszoomen und einen größeren Maßstab wählen. Das Bild wird dadurch grobkörniger und hat weniger Pixel, dafür wird es aber übersichtlicher. Außerdem bekommen wir so ein paar der ersehnten Zahlen, sodass wir einschätzen können, ob 10 Tonnen oder 10 Gigatonnen viel oder wenig sind.

Der langsame Kohlenstoffkreislauf

Kohlenstoff gilt zu Recht als zentraler Baustein des Lebens, aber Kohlenstoff allein ist nichts wert – vorausgesetzt wir reden vom Leben und nicht von Diamanten. Das Leben erfordert eine Kombination der richtigen Zutaten zur richtigen Zeit am richtigen Ort. Ja, eigentlich besteht das Leben aus einer derart absurden Unübersichtlichkeit von komplexen Molekülen in einem vielschichtigen, miteinander verwobenen Netzwerk, dass man schnell auf Probleme stößt, sobald man auch nur eine der Komponenten entfernt. Dann gerät das Leben ins Stocken. Richtiges Leben braucht das Zusammenspiel *aller* beteiligten Komponenten. Und was ist mit dem magischen Funken, der alles erst in Gang setzte? Der Mensch hat viel Erfahrung darin, das Unerklärliche mit unbekannten, immateriellen Mächten zu erklären, was streng genommen nur das eine Unbegreifliche durch das andere ersetzt. Was die Entstehung des Lebens angeht, sollten wir genug Demut zeigen, um uns einzugestehen, dass wir eine endgültige Erklärung vermutlich niemals finden werden. Wir wissen jedoch genug, um zu erkennen, wie nach dem zufälligen, aber entscheidenden Übergang vom Nichtleben zum Leben alles, Schritt für Schritt, seinen kontinuierlichen Gang ging, bis hin zu komplexen Individuen mit Milliarden von Zellen.

Für das erste Leben mussten »nur« zwei Bedingungen erfüllt sein: Es musste eine Art stabile Einheit geben, am besten eine Oberfläche oder Membran, und es musste die Möglichkeit geben, sich selbst zu kopieren. Für die Kopien sind die Nukleinsäuren zuständig (DNA und RNA, wobei schwer zu sagen ist, welche davon zuerst kam). Das Virus steht am Übergang vom Unbelebten zum Lebendigen, es hat eine einfache Proteinmembran, die einen minimalistischen, aber ausreichenden DNA- oder

RNA-Strang umgibt. Das bedeutet aber nicht, dass es den Beginn des Lebens darstellt. Schließlich ist es abhängig von einem Wirt, es zeigt aber, wie subtil der Übergang zwischen unbelebt und belebt sein kann. Proteine können durchaus von Anfang an die Grundlage von Membranen sowie die Bausteine von fast allem anderen gewesen sein. Proteine sind an sich bereits komplexe, dreidimensionale und häufig große Moleküle, die aber nach einem einfachen Prinzip aufgebaut sind. Sie bestehen aus Aminosäuren, die durch chemische Bindungen miteinander verknüpft sind und auf diese Weise lange Ketten bilden. Es gibt insgesamt 20 verschiedene Aminosäuren, die sich jeweils in einem Teil ihrer Struktur unterscheiden und deren spezifische Abfolge einem genetischen Alphabet folgt, das aus nur vier Buchstaben besteht. Aber woher stammen die Bausteine in den Proteinen und Nukleinsäuren?

An dieser Stelle stoßen wir auf die Arbeiten von Harold Urey.[75] Der Zoologe Urey konvertierte zur Chemie, studierte unter Niels Bohr und wurde 1934 an der Columbia University Professor der Chemie. Nebenbei war er auch noch Direktor für Kriegsforschung am selben Institut und arbeitete in dieser Funktion am Atombombenprogramm der USA mit. Schon 1934 erhielt er den Nobelpreis für die Entdeckung des Deuteriums, besser bekannt als schwerer Wasserstoff. Ob dieser Teil seiner Vita ein Grund dafür war, dass Urey sich nach dem Krieg der Erforschung der Entstehung des Lebens widmete, ist schwer zu sagen.

1952 entwarf er mit seinem Studenten Stanley Miller ein Experiment, um zu überprüfen, inwieweit komplexe Moleküle unter Verhältnissen entstehen konnten, wie sie vor 4 Milliarden Jahren in der Frühgeschichte der Erde geherrscht haben mussten. Sie mischten Wasser, Methan, Ammoniak und Wasserstoff und versiegelten das Ganze

75 Arnold, J. R., Bigeleisen, J., Hutchison Jr., C. A. (1995): Harold Clayton Urey 1893–1981. *Biographical Memoirs* (National Academy of Sciences): 363–411.

in einer sterilen Fünf-Liter-Glasflasche, die mit einer weiteren, kleineren Flasche (Inhalt 0,5 Liter) verbunden war, in der sich Wasser befand. Die kleine Flasche wurde bis zum Siedepunkt erhitzt und der Wasserdampf strömte in die größere Flasche mit den »präbiotischen« Zutaten, also den Elementen, die vermutlich auf der noch jungen Erde vorhanden gewesen waren, bevor das Leben entstand. Die Mischung wurde wiederholt elektrischen Entladungen ausgesetzt, bis die Flaschen abgekühlt waren und die Versuche wiederholt wurden. Schon nach einem Tag hatte die Lösung eine rosa Farbe. Nach einer Woche wurde der Versuch beendet und die Lösung analysiert. Das Ergebnis war sensationell, denn die beiden Forscher fanden nicht weniger als elf verschiedene Aminosäuren, die allein in diesem einfachen Versuch entstanden waren. Dieses Experiment ist bis heute einer der berühmtesten Versuche in der Geschichte der Chemie.

Natürlich kann man mit Recht einwenden, dass dies noch kein Beweis für die Entstehung des Lebens ist. Trotzdem ist es faszinierend, dass eine reduzierte, simple Kohlenstoffverbindung, also CH_4, eine reduzierte Stickstoffverbindung (NH_3), Wasser und Wasserstoff ausreichen, um Aminosäuren zu bilden. Nach Millers Tod (2007) wurden die Flaschen wieder hervorgeholt, nachdem sie für 55 Jahre fixiert und versiegelt der Zeit getrotzt hatten. Sie wurden noch einmal mit fortschrittlicheren Methoden analysiert, als sie Urey und Miller zur Verfügung gestanden hatten, und dieses Mal zeigte sich, dass sich in den Flaschen nicht nur die Spuren von elf, sondern von allen zwanzig Aminosäuren fanden.

Den endgültigen Verlauf der Entstehung des Lebens werden wir nie kennen. Fakt ist aber, *dass* das Leben entstand – und der Rest ist Geschichte. Ausreichend stabile Einheiten mit der Fähigkeit sich selbst zu kopieren waren die Voraussetzung für den Beginn der Evolution. Diese hat letztlich Millionen unterschiedlicher Lebewesen hervorgebracht, die mit ihrem Anteil am Kohlenstoffzyklus alle dazu beigetragen haben, Bedingungen hier auf dieser Erde zu schaffen, unter denen Leben überhaupt erst möglich ist. Paradoxerweise waren es aber wohl gerade die lebensfeindlichen Bedingungen vor 4 Milliarden Jahren, denen wir die Grundlagen für die Entstehung des Lebens zu verdanken haben.

Wenn Urey einen Platz in der Geschichte des Kohlenstoffs verdient, dann ganz sicher nicht für seinen Beitrag zur Entwicklung der Atombombe. Und ebenso wenig für seine Forschungsarbeiten zur Zusammensetzung der Atmosphäre in der Erdfrühgeschichte oder die Entstehung der Grundvoraussetzungen für das Leben. Tatsächlich ist Ureys zentraler Beitrag in diesem Zusammenhang seine Arbeit zum Verständnis des geochemischen Kohlenstoffkreislaufs. Wie wir sehen werden, hängt dieser Kreislauf mit dem biologischen zusammen, ja, die Biologie ist so etwas wie ein Katalysator, um den langwierigen Verwitterungsprozess in Gang zu setzen.

Urey stellte sich die wichtige Frage, warum die Erdatmosphäre so verschwindend wenig CO_2 enthält. Bei den Schwesterplaneten der Erde, Mars und Venus, spielt das CO_2 eine wesentlich dominantere Rolle in der Atmosphäre. Auf dem Mars ist die Konzentration 30-mal höher und auf der Venus gar 300.000-mal höher als auf der Erde. (Die Gas-Zusammensetzung lässt sich bei den erdnahen Planeten recht exakt aus der Ferne bestimmen). Gleichzeitig finden sich auf der Erde enorme Mengen an Kohlenstoff, die in Gesteinen, Sedimenten und Kohle gebunden sind. Urey schloss daraus, dass es einen Mechanismus geben müsse, durch den das CO_2 permanent aus der Atmosphäre entfernt wird. In seinem Buch *The Planets*[76] schlug er folgende Erklärung vor:

76 Urey, H. C. (1952): *The planets – their origin and development*. Yale University Press, New Haven.

$CO_2 + CaSiO_3 \rightarrow CaCO_3 + SiO_2$, seither bekannt als die *Urey-Gleichung*.

Ein entscheidender Schritt des langsamen Kohlenstoffzyklus der Erde ist, dass CO_2 während des Verwitterungsprozesses in der Reaktion mit $CaSiO_3$ (oder ähnlichen Verbindungen) gebunden wird. Dabei entstehen Ca^{2+} und HCO_3^-, die von den Flüssen vom Land ins Meer gespült werden.

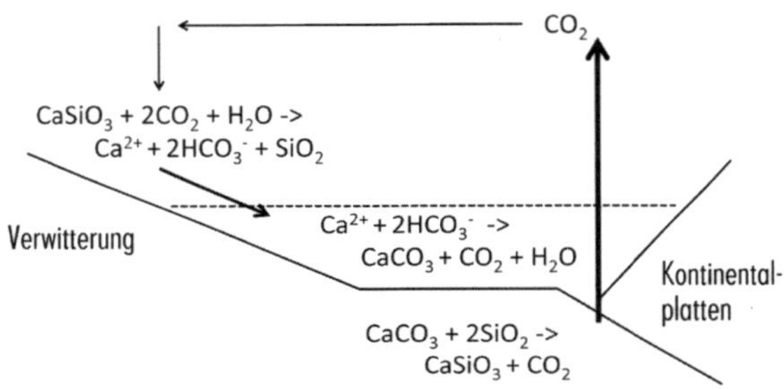

Abbildung 14: Die Kurzversion des langsamen geochemischen Kohlenstoffkreislaufs, in dem die Urey-Reaktion eine zentrale Position einnimmt. Atmosphärisches CO_2 wird durch den Verwitterungsprozess gebunden, wobei gleichzeitig wichtige Elemente für die Pflanzenproduktion freigesetzt werden. Im Meer kann zudem anorganischer Kohlenstoff ausgefällt werden. Dieser Kohlenstoff kann theoretisch auf ewige Zeit im Fels der Gebirge eingeschlossen bleiben. Ein Teil davon gelangt in der Regel aber auch in geologisch aktive Regionen, wo das Gestein schmilzt und das enthaltene CO_2 über die Vulkane wieder zurück in die Atmosphäre entweicht.

Dort wird ein kleinerer Teil des Kohlenstoffs Bestandteil des biologischen Kreislaufs, während der Großteil als $CaCO_3$ ausfällt, zu Boden sinkt und damit aus dem Kreislauf entschwindet. Dasselbe Schicksal kann den Kohlenstoff ereilen, der in den Kalkschalen der Algen oder Tiere landet und mit diesen zu Boden sinkt. An dieser Stelle sei noch einmal an die Steilküste bei Dover erinnert. Das Einzigartige daran sind nicht die großen

Mengen an abgelagertem Kalk, sondern die spektakuläre Art und Weise, in der dieser Kalk sichtbar wurde.

Ein Großteil der Meeressedimente wird auf ewige Zeit im Gestein der Gebirge eingeschlossen bleiben. Andererseits werden auch Berge durch Wasser und Erosion abgetragen, sodass ein beständiger Strom kleinster Teilchen in die Flüsse gelangt und letztlich irgendwann im Verlauf langer Zeit im Meer wieder zu Sediment wird. Gesteine, die organischen Kohlenstoff enthalten (petrogener, organischer Kohlenstoff), stellen den größten Teil dieser Partikel.[77] Ein gewisser Anteil des Kohlenstoffs darin wird im Kontakt mit Wasser und Luft wieder zu CO_2 oxidiert.

Einiges des gebundenen C im Grundgestein gelangt in geotektonisch aktive Regionen, wo hohe Temperaturen das Gestein backen, bevor Vulkane das CO_2 aus dem Erdinneren wieder in die Atmosphäre blasen.

Die Bewegungen der Erdkruste (Plattentektonik) sind ein zentraler Bestandteil des langsam wirkenden Thermostats, der langfristig mit einiger Wahrscheinlichkeit dazu beitragen wird, dass die globale Erwärmung oder die Übersäuerung der Meere sich im Rahmen halten werden. Wir müssen das allerdings aus einer Zeitperspektive von über 100.000 Jahren betrachten und dürfen nicht davon ausgehen, dass das Arteninventar auf der Erde von den Veränderungen in der Zwischenzeit unberührt bleibt. Viele Arten werden bis dahin ausgestorben sein, im schlimmsten Fall uns selbst eingeschlossen.

Was die Lithosphäre der Erde angeht, also das, was wir als »die steinerne Hülle« oder das »Grundgebirge« bezeichnen, so spielt der Kohlenstoff hier keine wichtige Rolle. Er befindet sich hier auf einem wenig spektakulären 15. Platz, weit von den Top 5 entfernt, die Sauerstoff,

77 Galy, V. et al. (2015): Global carbon export from the terrestrial biosphere controlled by erosion. *Nature* 521: 204–207.

Silizium, Aluminium, Eisen und Calcium unter sich ausmachen. Das Grundgebirge der Erde enthält gerade einmal 0,03% Kohlenstoff. Die Konzentration ist ähnlich niedrig wie in der Atmosphäre. Im gesamten Universum ist wenig Platz für anderes als Wasserstoff (91%) und Helium (9%). Hier nimmt der Kohlenstoff auch nur rund 0,02% ein.[78] Diese Zahlen gelten allerdings nur, wenn wir die dunkle Materie außen vor lassen. Sie macht vermutlich 63% der angenommenen konkreten Materie aus, ganz zu schweigen von der sagenumwobenen dunklen Energie, die ihrerseits noch dreimal mehr Materie enthalten soll. Aus diesem Blickwinkel betrachtet, ist der Kohlenstoff ebenso unbedeutend, wie auch wir selbst uns unter einem klaren Sternenhimmel fühlen könnten. Richten wir den Fokus aber wieder auf die Biosphäre, also die Summe aller Ökosysteme, nimmt der Kohlenstoff schnell wieder eine Spitzenposition ein (gleich nach dem Wasser).

Obgleich der Kohlenstoffanteil im Gestein gering ist, hat er große Bedeutung für den Kohlenstoffkreislauf. Was tief unten im Grundgebirge verborgen liegt, hat außer in vulkanisch aktiven Zonen nur geringe Chancen, jemals das Tageslicht zu sehen. In geologischen Zeiträumen, in denen Gebirgsketten aufgetürmt werden und wieder erodieren, nimmt aber zumindest teilweise auch das in den Gebirgen eingeschlossene C im Kontakt mit CO_2 und Wasser über die Urey-Reaktion am großen Kreislauf teil. Diese Verwitterungsreaktion spielt eine entscheidende Rolle als langfristiger Thermostat der Erde, indem sie gleichzeitig CO_2 bindet und für die Biosphäre lebenswichtige Minerale freisetzt.

Könnte die unendlich langsame Kohlendioxid-Aufnahme durch die Verwitterung beschleunigt werden, wären viele Probleme gelöst. Aber ist das überhaupt möglich?

78 Hier sei noch einmal auf David Archer: *The global Carbon Cycle*, und Eric Roston: *The Carbon Age* verwiesen.

Erdgeschichtlich betrachtet gab es bislang zwei Prozesse, durch die die Verwitterung angetrieben wurde. Durch die Bildung der Gebirgsketten werden große Mengen »frischen« Gesteins Wetter, Wind und CO_2 ausgesetzt. Außerdem werden an steilen Bergflanken Silizium und Phosphor schnell abtransportiert und ins Meer getragen, wo sie als Dünger wirken.[79] Der Düngeeffekt bewirkt dann seinerseits eine verstärkte Bindung von CO_2 sowohl durch eine verstärkte Erosion als auch durch eine höhere Algenproduktion im Meer. Die Bildung des Himalayas trug offenbar durch den oben beschriebenen Prozess zu einer Abkühlung der Erde bei. Besonders rasch ging diese allerdings nicht vor sich. Als die indische und die eurasische Platte vor 50 Millionen Jahren zusammenstießen, erfolgte ein Großteil der folgenden Gebirgsbildung im Laufe von »nur« 10 Millionen Jahren. Die Geologen fasziniert diese wahnwitzige Geschwindigkeit, aber da unsere Zeit begrenzt ist, müssen wir auf andere Dinge setzen, um unsere Probleme in der zur Verfügung stehenden Zeit zu lösen.

Olivin ist ein Mineral aus dem Inneren der Erde, das auf seinem Weg an die Erdoberfläche nicht nur eine Quelle für Methan darstellt, sondern auch CO_2 freisetzt. Die Gase kochen bei den hohen Temperaturen quasi aus dem Gestein heraus, sodass die Mineralmasse, wenn sie die Erdoberfläche erreicht, einen regelrechten Hunger

79 Die Klimaregulation durch Vegetation, Erosion, und die Reaktionen von Elementen wie Kohlenstoff, Stickstoff und Phosphor ist immer wieder faszinierende Lektüre. Siehe hierzu: Buendia, C. et al. (2014): On the potential vegetation feedbacks that enhance phosphorus availability – insights from a process-based model linking geological and ecological timescales. *Biogeosciences*, 11: 3661-3683. Lenton, T. M. (1998). Gaia and natural selection. *Nature* 394: 439-447. Lenton, T. M. (2001): The role of land plants, phosphorus weathering and fire in the rise and regulation of atmospheric oxygen. *Global Change Biol.*, 7: 613–629. Lenton, T. M., Watson, A. J. (2000): Redfield revisited: 1. Regulation of nitrate, phosphate, and oxygen in the ocean. *Global Biogeochemical Cycles* 14: 225-248.

auf CO_2 hat. Wie die Calciumsilikat-Minerale nimmt Olivin deshalb Kohlenstoff auf. Es fungiert wie ein extrem langsamer Schwamm, der CO_2 aufsaugt. Wenn es gelingt, eine Methode zu finden, mit der man dem Olivin helfen kann, die Kohlenstoff-Aufnahme zu steigern, würde das verfügbare freie Olivin in der Lage sein, den CO_2-Ausstoß für rund 3000 Jahre zu kontrollieren. Die Voraussetzung ist aber, dass wir alles verfügbare Olivin bis in eine Tiefe von 5000 Metern mit CO_2 reagieren lassen. Der Nachteil ist, dass Olivin genau wie ein trockener Schwamm aufgeht, wenn es CO_2 aufnimmt, und dabei sein Volumen um 80 Prozent vergrößert, was eine Anhebung des Terrains um einige Hundert Meter ausmachen würde. Das ist also auch keine optimale Lösung.

Anthropozän

In den 1980er Jahren gab es eine Umweltbedrohung, die die »Klimakrise« überschattete, deren Tragweite damals außerhalb des Wissenschaftsbetriebes noch gar nicht recht bekannt war. Das Ozonloch, also der rasche Abbau der schützenden Ozonschicht in der Stratosphäre, etwa 30 Kilometer über der Erdoberfläche, verursacht durch vom Menschen freigesetzte Fluorchlorkohlenwasserstoffe (FCKW), die das Ozon (O_3) zersetzen.

Paul Crutzen beschrieb als erster diesen Prozess, wies auf das hohe Risiko hin und sorgte mit seinem Engagement letztlich dafür, dass die FCKW vom Markt verschwanden. Dafür wurde er verdienterweise mit dem Nobelpreis ausgezeichnet. Für Crutzen war der Abbau der Ozonschicht nur eines von vielen Beispielen dafür, wie der Mensch durch Überbevölkerung, Ressourcenverbrauch und wenig weitsichtige Intelligenz in der Lage ist, den Planeten auf fundamentale Weise zu verändern. Wir waren schon damals auf dem Weg in eine neue geologische Epoche, die am besten durch die Anwesenheit des *Homo sapiens* charakterisiert werden kann.

Crutzen lancierte den Begriff *Anthropozän* auf einer Konferenz, auf der der Tagungsleiter immer wieder auf das Holozän verwies, die »aktuelle« geologische Epoche, deren Beginn man auf das Ende der letzten Eiszeit, vor 12.000 Jahren, festgesetzt hat. »Stopp«, platzte Crutzen hervor. »Wir sind nicht mehr im Holozän, wir sind im Anthropozän.« Crutzen erläuterte den Begriff 2002 in dem *Nature*-Artikel *Geology of Mankind*.[80] Als Begründung für seine Einführung führte er an:

80 Crutzen, P. (2002): Geology of mankind. *Nature* 415: 23.

1. Die menschliche Aktivität hat zwischen einem Drittel und der Hälfte der Erdoberfläche massiv verändert.
2. Die meisten großen Flüsse der Erde wurden in ihrem Lauf verändert.
3. Die Düngemittelindustrie bindet mehr atmosphärischen Stickstoff als alle Landökosysteme der Welt zusammen.
4. Die Fischerei nutzt ein Drittel der gesamten Primärproduktion aller Küstengewässer.
5. Wir nutzen heute mehr als die Hälfte der weltweit zugänglichen Süßwasserreserven.
6. Wir verändern die Gaszusammensetzung der Atmosphäre auf dramatische Weise.

Man könnte zu dieser Liste noch einige Punkte hinzufügen, zum Beispiel das Artensterben und die Tatsache, dass wir im Laufe von nur 40 Jahren den Tierbestand der Welt um durchschnittlich 50 Prozent verringert haben. Das Anthropozän hat heute einen halb offiziellen Status. Es gibt ein eigenes Journal mit Fachartikeln, die unterschiedliche Bereiche der menschlichen Beeinflussung beleuchten. Der Begriff ist also etabliert.[81] Offen ist die Frage nach dem Beginn des Anthropozäns. Legt man diesen auf den Beginn der ersten Landwirtschaft vor 10.000 Jahren? Oder beginnt man mit der Ausrottung der Megafauna? Oder soll man erst in der neueren Zeit mit der dokumentierten Zunahme der CO_2-Konzentration Anfang der 1960er Jahre ansetzen? Es gibt auch Stimmen, die fordern, die Epoche symbolisch mit dem Abwurf der Atombombe über Hiroshima am 6. August 1945 beginnen zu lassen. Die Ökosysteme und den Kohlenstoffkreislauf haben wir zwar auch schon viel früher beeinflusst, aber spätestens seit der Nachkriegszeit sind wir unwiderruflich

81 Lewis, S. L., Maslin, M. A. (2015): Defining the Anthropocene. *Nature* 519: 171–180.

die treibende Kraft bei der weiteren Entwicklung der Erde. In erdgeschichtlichen Zeiträumen betrachtet, spielt es allerdings keine Rolle, ob das Anthropozän nun vor 10.000 Jahren, 1945 oder 1960 begann. Wir befinden uns so oder so im Zeitalter des Menschen, und unsere globale Beeinflussung der biogeochemischen Zyklen ist der beste Beweis dafür. Wir haben die Mobilisierung von Phosphor vervierfacht und den Umsatz von Stickstoff beinahe verdoppelt. Kopfzerbrechen bereitet uns aber der nur gering veränderte Kohlenstoffkreislauf.

Die jährliche Massenbilanz des Kohlenstoffs ist in groben Zügen in Abbildung 15 dargestellt. Mehr als die Kurzfassung einer Kurzfassung ist das aber nicht.

Bilanzen sind in der Regel wenig spannend, außer man ist Rechnungsprüfer – dass sie nützlich sind, bezweifelt aber niemand. Manch einer versteckt seine Rechnungen trotzdem unter dem Bett und hofft darauf, dass

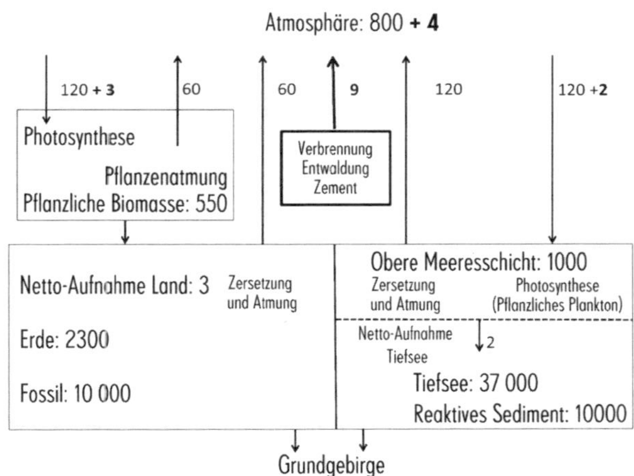

Abbildung 15: Die weltweite Kohlenstoffbilanz in groben Zügen. Die Zahlen in den Boxen und im Bereich Atmosphäre geben die Kohlenstoffmengen an. Die Pfeile zeigen die jährlichen Ströme. Die dicken Pfeile, Boxen und Zahlen stellen den menschlichen Beitrag dar. Alle Einheiten in Gigatonnen (Gt) C.

sie auf magische Weise verschwinden, ganz ähnlich, wie wir es mit unserer Kohlenstoffbilanz tun. Wirtschaft und Ökologie haben vieles gemeinsam, wenn sie auch bisher in getrennten Welten operiert haben.

Kohlenstoff und Klima bringen die Disziplinen in letzter Zeit aber immer öfter zusammen, wobei es immer wieder um unsere Rolle in der Kohlenstoffbilanz geht. Wir müssen deshalb ein paar Zahlen erdulden, um zu erkennen, was auf welche Weise zusammenhängt.

Wenn wir alle Anteile des Kohlenstoffs aus Meer, Land, Atmosphäre und Vegetation addieren, erhalten wir rund 42.000 Gigatonnen Kohlenstoff. Eine Gigatonne sind 10^9 oder eine Milliarde Tonnen. 42.000 Milliarden Tonnen sind eine ganze Menge, entsprechen jedoch nicht mehr als 0,06 Prozent des Kohlenstoffs, der für alle Ewigkeit mineralisch im Grundgebirge gebunden ist. Für uns in erster Linie relevant sind der Kohlenstoff, der in dem kleinen (oder schnellen) Kreislauf in der Biosphäre zirkuliert, und die Frage, wie dieser auf unsere Eingriffe in die Ökosysteme und den zusätzlichen CO_2-Ausstoß in die Atmosphäre reagiert.

Ein Großteil der 42.000 Gigatonnen Kohlenstoff, nämlich 37.000 Gigatonnen, sind außer Reichweite und befinden sich in der Tiefsee. Der Rest teilt sich folgendermaßen auf: Das Festland enthält insgesamt 2.300 Gigatonnen Kohlenstoff, davon 550 Gigatonnen Kohlenstoff in der Vegetation und 1.750 Gigatonnen Kohlenstoff im Boden oder anderem toten organischen Material. Jedes Jahr atmet die Landfläche 120 Gigatonnen Kohlenstoff aus, nimmt in derselben Zeit mit 123 Gigatonnen Kohlenstoff aber etwas mehr auf, etwa gleich verteilt auf Boden (ca. 60 Gt) und Vegetation.

Das Meer enthält etwa 1.000 Gigatonnen Kohlenstoff in den oberen Wasserschichten (wo die Produktion stattfindet), in der Regel als anorganischer Kohlenstoff in Form von CO_2, Carbonat oder Bicarbonat. Dieser steht im Austausch mit der Atmosphäre, und wie die Landfläche helfen uns auch die Meere, die CO_2-Zunahme in der Atmosphäre auszugleichen. Die Meere atmen 90 Gigatonnen Kohlenstoff pro Jahr aus und nehmen 92 Gigatonnen Kohlenstoff auf. Die jährliche Aufnahme durch Algen beträgt 50 Gigatonnen Kohlenstoff; dieses CO_2 wird damit Teil des Ökosystems. Von diesen 50 Gigatonnen kehren etwa 40 als CO_2 zurück in die Atmosphäre, während der Rest in das enorme Kohlenstoffreservoir am Boden der Tiefsee wandert. Dort wird der Großteil des Kohlenstoffs von Bakterien aufgenommen und als CO_2 ausgeschieden, das dann irgendwann auch wieder den oberen Wasserschichten zur Verfügung steht.

Die Atmosphäre enthält zurzeit[82] 800 Gigatonnen Kohlenstoff (die Zahl muss ständig nach oben korrigiert werden und liegt jetzt sicherlich schon höher). Das ist nur etwas mehr als der an Land gebundene Kohlenstoff und deutlich weniger, als sich in Erde und Meer befindet. Der »Atem« der Ökosysteme macht dabei etwa 20 Prozent des Kohlenstoffgehalts der Atmosphäre aus. Die wichtigste Lehre, die wir daraus ziehen sollten, ist, wie empfindlich der CO_2-Gehalt der Atmosphäre auf Veränderungen des Kohlenstoff-Gleichgewichts in den Ökosystemen reagiert. Dass wir uns in einer Zeit befinden, in der das Gleichgewicht in Schieflage geraten, aber trotzdem noch einigermaßen stabil ist, zeigt nur, dass man manchmal mehr Glück als Verstand hat. Von unserem jährlichen Ausstoß von ca. 9 Gigatonnen Kohlenstoff nehmen Landflächen und Meere etwa 5 auf, sodass die jährliche Kohlenstoffzunahme der Atmosphäre nur 4 Gigatonnen beträgt.

Es ist wohl allen klar, dass diese Zahlen nicht vollkommen exakt sein können. Nicht alle Kohlenstoffströme lassen sich messen. Aber die Größenordnungen stimmen,

82 Stand 2014.

und sie zeigen, dass die 800 Milliarden Tonnen Kohlenstoff in der Atmosphäre uns zwar als viel erscheinen mögen, aber nicht viel sind im Vergleich zu dem in Wald, Boden und Meeren gespeicherten oder gar im Vergleich zu dem jährlich durch biologische und physikalisch-chemische Prozesse umgesetzten Kohlenstoff.

Man kann sich die Atmosphäre wie eine Badewanne vorstellen. Die meisten Badewannen, auf jeden Fall die älteren Modelle, haben einen Sicherheitsabfluss nahe am oberen Rand der Wanne, damit es keine Überschwemmung gibt, sollte man einmal vergessen, das Wasser abzudrehen. Solange man nicht mehr einlaufen lässt, als dieser Sicherheitsabfluss aufnehmen kann, hält sich das Wasserniveau stabil und man verliert nur das zufließende Wasser. Eine Wanne fasst viel Wasser, aber wenn durch den Wasserhahn mehr Wasser zufließt als durch den Sicherheitsabfluss abfließt, wissen wir, was passiert. Dann verlieren wir nicht einfach nur ein bisschen Wasser, sondern es wird richtig teuer. Bis jetzt helfen uns die Ökosysteme mit einer Nettoaufnahme von CO_2. Dass der CO_2-Gehalt der Atmosphäre trotzdem zunimmt, liegt an unserem CO_2-Ausstoß. Nehmen wir das Bild der Wanne, wäre unser Ausstoß ein kleiner Extra-Wasserhahn, »dank« dem mehr Wasser zufließt, als abfließen kann.

Es gibt auch noch ein paar andere Kohlenstofflager, die strenggenommen weder der Welt der Mineralien noch dem Pflanzen- oder Tierreich zuzurechnen sind. Ich meine Kohle, Öl und Gas. Ihr Ursprung ist natürlich die Biosphäre. Rohöl wird auch als Mineralöl bezeichnet, es ist aber definitiv biologischen Ursprungs. Dieser fossile Kohlenstoff macht global betrachtet nur wenig aus (insbesondere im Vergleich zu $CaCO_3$ im Gestein), im Vergleich zu dem Kohlenstoff in der Atmosphäre sind diese Lagerstätten aber nicht unerheblich. Die IEA (International Energy Agency) schätzt die weltweit verbleibenden Kohlereserven auf etwa 900 Milliarden Tonnen, die bei dem heutigen Verbrauch von etwa sieben Milliarden Tonnen jährlich in etwa 128 Jahren aufgebraucht sein werden.[83] Da der jährliche Kohleverbrauch jedes Jahr zunimmt, sind das optimistische Hochrechnungen. Die Berechnungen der World Coal Association[84] gehen bei gleichbleibendem Verbrauch von nur 100 Jahren aus. Das Wort »optimistisch« ist eigentlich mehr als irreführend. Man sollte eher »pessimistisch« sagen, denn wir dürfen es uns keinesfalls erlauben, auch nur kleine Teile dieser verbliebenden Ressourcen zu nutzen. Mindestens zwei Drittel der verbleibenden Kohle *muss* im Boden bleiben. Mit der Kohlenutzung sollte deshalb in spätestens 30 Jahren Schluss sein.

Mehr als die Hälfte des weltweiten jährlichen Kohleverbrauchs geht derzeit auf das Konto von China. Es ist ein unbestätigtes Gerücht, dass China jede Woche ein bis zwei neue Kohlekraftwerke eröffnet (Stand 2014). Ein Teil dieser neuen Kraftwerke ersetzt aber alte, ineffiziente Kraftwerke, und es sollte in diesem Zusammenhang auch erwähnt werden, dass China in vieler Hinsicht besser ist als sein Ruf. Kohle ist der kohlenstoffintensivste Brennstoff aller fossilen Energieträger, sodass die Verbrennung von Kohle eine der Hauptquellen für Klimagase darstellt. Kohle ist aber nicht gleich Kohle, es gibt, abhängig von Herkunft und Bildungsart, große Unterschiede in Qualität und Kohlenstoffgehalt. Braunkohle oder Torf enthält am wenigsten Kohlenstoff (65–80 Prozent) und ist am wenigsten energieeffektiv. Die sogenannte Fettkohle enthält 80–90 Prozent Kohlenstoff, während die qualitativ beste Kohle (Anthrazit) mit 90–98 Prozent C fast reiner Kohlenstoff ist. Diese Kohle ist natürlich am energiein-

83 International Energy Agency, *World Energy Outlook*, 2014. http://www.bp.com/en/global/corporate/about-bp/energy-economics/statistical-review-of-world-energy.html.

84 http://www.worldcoal.org.

tensivsten. Grob gerechnet ergibt die Verbrennung von einem Kilogramm (kg) Kohle etwa 3 kg CO_2.

Bezüglich des Öls schätzt British Petroleum (BP), dass es weltweit noch 1,7 Milliarden Barrel gibt, was neuesten Berechnungen zufolge unseren Verbrauch noch 53 Jahren decken wird.[85] Ein Barrel sind 159 Liter. Bei der Verbrennung eines Barrels Öl fallen etwa 320 kg CO_2 an, aber das Öl wird nur selten direkt verbrannt, und bei der Verbrennung von Benzin oder Diesel fallen pro Liter 2,3 resp. 2,7 kg CO_2 an. Umgerechnet auf ein Kilogramm (kg) Benzin oder Diesel (1 Liter Benzin wiegt nur 750 Gramm, Diesel etwas mehr) entstehen bei der Verbrennung 1,7 bzw. 2,2 kg CO_2. Das sind deutlich bessere Werte als die 3 kg CO_2 bei einem Kilogramm verbrannter Kohle. Aber auch Öl ist nicht gleich Öl. Hier ist besonders entscheidend, woher es stammt. Öl aus dem Amazonasgebiet hat eine wesentlich schlechtere Umweltbilanz als Öl aus der Nordsee, da das Amazonas-Öl zusätzlich noch die Rodung des Urwalds bedingt, die Artenvielfalt reduziert und häufig auch noch auf Kosten indigener Völker gewonnen wird. Noch dazu werden Wasser und Meer verschmutzt. Die Ölsandgewinnung in Kanada bringt vergleichbare Probleme mit sich, und die Ölförderung im Niger-Delta ist in puncto Umweltverschmutzung kaum zu toppen. Kommen wir zu Äquatorialguinea: Auch in diesem bitterarmen Land ist die Ölförderung höchst kritisch zu sehen, da der gesamte Gewinn in den Taschen des Diktators und seiner Elite landet.

Die Erdgasförderung ist ohne Zweifel deutlich sauberer, es ist aber noch schwieriger, die Größe der verbleibenden Gasvorkommen einzuschätzen. Was den CO_2-Ausstoß pro Energieeinheit angeht, hält Kohle den wenig attraktiven ersten Platz (etwas abhängig von der

85 http://www.bp.com/content/dam/bp/pdf/statistical-review/statistical_review_of_world_energy_2013.pdf.

Kohleart), deutlich vor Öl und Gas. Bei der Verbrennung von Erdgas fällt im Vergleich zu Kohle nur etwa die halbe CO_2-Menge an. Bei Gas stellt allerdings der Transport ein Problem dar. Ebenso wie bei der Gasförderung gehen hier stets gewisse Anteile verloren. Eine Studie der weltweiten Gasverluste[86] schätzt ihren Umfang so hoch ein wie die gesamte jährliche norwegische Erdgasförderung.

Von allen fossilen Energiequellen ist das Gas trotzdem noch die beste; »grün« ist es damit aber noch lange nicht. Manchmal komme ich an Tankstellen vorbei, die mit Bio-Sprit werben, weil in dem Kraftstoff ein paar Prozent Bioethanol enthalten sind. »Bio« im Sinne von ökologisch unbedenklich ist es damit aber noch lange nicht. Dass etwas weniger schädlich ist, heißt nicht automatisch, dass es gut ist.

Bevor wir nun zu den Vergleichsberechnungen kommen, müssen wir anmerken, dass es dieselben Ausstoß-Berechnungen auch mit ganz anderen Ergebnissen gibt. Insbesondere was die Hochrechnungen der noch verbliebenen fossilen Reserven angeht, gibt es unterschiedliche Ansätze und Vorgehensweisen. Auch dürfen wir nicht vergessen, dass manch einer bei diesen Berechnungen ganz eigene Interessen verfolgt und die Ergebnisse deshalb klein oder groß rechnet. Dazu kommt die Tatsache, dass immer neue Vorkommen entdeckt werden, dass die Förderungstechnik verbessert wird oder neue Arten von ölhaltigen Schichten, wie zum Beispiel Ölsand und Schiefergas, für den Abbau erschlossen werden.

Hinzu kommen noch Missverständnisse, durch die sehr verschiedene Ergebnisse möglich sind. Denn man kann den Ausstoß als Kohlenstoff, CO_2 oder CO_2-Äquivalente angeben. Die Angabe als reiner Kohlenstoff (C) ist am logischsten, weil der Kohlenstoff ja auch verbrannt

86 Brandt, A. R. et al. (2014): Methane Leaks from North American Natural Gas Systems. *Science* 343: 733–735.

wird und sich dadurch erst mit dem Sauerstoff verbindet. Andererseits ist die Konzentration des CO_2 als Klimagas für uns entscheidend. Da zu dem C-Atom zwei O-Atome mit einem Atomgewicht von 16 hinzukommen, beträgt das Gewichtsverhältnis C : CO_2 = 12 : (12 + 16 + 16), also 12 : 44. Das heißt, CO_2 ist 3,667-mal schwerer als reines C, sodass aus einer Tonne C 3,667 Tonnen CO_2 werden. Beim CO_2 macht es also einen großen Unterschied, ob wir den Ausstoß als C oder CO_2 angeben. Beim Methan (CH_4) ist der Unterschied viel geringer, da das C hier 75 Prozent des Molekülgewichts ausmacht. Äquivalente werden genutzt, wenn andere Gase wie CH_4 oder N_2O in die Treibhausrechnung Eingang finden sollen. In diesem Fall ist es sinnvoll, diese Gase auf CO_2 umzurechnen, da ihr Erwärmungspotenzial pro Molekül 25- resp. 300-mal höher ist als bei CO_2. Betrachten wir den klimatischen Fußabdruck einer Ware oder einer Dienstleistung – oder von uns selbst (was wir im Schlusskapitel tun werden) –, so enthalten all diese Rechnungen CO_2, viele aber eben auch CH_4 und N_2O. Geht es um den Beitrag der Landwirtschaft zum Klimawandel, müssen alle Faktoren als Äquivalente gerechnet werden, weil der relative Beitrag von N_2O und CH_4 oft höher ist als der reine CO_2-Ausstoß.

Wenn wir die verbleibenden Reserven an Kohle, Gas und Öl nehmen und den durch ihre komplette Verbrennung erzeugten Ausstoß in CO_2-Äquivalente (CO_2e) umrechnen, ist das Ergebnis wie folgt:

Kohle: 1470 Milliarden Tonnen CO_2e; Öl: 530 Milliarden Tonnen CO_2e; Gas: 520 Milliarden Tonnen CO_2e. Die Summe beträgt 2520 Milliarden Tonnen CO_2e. Wir haben lange darüber diskutiert, wie lange die verbliebenen Ressourcen *ausreichen* werden. Dabei lautet die eigentliche Frage, wie lange diese Ressourcen noch genutzt werden *sollten*. Oder anders formuliert: Wie viel dieser Ressourcen dürfen wir noch in CO_2 umwandeln? Auch darauf gibt es eine Antwort, aber dazu später mehr.

Kreisläufe setzen voraus, dass etwas zirkuliert, und wie beim Geld kann das mal schneller und mal langsamer vor sich gehen. Auch die Ökonomen interessieren sich dafür, was die Wirtschaft antreibt und analysieren dafür Zinsen, Aktienkurse und Immobilienpreise. Doch auch die Psychologie ist unverzichtbar. Durch Angst oder Panik können Trends zu einer wirtschaftlichen Katastrophe führen (wenn zum Beispiel alle Aktionäre denken, dass sie schnell verkaufen müssen, um ihre Verluste zu minimieren). Es handelt sich bei diesen Prozessen um sich selbst verstärkende Wechselwirkungen. Jeder weiß, dass es diese Prozesse gibt, aber niemand, nicht einmal der überbezahlteste Broker, kann sagen, wann und wie so etwas passieren wird. Es gibt aber auch andere Einflüsse, Effekte, die wie ein Thermostat wirken und Trends umkehren, wie wenn mutige Investoren plötzlich wieder zu kaufen beginnen, kurz bevor der Tiefpunkt erreicht ist, und die Kurse erneut in die Höhe treiben und dadurch andere Käufer mitreißen.

Wirtschaft und Ökologie haben überraschend viele Parallelen. In beiden Disziplinen spielen rationale Akteure, Optimierungstheorie, Spieltheorie und Analysen von Schwingungen und Schwankungen jeweils eine wichtige Rolle. Es gibt aber auch Unterschiede. Mit einem großen Finanzvolumen ist es möglich, ökonomische Schwankungen auszugleichen oder zu dämpfen, außerdem lässt es sich mit wirtschaftlichen Katastrophen durchaus leben, während wirklich große *ökologische* Katastrophen weitaus schlimmere Konsequenzen haben können. Von der Natur sind wir vollständig abhängig, vom Geld eher nicht. Umso wichtiger ist die Frage, ob wir den Kohlenstoffthermostat der Erde in Gänze verstehen und inwieweit wir uns auf ihn verlassen dürfen.

Gaia und die Rückkopplungen

Es ist immer eine besondere Freude, auf die lange Geschichte der Wissenschaft zurückzublicken und zu sehen, wie dank Wissen und Inspiration neue Höhen und Erkenntnisse erreicht werden. Eines der Resultate, die meine eigene Forschung auf dem Gebiet der ökologischen Stöchiometrie inspiriert haben, also der Forschung über das relative Mengenverhältnis im Leben und in den Ökosystemen, ist das von Alfred Redfield besprochene Molekül $C_{106}N_{16}P_1$. Doch bereits lange bevor Redfield mich zu meiner Forschung am Waldsee anregte, inspirierte er James Lovelock zu seiner Theorie, die Erde als eine Art thermostatreguliertes System zu betrachten, das durch positive und negative Rückkopplungen innerhalb eines gewissen, klimatischen Rahmens gehalten wird.[87]

Lovelock ist auch bekannt als der Mann hinter dem Elektroneneinfangdetekor (ECD), einem äußerst sensitiven Analyseinstrument, mit dem man das Vorkommen bestimmter Atome und Moleküle in Gasen messen kann. Indirekt ist diese Entdeckung auf Paul Crutzens Arbeit über die lange Lebenszeit der Fluorchlorkohlenwasserstoffe in der Atmosphäre und ihre Rolle bei der Zersetzung der stratosphärischen Ozonschicht zurückzuführen. Der mittlerweile hundertjährige Lovelock ist einer der Forscher, die stets neue Erkenntnisse gewinnen, was auch immer sie anfassen. Vor etwas mehr als 10 Jahren saßen wir zusammen auf der Terrasse einer Waldhütte, ließen unsere Blicke über den Wald und den Fjord schweifen und diskutierten über die unergründlichen Wege des Kohlenstoffs. In einem Nebensatz erwähnte er dabei, dass er auch einmal eine Art Prototyp des Mikrowellenofens

87 Lovelock, J. E. (1982): *Gaia: a new look at life on Earth*. Oxford University Press, Oxford.

gebaut hatte, um mittels elektromagnetischer Strahlung sein Mittagessen aufzuwärmen. Bei den ersten Versuchen war die Dosis noch zu hoch, sodass das Essen sich in Asche und CO_2 verwandelt hatte, aber schließlich gelang es ihm, eine funktionierende Version zu konstruieren. Offiziell ist anderen die Ehre für die Entwicklung der Mikrowelle zuteil geworden, aber Lovelock blickt auf genug andere Errungenschaften zurück. Am bekanntesten ist er natürlich als Vater der Gaia-Theorie.

Dabei basiert auch diese Hypothese in gewisser Weise auf einem Zufall. Angestoßen wurde sie durch einen Brief der NASA, der 1961 plötzlich in Lovelocks Briefkasten steckte. Die NASA fragte, ob er Interesse habe, an der Erforschung der Mondoberfläche teilzunehmen. Lovelock interessierte sich besonders für die Gaszusammensetzung der Planeten, vor allem für die Tatsache, dass leblose Planeten wie der Mars eine Gasatmosphäre vorweisen, die im chemischen Gleichgewicht steht, während wir hier auf der Erde eine ganz andere Atmosphäre haben. Die Erdatmosphäre ist thermodynamisch im Ungleichgewicht, ihre Gaszusammensetzung wird vom Leben selbst erzeugt und aufrechterhalten. Die Erde ist – soweit wir das einschätzen können – ein einzigartiger Planet, nicht nur, weil es auf ihr Leben gibt, sondern auch, weil dort die richtigen Bedingungen für höheres Leben herrschen.

In vielerlei Hinsicht sind die Ökosysteme für das Erdklima so etwas wie ein Thermostat. Sie werden durch das Klima in hohem Maße beeinflusst, aber sie beeinflussen es auch selbst. Lovelock führte diese Argumente ins Feld, als er seine Gaia-Hypothese formulierte, in der er die Erde wie einen lebenden Organismus beschrieb. Ursprünglich diente diese Vorstellung als Argument dafür, dass wir unbesorgt alles Mögliche in unbegrenzten Mengen in die Luft blasen könnten. Die regulierenden biologischen Systeme der Erde würden schon dafür sorgen, dass dies keine Konsequenzen hätte und die Erde ein angenehmer

Ort bliebe. Doch Lovelock erkannte schließlich, dass es Grenzen für die Selbstregulierung gibt und dass wir außerhalb dieser Grenzen riskieren, dass das Ganze aus dem Ruder läuft. Seine eigenen pessimistischen Prophezeiungen besagen, dass die Grenze bei etwa 550 ppm CO_2 liegt. Über diesem Wert, meint Lovelock, könnte die Erwärmung durch eine Reihe von selbstverstärkenden Rückkopplungen eskalieren und sich unser Planet auf ein Hitzeinferno zubewegen, wie es die Erde seit 550 Millionen Jahren nicht mehr erlebt hat.

Weder Lovelock noch andere Forscher können sicher sein, ob es diese »magische Grenze« überhaupt gibt oder wo sie verläuft. Lovelock hat im Alter seine eigenen Berechnungen infrage gestellt, aber nichtsdestotrotz gelten die 2 °C Erwärmung der globalen Durchschnittstemperatur noch heute als eine rote Linie für die internationale Klimapolitik. »Zwei Grad Erwärmung« als Fernziel ist kein Fazit und vielleicht eine zu lasche Zielsetzung, aber sie ist *viel* besser als *gar* keine Zielsetzung. Lovelocks wesentlicher Gedankengang hinter diesem Limit ist, dass es einen Schneeballeffekt mit dramatischen und selbstverstärkenden Rückkopplungen auf den Kohlenstoffhaushalt und das Klima geben kann, wenn das Leben selbst vom Klimawandel beeinflusst wird. Wesentlich an der Gaia-Theorie sind aber nicht die katastrophalen Rückkopplungen, wenn es zu spät ist, sondern, dass es überhaupt Rückkopplungen gibt, die sich regulierend auf das Klima auswirken.

In der Gaia-Theorie wurde die Erde ursprünglich als eine Art metaphorischer Superorganismus betrachtet, der die Fähigkeit besitzt, seine eigene Temperatur in den Grenzen zu regulieren, die für das Leben erforderlich sind. Daraus erwuchs eine viel weniger wissenschaftsbasierte Mutter-Erde-Vorstellung, bei der dem Planeten eine fast menschliche Fürsorglichkeit zugeschrieben wurde. Frei nach dem Motto: »Mutter Erde weiß es am besten.«

Natürlich »weiß« Mutter Erde nicht das Geringste. Aber die Tatsache, dass die Erde sich auch nach den extremsten Klimaschwankungen immer wieder gefangen hat, verstärkt diesen Eindruck. Dasselbe gilt für die Tatsache, dass das Leben über 4 Milliarden Jahre hinweg alle Prüfungen überstanden hat, wenn auch nicht in unveränderter Form. Und es gilt zu guter Letzt natürlich dafür, dass die Erde seit mehreren Hunderttausend Jahren zur Freude all ihrer Bewohner klimatisch recht stabil gewesen ist.

In Ökosystemen und im Leben selbst finden sich auf allen Ebenen regulierende Rückkopplungen. In der Populationsbiologie wird das in einfachster Form im Verhältnis Beutetier zu Raubtier deutlich. Je mehr Beutetiere, desto mehr Nahrung für alle, die von diesen Tieren leben. Infolgedessen nimmt die Zahl der Räuber zu, bis der Fressdruck die Wachstumskapazität der Beutetiere begrenzt und ihr Bestand abnimmt. Dadurch leiden die Raubtiere Hunger und die Population wird kleiner, bis die Zahl der Beutetiere wieder steigt. In einer idealisierten Welt oder einer mathematisch-grafischen Darstellung ergibt das sich bis in alle Ewigkeit wiederholende Zyklen, bei denen die Kurve des Raubtierbestandes der der Beutetiere zeitversetzt folgt.

Aber nicht nur die Biologie ist bei den verschiedenen Rückkopplungen im Spiel. Die erste Verbindung der Urey-Gleichung, $CaSiO_3$ (Wollastonit), sowie andere calcium- oder siliziumhaltige Gesteinsarten leisten – wie wir gesehen haben – einen Beitrag zu einem langsamen Absinken der CO_2-Konzentration. Wird es auf der Erde wärmer, zum Beispiel aufgrund erhöhter CO_2-Konzentrationen, treibt dies auch den hydrologischen Kreislauf an, was bereits jetzt in den Westregionen Norwegens oder in den Monsunregionen Asiens zu spüren ist. Dadurch nimmt die Verwitterung zu und es wird mehr CO_2 aus der Atmosphäre aufgenommen und durch die Urey-Reaktion gebunden. Der Planet kühlt sich infolgedessen langsam wieder ab, wodurch auch die Verwitterungsaktivität zurückgeht. Wärmeres Klima und mehr Niederschläge stimulieren außerdem das Pflanzenwachstum an Land. Infolge der erhöhten Wurzelaktivität nimmt die Verwitterungsgeschwindigkeit wieder zu. Überdies nehmen manche Pflanzen unter solchen Bedingungen mehr Kohlenstoff auf. Physische, chemische, biologische und geologische Prozesse gehen also Hand in Hand, obgleich ein Physiker natürlich sagen würde, dass im Grunde alles nur Physik ist.

Bei dieser Art von langsamer Regulation spielen auch die Hebungsprozesse und die Bewegungen der Kontinentalplatten eine Rolle. Die Gebirgsbildung führt zu steilen Hängen mit stärkerer Erosion. Aber der große Unterschied kommt auch hier mit der Photosynthese. Als die Pflanzen im Silur (die erdgeschichtliche Epoche vor 443–416 Millionen Jahren) das Land eroberten, sorgten ihre Wurzeln dafür, dass die Verwitterung Tempo aufnahm.[88] Sehr wahrscheinlich hat dies dazu beigetragen, den Planeten abzukühlen.

Bevor der Mensch mit der massiven Verbrennung von Holz, Kohle, Gas und Öl begann, waren es in erster Linie die Vulkane und die sogenannten *Weißen und Schwarzen Raucher* (hydrothermale Quellen in der Tiefsee), die das CO_2 zurück in die Atmosphäre beförderten, weil an diesen heißen Orten die Urey-Gleichung umgekehrt wird. Der langsame, ja nahezu gemächlich arbeitende Verwitterungsthermostat regelt das alles in sehr großzügig bemessenen Zeiträumen. (Natürlich tut er das nur metaphorisch. Bewusstes oder gar zweckorientiertes Handeln soll ihm hier nicht unterstellt werden.)

Aber wenn wir kurzfristig zu dem Mutter-Erde-Bild zurückkehren, kann man sich heute gut vorstellen, dass

88 Beerling, D. (2007): *The Emerald Planet. How plants changed earths history.* Oxford University Press.

Mutter Erde etwas resigniert seufzt. Sie lässt den Menschen ihr Treiben durchgehen, wohl wissend, dass sie viele Jahrtausende brauchen wird, um das dadurch entstandene Chaos wieder zu beseitigen. Wenn sie die Eiszeiten und die globalen Warmzeiten überstanden hat, wird sie wohl auch die Epoche des Menschen überstehen.

Wir sollten darauf hoffen, obwohl uns das kurzfristig kaum eine Hilfe ist. Es gibt eine ganze Reihe von Kettenreaktionen innerhalb des Kohlenstoffkreislaufs. Einige verstärken sich selbst, andere wirken ausgleichend. Manche der sich selbst verstärkenden Erwärmungsmechanismen laufen in Zeitspannen ab, die für uns viel relevanter sind als der Verwitterungsthermostat.

Einige Menschen denken, dass in der Klimadebatte zu viel Schwarz-Weiß-Malerei betrieben wird, aber es gibt einen wichtigen Teil der Klimaregulierung, bei dem man schwarz-weiß denken *muss*. Jeder, der schon einmal seine Hand auf eine schwarze und eine weiße Fläche im Sonnenlicht gelegt hat, kennt den Effekt der *Albedo*. Die weiße Fläche ist kühl, die schwarze warm. Albedo ist ein hübsches Wort. Es bedeutet »Weiße« (von Lat. *albus*: weiß) und wird mit Reinheit assoziiert, wie Sonne auf frischem Schnee. Nichtsdestotrotz würde ich mir weniger Sorgen über den Klimawandel machen, wenn es die Albedo nicht gäbe. Oder besser gesagt, den Effekt einer *niedrigen* Albedo. Die Albedo beschreibt, wie viel des eingestrahlten Sonnenlichts reflektiert wird. Je reiner das Weiß, desto mehr Licht wird reflektiert. Eine perfekt weiße, ebene Fläche hat eine Albedo von 1 – sie reflektiert das gesamte Licht. Der Gegensatz ist die perfekt schwarze Fläche. Sie ist schwarz, weil eben kein Licht reflektiert wird. Strahlung besteht bekanntlich aus Licht und Wärme. Frisch gefallener Schnee kann eine Albedo von bis zu 0,85 haben (85 Prozent des eingestrahlten Lichts werden reflektiert). Altschnee hat eine Albedo von unter 0,5 und Eis von

0,3–0,4. Vergleichbar niedrige Werte haben trockener Boden oder schwach bewachsene Flächen wie Tundra oder Savanne. Wald hat oft nur eine Albedo von 0,1 (Nadelwald häufig noch geringer), während eine Wasserfläche gar nur eine Albedo von 0,05 aufweist, was bedeutet, dass 95 Prozent allen eingestrahlten Lichts absorbiert werden.

Das Phänomen der Albedo ist pure Physik. Man könnte meinen, dass sich die Frage nach seiner Bedeutung auf die Frage reduzieren lässt: Schnee oder nicht Schnee? Aber so leicht ist es nicht, denn auch die Biosphäre spielt eine Rolle, da Landschaften mit und ohne Wald eine ganze unterschiedliche Albedo haben. Aber was ist an diesem Phänomen so gefährlich?

Im Grunde nur seine Abwesenheit: Erwärmt sich die Erde weiter, gibt es weniger Schnee und weniger schneebedeckte, vereiste Flächen im Norden. Besonders deutlich wird dies an dem dramatischen Rückgang des arktischen Packeises im Sommer. Im Winter ist das Eis zwar wieder da, aber das spielt keine Rolle, da im Winter dort ja ohnehin keine Sonne scheint. Weniger weiße Flächen bedeuten weniger Reflexion, sodass mehr Wärme im Meer akkumuliert wird. Die kürzere Wintersaison bewirkt, dass mehr Wärme vom Boden aufgenommen werden kann. Mehr Wärme in Land und Wasser, eventuell sogar aufgetaute Permafrostregionen, führen zu noch weniger Eis und Schnee – eine klassische selbstverstärkende Rückkopplung also. Rein technisch betrachtet ist das eine positive Rückkopplung, aber eine mit negativen Auswirkungen.

Die nördlichen Regionen werden also nicht nur wärmer und weniger weiß, sondern auch grüner[89], deutlich grüner. Alte Fotos dokumentieren schon heute, dass aus

89 Mehrere Prognosen gehen davon aus, dass nicht nur der Wald sich weiter nach Norden ausbreitet, sondern dass die arktischen Regionen ein systematisches »greening erleben werden. Siehe auch: Guay, K. C. et al. (2014): Vegetation productivity patterns at high northern latitudes: a multi-sensor satellite data assessment. *Global Change Biology* 20: 3147–3158.

baumloser Tundra mehr und mehr Wald geworden ist. Über die letzten 30–40 Jahre ist überdies durch technisch immer ausgereiftere Satellitenobservationen die Veränderung der Landschaft bis ins Detail aufgezeichnet worden. Eine der gemessenen Eigenschaften ist die »Grünheit« des Bodens, ausgedrückt durch den NDVI (Normalized Differential Vegetation Index), der die Infrarotreflektionen der Chloroplasten misst. Diese Satellitensensoren registrieren also die Reflexionen der Pflanzen – wenn man so will, die Albedo der Pflanzen. Die Veränderungen treten auffällig schnell ein und sind eindeutig.

In der nordamerikanischen Arktis ist die Vegetationsperiode im Laufe der letzten 30 Jahre durchschnittlich um 6 Tage länger geworden, im eurasischen Teil der Arktis gar um volle 13 Tage. Das Pflanzenwachstum ist in diesen Regionen in der Regel durch die Temperaturen limitiert. Höhere Temperaturen und längere Vegetationszeiten bedeuten deshalb mehr Pflanzenwachstum. Das ist aber nicht die gesamte Erklärung: Mehr CO_2 verursacht eine direkte Düngewirkung, sodass die Pflanzen einfach schneller wachsen. Dazu kommt noch die unbeabsichtigte Düngung der gesamten nördlichen Hemisphäre durch den erhöhten Stickstoffausstoß aus Verbrennungsprozessen und Landwirtschaft.

Aber was ist so schlimm an einer grüneren Arktis? Bieten mehr Pflanzen nicht auch eine besser Lebensgrundlage für die Tierwelt und damit artenreichere Ökosysteme? Doch, das Ergrünen hat durchaus auch seine positiven Seiten. So trägt es nicht zuletzt dazu bei, dass mehr Kohlenstoff gebunden wird. Aber es reduziert auch die Albedo. Weniger Reflexion bedeutet mehr Wärme auf der Erdoberfläche und mehr Vegetation. Natürlich hat es im Norden im Laufe der Erdgeschichte immer wieder deutliche Verschiebungen der Waldgrenze gegeben. Allerdings steht außer Zweifel, dass der Wald, wenn er sich nach Norden ausbreitet, die Albedo so weit reduzieren wird, dass die folgende Erwärmung diese Ausbreitung noch beschleunigen wird. Die Frage ist, wie diese »positiven« Rückkopplungen aufgehalten werden können, bevor der Zustand irreversibel wird.

Letztendlich taut möglicherweise auch der Permafrostboden auf und setzt mehr CO_2 und Methan frei. Die verringerte Albedo ist, kurz gesagt, nur eine von vielen Rückkopplungen, die uns Anlass zur Sorge geben, und der Kohlenstoffkreislauf spielt hier eine entscheidende Rolle. Die abnehmende Albedo erschwert die Berechnung der Auswirkung der Wälder auf den Kohlenstoffhaushalt, weil die bewaldete Erdoberfläche dunkler ist und weniger Licht reflektiert. Aufforstungen, um mehr CO_2 auf der Atmosphäre aufzusaugen, müssen deshalb mit der verlorenen Albedo auf der Gegenseite verrechnet werden.

Der Kohlenstoff spielt in diesem Zusammenhang noch eine andere Rolle. Bereits 1866 schrieb Henrik Ibsen im fünften Akt von *Brand*:

Schlimmre Bilder, schlimmre Lose
Tauchen aus der Zukunft Schoße!
Eine schwarze Wolkenwand,
Naht der Kohlenqualm des Britten;
Was da frisch und grün, befleckend,
Jeden Keim mit Ruß bedeckend,
Kommt er giftschwer angeglitten,
Stiehlt den Tag von allen Wegen,
Rieselt, wie ein Aschenregen
Des Vesuv, auf Stadt und Land.[90]

Rußpartikel aus der Verfeuerung von Kohle sind also kein neues Phänomen. Sie machen Schnee und Eis dunkler und sorgen für ein schnelleres Abschmelzen. Ruß trägt dadurch zu einer reduzierten Albedo bei. Und Ruß, *black*

90 Ibsen, H. (1907): S. Fischer Berlin, Übersetzung: Christian Morgenstern.

carbon (schwarzer Kohlenstoff), ist, wie wir wissen, eine Form reinen Kohlenstoffs. Die kleinen Teilchen bilden sich bei der unvollständigen Verbrennung, und während Ibsen seine Anklage mit gutem Grund in Richtung der Briten sandte, macht die Steinkohle heute nur noch bescheidene 6 Prozent des weltweiten Rußausstoßes aus. Die Hauptursache ist die Verbrennung von Wald, Torf und Gras, während Biobrennstoffe (die auch in diesem Zusammenhang nicht vollkommen grün sind) und Diesel etwa 20 Prozent ausmachen. Die gesundheitlichen Konsequenzen, die der Ruß mit sich bringt, würden ein ganzes Buch füllen. Rein klimatisch betrachtet spielt der Ruß aber nicht nur als Feind der Albedo eine Rolle (viele sind der Ansicht, Ruß sei der Hauptgrund für weniger Schnee und Eis), sondern auch, weil Rußpartikel als solche zur Erwärmung beitragen. Wie stark dieser Effekt genau ist, wird noch diskutiert, neueste Forschungsergebnisse setzen Ruß als Motor der Erwärmung allerdings bereits direkt hinter CO_2 auf Platz 2.[91] Möglicherweise sind das gar nicht so schlechte Neuigkeiten: Da Ruß in der Atmosphäre nur wenige Tage überdauert, hat ein verminderter Ausstoß direkte positive Konsequenzen.

Dies zeigt wieder einmal, wie entscheidend die Natur selbst für das Klima der Erde ist. Es dokumentiert aber auch, dass der Mensch mit seinen Aktivitäten die natürlichen Prozesse beeinflussen und Rückkopplungen in Gang setzen kann, die in der Praxis kaum mehr zu kontrollieren sind. Dies ist einer der Gründe dafür, weshalb Klimamodelle immer notorisch unsicher sein werden. Es ist einfach nicht bis ins Detail vorherzusagen, um *wie viel* es wärmer, nässer oder extremer werden wird.

Und es gibt etliche Rückkopplungen, die hier eine Rolle spielen können.

91 Ramanathan, V., Carmichael, G. (2008): Global and regional climate changes due to black carbon. *Nature Geoscience* 221–223.

Saurer und Blauer

Einer der Vorteile des Forscherdaseins, besonders in der Biologie und Ökologie, ist die Möglichkeit, exotische Orte im Namen der Wissenschaft zu besuchen. Ich muss zugeben, dass dies seinerzeit einer der Gründe für meine Studienwahl war. Und diese hat tatsächlich zu äußerst erinnerungswürdigen Erlebnissen geführt – und auch der See in der Nordmarka kann ein tolles Ziel sein. Seit ich mir meines eigenen CO_2-Fußabdrucks bewusster geworden bin, habe ich bei langen Reisen etwas kürzer getreten, aber ganz kann man nicht immer darauf verzichten. Auch, weil der Waldsee in der Nordmarka nicht auf alle Fragen eine Antwort bereit hält, beispielsweise was die Übersäuerung durch CO_2 betrifft.

In einer Sommernacht im Jahr 2010 hielt ich »Eiswache« und schaute über den stillen Kongsfjord. Die Mitternachtssonne schien, und weit und breit war kein Eisberg in Sicht. Eine Seltenheit zu dieser Jahreszeit, aber es hat sich in den letzten Jahren hier oben an der Westküste von Spitzbergen einiges verändert. Im Winter ist der Fjord nicht mehr zugefroren – wahrscheinlich ein Zeichen für die Erwärmung des Meeres. Auf jeden Fall ein Zeichen für etwas Ungewöhnliches, aber zu jenem Zeitpunkt, im Juli, als das große Übersäuerungsprojekt vom Stapel lief, kam es uns ganz gelegen, dass keine Eisberge vom Kongsgletscher in den Fjord drifteten.

Es besteht kaum ein Zweifel, wer bei einer eventuellen Kollision am schlechtesten davongekommen wäre: Die neun Plastikeinzäunungen da draußen im Fjord mit ihren mehreren Tausend Litern Wasser waren zwar groß, hätten gegen einen massiven Eisberg aber keine Chance gehabt.

Die Einzäunungen, oder »Beutel«, enthielten jeweils 20.000 Liter Meerwasser, die mit unterschiedlichen

Abbildung 16: Einzäunungen, die während der Übersäuerungsexperimente im Kongsfjord genutzt wurden.

Mengen CO_2 übersäuert worden waren, um die Auswirkungen auf die Wasserchemie und Biologie zu verfolgen. Ein ganzes Schiff war nötig, um die ganze Anlage aus Deutschland hier herauf zu schaffen, zusammen mit zahlreichen Containern voller Analysegeräte, die jetzt im Labor unten installiert waren. Dieses Experiment spielte in einer ganz anderen Liga als jenes, das wir unter den Zeltplanen in der Nordmarka durchgeführt hatten. Den verschiedenen Beuteln werden unterschiedliche Konzentrationen von CO_2 zugesetzt, um zu verfolgen, wie diese sich auf die in den Beuteln eingeschlossenen Ökosysteme aus Bakterien, Algen, Krebstieren und Flügelschnecken auswirken. Das Experiment dauerte einen Monat, und zu dem Zeitpunkt, als alles wieder zusammengepackt war, waren die ersten Auswertungen bereits beendet. Das CO_2 hatte seine Aufgabe wie erwartet erledigt, die pH-Werte des Wassers sanken proportional zu der Erhöhung der CO_2-Konzentration. Die biologischen Reaktionen waren hingegen etwas schwerer zu deuten. Einige Arten kamen in Bedrängnis, andere zeigten keine Beeinträchtigungen. Außerdem konnten wir in diesem Rahmen nur die kurzfristigen Effekte ermitteln. Was im Laufe einiger Wochen passiert, ist nicht unbedingt übertragbar auf die Effekte im Laufe mehrerer Jahrzehnte.

Der Übersäuerungsmechanismus wird durch das Bicarbonat-Gleichgewicht beschrieben, das vier Hauptakteure in der Kohlenstoff-Familie hat: aufgelöstes, freies Kohlenstoffdioxid, Kohlensäure, Bicarbonat (mit dem negativ geladenen Ion HCO_3^-) und Carbonat (CO_3^{2-}). Das Mengenverhältnis der Komponenten zueinander hängt von Faktoren wie Wassertemperatur und Alkalinität (der Fähigkeit des Wassers, eine starke Säure bei einem bestimmten pH-Wert zu neutralisieren, kurz auch »Pufferkapazität«) ab. Die Kohlensäure, H_2CO_3, kann protolysieren – also Protonen (H^+-Ionen) abgeben. Das geschieht in zwei Schritten. Im ersten Schritt wird das erste H^+ freigesetzt, und zurück bleibt HCO_3^-; im zweiten Schritt verabschiedet sich das zweite, woraufhin CO_3^{2-} entsteht. H^+ verursacht die Übersäuerung, und je höher die CO_2-Konzentration, desto mehr Bicarbonat entsteht, welches wiederum mehr H^+ freisetzt.

Meerwasser ist von Natur aus schwach basisch, mit einem pH-Wert von 8,1–8,2. Im Moment befinden wir uns auf dem Weg zu 8,0 – Ende dieses Jahrhunderts werden wir vermutlich einen Wert von 7,8 erreicht haben. Das klingt erst einmal nicht so dramatisch, doch es sei daran erinnert, dass der pH-Wert ein Wert auf einer logarithmischen Skala ist. Seit der industriellen Revolution bis heute ist der Wert der H^+-Konzentration um beinahe 20 Prozent angestiegen, und auch wenn die Auswirkungen auf den pH-Wert bislang nicht groß (aber klar messbar) sind, so gibt es doch jeden Grund, zu befürchten, dass das nicht so bleibt. Wir müssen weit in der Geschichte zurückgehen, um einen vergleichbaren Grad der Übersäuerung zu finden. Einige sprechen von einer Million Jahren, andere von 55 Millionen, und wieder andere von 300 Millionen. Auf jeden Fall ist klar, dass der heutige Zustand keinesfalls alltäglich ist.

Das Gleichgewicht der Kohlensäure stellt die eine Seite des Problems dar. Die andere betrifft das Calciumcarbonat-Gleichgewicht. $CaCO_3$ ist einer der Hauptbestandteile in Kalkstrukturen, sowohl bei Algen als auch bei Tieren. Bei ausreichendem Vorkommen von Ca^{2+} und CO_3^{2-} ist es reine Formsache, dass sich $CaCO_3$ bildet, auch wenn dieser Vorgang zusätzlich vom Druck abhängig ist. Bei geringerem Druck (in oberen Wasserschichten) halten Calcium und Carbonat besser zusammen. Der pH-Wert (also die Konzentration der H^+-Ionen) ist die andere Variable. Das Mengenverhältnis zwischen CO_3^{2-}, HCO_3^- und CO_2 ändert sich mit dem pH-Wert. Bei hohem pH (basisch) dominiert CO_3^{2-}, bei mittlerem pH dominiert HCO_3^-, bei einem pH-Wert unter 5,5 übernimmt CO_2 komplett.

Bisher besteht noch kein Risiko, dass das Meer *so* sauer wird, das Problem ist eher, dass HCO_3^- bereits bei einem pH-Wert von 8 seine Talfahrt beginnt. Um diesen Fakt noch zu verkomplizieren, tritt Calciumcarbonat in zwei Formen auf: Aragonit und Calcit.[92] Verschiedene Organismen haben hier auf verschiedene Pferde gesetzt, einige haben ihre Schalen aus Aragonit gebildet, andere wiederum aus Calcit. Aragonit hat eine andere Kristallstruktur und ist besser löslich als Calcit. Die Organismen, die im Laufe der Evolution auf Aragonit gesetzt haben, dürften daher nun langsam erkennen, dass sie eine schlechte Wahl getroffen haben. Die wunderschönen und eleganten Flügelschnecken sind unter ihnen und stehen ganz oben auf der Liste der Organismen, die früher oder später Probleme kriegen werden. Da es sich hierbei um

92 Aragonit und Calcit haben verschiedene Sättigungspunkte in Bezug auf CO_2 und pH, die Organismen mit Aragonitschale haben daher perspektivisch die schlechteren Karten. Die meisten Artikel, die sich mit Übersäuerung beschäftigen, thematisieren diesen Fakt. Eine gute Übersicht findet sich hier: Doney, S. C. (2009): Ocean acidification. The other CO_2 problem. *Annual Review of Marine Science* 1: 169–192.

Schlüsselorganismen in vielen nördlichen Nahrungsketten handelt, ist dieser Fakt auch eine schlechte Nachricht für Vögel, Fische und Wale, die in diesen Zonen leben. Auch Korallen haben sich auf Aragonit verlassen, und die negativen Konsequenzen für die Korallen wirken sich ebenso schlimm auf die zahlreichen Arten aus, die in oder von ihnen leben. Allerdings war das Anthropozän mit einer vom Menschen geschaffenen Übersäuerung von einer solchen Geschwindigkeit nicht vorhersehbar, und die Evolution ist ohnehin nicht im Stande, weit in die Zukunft zu planen. Korallenriffe sind übrigens keineswegs nur in tropischen Gewässern zu finden, auch entlang der norwegischen Küste gibt es sehr große Riffe.

Paradoxerweise wurden die grundlegenden Zusammenhänge zwischen CO_2-Anstieg und Korallenschäden in der Wüste Arizonas ermittelt, weit entfernt von Meer und Korallenriff. Es geschah an einem Ort, an dem wir in diesem Buch schon einmal gewesen sind, in der »Fullerenkuppel« Biosphäre 2. Eines der Ökosysteme dort war ein Korallenriff in einem riesigen Pool. Ich erinnere mich, wie absurd mir damals die Kombination aus Korallenriff und Regenwald unter derselben Kuppel erschienen war. Es lief nicht so gut mit der Biosphäre 2, weil das CO_2-Niveau außer Kontrolle geriet. Als die Versuche 1995 aufgegeben wurden, waren die meisten Fische im Korallenriff verendet, und auch den Korallen ging es sehr schlecht. Der Meeresbiologe Chris Langdon erhielt die Aufgabe, zu ermitteln, ob das havarierte Ökosystem wenigstens noch zu Studienzwecken zu gebrauchen war. Langdon fand wie erwartet heraus, dass der pH-Wert wegen des hohen CO_2-Wertes stark gesunken war. Doch der negative Effekt des pH-Wertes für die Kalkschalen hängt nicht nur vom pH-Wert ab, sondern auch von der Sättigung von Calciumcarbonat im Wasser. Langdon führte monate- und jahrelang eine Reihe von Experimenten unter der Kuppel in der Wüste Arizonas durch, mit denen er aufzeigte, dass die Korallen in einem Sättigungsbereich von 4–5 ideale Wachstumsbedingungen hatten.[93]

Bis zur industriellen Revolution hatten alle Korallenriffe eine Sättigung zwischen 4 und 5. Der CO_2-Anstieg hat dazu beigetragen, dass beinahe keines der Korallenriffe auf der Welt einen Wert von mehr als 4 aufweist, und wenn die Entwicklung weiter ihren Lauf nimmt, wird kein Korallenriff mehr eine Sättigung von 3,5 erleben. Das heißt noch lange nicht, dass die Korallen direkt aufhören zu wachsen, aber das Wachstum kann dann den Abbau durch Stürme und Abnutzung nicht mehr ausgleichen. Um ihren Status Quo zu erhalten, müssen die Korallen ziemlich schnell wachsen. Je niedriger das Sättigungsniveau, desto höher ist die Wahrscheinlichkeit, dass sie dabei nicht mehr mit dem Abbau Schritt halten können – und irgendwann verschwinden.

Ein niedriger pH-Wert ist nicht nur für Korallen und Flügelschnecken schlecht, sondern für alles, was Kalk enthält, von Algen über Muscheln bis zu Stachelhäutern und Fischen. Die Auswirkungen auf jede einzelne Gruppe können auch alle anderen Komponenten dieses Ökosystems beeinflussen. Besonders besorgniserregend sind aber die Konsequenzen für Algen wie Ehux, da ein bedeutender Anteil der Kohlenstoffbindung im Meer durch die übersäuerungsempfindlichen Kalkflagellaten erfolgt. Sollten *Algen* weniger Kohlenstoff aufnehmen, würde dies zu einem höheren CO_2-Gehalt in der Atmosphäre führen, was wiederum auch zu mehr CO_2 im Wasser führt, woraufhin die Übersäuerung noch mehr zunimmt. Neuesten Schätzungen zufolge wird die Versauerung, die zurzeit in allen Weltmeeren zu beobachten ist, zu einer Situation

93 Langdon, C. et al. (2000): Effect of calcium carbonate saturation state on the calcification rate of an experimental coral reef. *Global Biochemical Cycles* 14: 639–654. Atkinson, M. J. et al (1999): The Biosphere 2 coral reef biome. *Ecological Engeneering* 13: 147–171.

führen, wie sie auf der Erde zuletzt vor 55 Millionen Jahren geherrscht hat, als die Temperaturen und das CO_2-Niveau in schwindelnder Höhe und die Meere entsprechend sauer waren.[94] Sowohl der pH-Wert als auch die Temperatur haben sich in den letzten 800.000 Jahren relativ stabil verhalten, doch wir steuern geradewegs auf stürmische Zeiten zu.

Die Frage ist nun, ob man den Effekt der Versauerung auf einer realistischeren Skala messen kann, als nur durch Inkubation und extreme Übersäuerung. Ein Ansatz ist die Analyse von Fossilien in Meeresbodensedimenten aus früheren Wärmeperioden, in denen das Meerwasser sauer war. Doch viele Arten haben keine Fossilien hinterlassen. In der dramatischen Wärmeperiode vor 55 Millionen Jahren muss eine ähnlich schnelle und enorme Übersäuerung stattgefunden haben wie die, an deren Anfang wir uns gerade befinden. Sedimente aus jener Zeit zeigen eine dicke Schicht aus aufgelöstem Calciumcarbonat. Als Kalkflagellat oder Koralle hat man es in jener Zeit allem Anschein nach nicht leicht gehabt.

Es gibt auch natürliche Übersäuerungsexperimente. Auf der italienischen Insel Ischia gibt es natürliche CO_2-Quellen, die den pH-Wert auf natürliche Weise um bis zu 1,5 senken – ein echter Test für ein zukünftiges Worst-Case-Szenario. In der Nähe dieser Emissionen sind keine Seeigel, keine kalkhaltigen Algen oder Steinkorallen zu finden, und die Schnecken in den Randgebieten dieser Zone haben merklich dünnere Schneckenhäuser. Seegras und Braunalgen hingegen genießen hohe Mengen an CO_2 (und die Abwesenheit gefräßiger Seeigel) und fühlen sich in den sauren Gewässern sehr wohl. Richtig sauer ist das Wasser noch nicht, der pH-Wert liegt noch immer bei

94 Über die Warmzeit vor 55 Millionen Jahren schreiben David Archer (*The Global Carbon Cycle*), David Beerling (*The Emerald Planet*) und Donald Canfield (*Oxygen*).

6,5–7, doch die Bildung von Kalkschalen ist bei diesen Werten bereits beeinträchtigt.[95]

Eine andere Rückkopplung, bei der Algen eine Rolle spielen, tritt ein, wenn weniger Nährsalze in das Oberflächenwasser gelangen. Das passiert, wenn die Erwärmung des Oberflächenwassers zu einem stärkeren Temperaturgradienten beiträgt, oder, anders ausgedrückt: wenn zwischen Oberflächenwasser und Tiefenwasser ein zu großer Temperaturunterschied herrscht. In diesem Fall nimmt die Durchmischung ab und es gelangt weniger nährstoffreiches Tiefenwasser an die Oberfläche, wo Algen sich daran gütlich tun könnten. Das hat zur Folge, dass weniger CO_2 vom Meer aufgenommen wird, wodurch die Atmosphäre sich weiter erwärmt usw. Einige Studien zeigen einen Rückgang von Chlorophyll in den Weltmeeren – der gerade beschriebene Vorgang liefert eine mögliche Erklärung dafür. Weniger Algen führen nicht nur zu einer geringeren CO_2-Aufnahme im Meer, sondern generell zu eine niedrigeren Produktion auf allen Ebenen der Nahrungskette. Wir werden viel mehr Bereiche mit klarem, blauem Wasser sehen, das typisch für eher unfruchtbare Meeresgebiete ist, aber in diesem Fall ist das saubere Wasser kein gutes Zeichen.

Die Übersäuerungsrückkopplung kann wie folgt zusammengefasst werden: Mehr CO_2 in der Atmosphäre führt zu mehr gelöstem CO_2 in Gewässern. Das hat saureres Wasser zur Folge, was wiederum weniger CO_2 aufnehmen kann, woraufhin Algen Schaden nehmen. Auch dieser Umstand verstärkt die schnelle Zunahme der CO_2-Konzentration, wodurch das Wasser noch saurer wird.

Doch es gibt noch weitere Rückkopplungen. An dieser Stelle möchte ich einen wichtigen Punkt wiederholen:

95 Kolbert, E. (2014): *The Sixth Extinction*, Henry Holt & co, New York. Vallis, G. K. (2012): *Climate and the oceans*. Princeton University Press

Die Prozesse des Lebens selbst schaffen Verhältnisse, die unseren Planeten bewohnbar machen – und erhalten sie aufrecht. Ökosysteme geben CO_2 frei und binden es, einige Ökosysteme (zum Beispiel die meisten Binnenseen) geben mehr CO_2 ab, als sie aufnehmen. Das trifft auch auf vereinzelte Meeresgebiete zu, aber *trotz allem* ergibt sich netto eine Kohlenstoffbindung. Auch in den borealen Nadelwäldern. Ökosysteme produzieren aber auch Methan und Lachgas. Dieser Fakt gilt für natürliche Ökosysteme wie auch für Ackerflächen. Düngung kann zur gesteigerten Bildung von Lachgas führen und Kühe sind notorische Methanquellen, die zum globalen Methanhaushalt ganz wesentlich beitragen. Aber trotzdem sollten wir unser Hauptaugenmerk nicht auf das Hinterteil der Kuh richten.

Methanbomben

Wenn die Sommertemperaturen im Norden steigen, geht die Schneedecke zurück und die Erdoberfläche wird dunkler. Dadurch wird es noch wärmer, vielleicht so warm, dass die gewaltigen, nördlichen Kohlenstoffspeicher in Bewegung geraten. Nördlich des borealen Nadelwaldgürtels liegt die beinahe baumlose Tundra. Zu den charakteristischsten Eigenschaften der Tundra gehört, dass sie gefroren ist und dass im Sommer immer nur die oberste Bodenschicht auftaut. In der Tundra sind daher enorme Mengen gefrorenen Kohlenstoffs und Methans gespeichert. Eines der großen Horrorszenarien der Klimaforschung ist, dass dieses riesige Reservoir auftaut und die gefrorenen Treibhausgase freisetzt. Ob und wann dies geschehen wird und wie viel CO_2 und CH_4 dann freigesetzt wird, ist im höchsten Maße unklar. Die erste Frage lautet, ob der Permafrost *überhaupt* auftaut. Wir kennen Fotos von schiefen Bäumen und Häusern in Alaska, wo der aufgetaute Boden nachgegeben hat. Wir hören von immer häufigeren Mammutfunden, nachdem der Boden in Sibirien auftaut und ins Rutschen gerät. Aber wie systematisch und umfassend ist dieser Prozess wirklich?

An manchen Ort taut es zweifelsohne. Dieser Schmelzvorgang läuft aber nicht wie in unserer Tiefkühltruhe ab. Das Eis hat eine enorme Kältekapazität, und überdies ist das Abschmelzen nicht nur von der Temperatur abhängig, sondern auch von der Schneedecke. Jedenfalls wird es sehr, sehr langsam vonstattengehen. Unstrittig ist, dass dieser Prozess zu einer massiven Freisetzung von Treibhausgasen führen kann. Andererseits wird das vermehrte Pflanzenwachstum in der Tundra auch wieder einen Teil dieses zusätzlichen Kohlenstoffs binden. Vielleicht ist die Tundra unser größter Joker mit Blick auf die Klimaentwicklung.

Moore, Feuchtgebiete, Seen und Meere geben große

Mengen CO_2, CH_4 und N_2O ab. Es ist nicht gesagt, dass dieser Austrag bei geändertem Klima zunimmt. Insbesondere bei Methan kommt es darauf an, ob es feuchter oder trockener wird. Wärmere und feuchtere Bedingungen, wie wir sie für unseren Teil der Welt erwarten, bewirken einen größeren natürlichen Methanausstoß. Ein trockeneres Klima führt zu geringeren CH_4-Austrägen und dafür zu gesteigerter CO_2-Freisetzung. Die Freisetzung von Lachgas ist in hohem Maße von der Menge stickstoffhaltiger Dünger abhängig, die in den Stickstoffkreislauf gelangt.

Auch Kohle- und Erdölvorkommen enthalten in der Regel Methan. Nicht ohne Grund galt Methan immer als die Geißel der Kohlegruben. Und auch das Öl, das aus der Tiefe geholt wird, sprudelt manchmal wie Brause, wenn das darin gelöste Methan bei abnehmendem Druck ausgast. Die größten Verluste gibt es allerdings bei der Gasförderung, und im fünften IPCC-Bericht wird Methan als eine der großen Unbekannten in der Klimagleichung bezeichnet. Viele Fachleute sind der Meinung, dass die Erdgasförderung, speziell diejenige aus Schiefergas, mit einem wesentlich höheren Methanausstoß einhergeht, als man bisher angenommen (oder laut ausgesprochen) hat. Eine neue Studie aus den USA kommt zu dem Schluss, dass die Methanfreisetzung bei der amerikanischen Gasförderung um 50 Prozent unterschätzt wurde und dass an den meisten Förderanlagen Gas verloren geht. Sollte diese Gasfreisetzung tatsächlich unabdingbar sein, ist das Erdgas im Vergleich zu Kohle und Öl plötzlich gar nicht mehr so »sauber«, wie es uns bisher verkauft wurde. Auch gefrorene Gashydrate werden mittlerweile als mögliche Energiequelle diskutiert. Das Problem liegt hier darin, das Methan vom Eis zu trennen. Möglich ist dies durch Minderung des Drucks oder durch eine Injektion von CO_2 in die Hydrate, sodass die Wassermoleküle sich mit dem CO_2 verbinden und das Methan freigeben. Die größte Herausforderung ist hier, dies ohne zu große Verschmutzung und Verluste zu bewerkstelligen. Sonst landet das Methan in der Atmosphäre, ein Szenario, das auch für den Fall befürchtet wird, dass das Meereswasser wärmer wird und die Gashydrate sich zersetzen.

Wir kennen die wichtigsten Wege und Reaktionen im Kohlenstoffzyklus, aber unser Wissen ist begrenzt. So wissen wir gefährlich wenig über die Dauer und Konsequenzen der Änderungen, die wir zurzeit in Gang setzen. Und eine der größten Unbekannten in dieser Gleichung ist das Methan. CH_4 ist auf vielfältige Weise mit CO_2 gekoppelt. Organischer Kohlenstoff, der durch die Photosynthese gebunden wird, ist die Ausgangsbasis für den Großteil des biologisch produzierten Methans, und viele Bakterien »fressen« CH_4 und verwandeln es in CO_2.

Auch in anderer Hinsicht sind diese beiden Moleküle auf schicksalsträchtige Weise miteinander verbunden. Im Verlauf der Erdgeschichte variiert die Konzentration von CO_2 und Methan in der Atmosphäre im Takt miteinander und in Abhängigkeit von der Temperatur. Die Erwärmung, verursacht durch das CO_2, kann eine starke Zunahme des CH_4 auslösen – und umgekehrt.

Die CH_4-Erzeugung durch Termiten (und Viehhaltung) wird auch in den nächsten Jahren weitestgehend stabil sein. Ganz anders kann es bei den Methanhydraten aussehen, die zurzeit nur für ein bescheidenes Prozent der totalen Methanfreisetzung verantwortlich zeichnen. Diese Gashydrate sind ein klimatischer Joker. Es ist immer die Frage, wie laut man Alarm schlagen soll, aber für einen Arzt wäre es reichlich unverantwortlich, einen Patienten nicht über eine möglicherweise tödliche Krebserkrankung zu informieren. Es herrscht allgemeine Einigkeit darüber, dass in den Gashydraten große Mengen Methan gebunden sind. Wie viel genau, weiß jedoch niemand, und genauso wenig ist bekannt, wie stabil diese Hydrate sind. Vermutlich handelt es sich um viel mehr als die 15.000 Milliarden Tonnen (15.000 Gt), von denen in mehreren Publikationen zu lesen war, da es noch beträchtliche Mengen anorganisch gebildeter Gashydrate geben könnte.[96] Wie viel davon möglicherweise seinen Weg in die Atmosphäre finden wird, ist eine andere Frage. Wir können nur hoffen, dass es nicht so viel ist.

Es ist anzunehmen, dass die Gashydrate ein totales Erwärmungspotenzial haben, das dasjenige der bekannten Gas- und Ölreserven bei Weitem übersteigt. 500 Gigatonnen Kohlenstoff in Form von CH_4 entsprächen in Sachen Erwärmung einer Verzehnfachung des heutigen klimawirksamen CO_2.[97] Ein echtes Horrorszenario, aber glücklicherweise auch ein unwahrscheinliches. Der Großteil dieser Vorkommen liegt aller Voraussicht nach ziemlich sicher in großen Tiefen. Zumindest solange niemand die Erde einmal richtig durchschüttelt. Die Ausnahme bilden die Methanhydrate in den relativ flachen Meeresgebieten vor Sibirien und Nord-Norwegen sowie die in den Permafrostböden. Eine spontane Freisetzung des Methans ist hier zwar nicht zu erwarten, aber die Rate kann mit weiter steigenden Temperaturen oder dem Auftauen des Permafrosts kontinuierlich ansteigen.

Der Methanzyklus wurde nicht immer von Bakterien gesteuert. Als unser Planet noch in den Kinderschuhen steckte, vor 3,5 Milliarden Jahren, war die Methankonzentration in der Atmosphäre vermutlich 1000-mal höher als jetzt. Damals waren die zahlreichen aktiven Vulkane daran schuld. Etwa in dieser Zeit begannen auch die ersten Archaeen sich zu rühren, die ihrerseits Methan aus CO_2 und Wasser produzierten. Da die Atmosphäre noch keinen Sauerstoff enthielt, gab es auch keine Hydroxyl-Radikale, die die Methankonzentration in Schach gehalten hätten.

Warum wurde die Erde durch den Treibhauseffekt

96 Johnson, J. E. et al. (2015): Abiotic methane from ultraslow-spreading ridges can charge Arctic gas hydrates. *Geology* 43: 371–374.

97 Archer, D. (2010): *The Global Carbon Cycle*. Princeton University Press.

dann nicht gebraten und in eine zweite Venus verwandelt? Schließlich gab es auch reichlich CO_2? Die Antwort ist recht einfach: Die Venus hat zwar nicht so viel Methan, aber umso mehr CO_2: 96 Prozent – was die durchschnittliche Oberflächentemperatur von 462 °C zu weiten Teilen erklärt. Die Erde war damals sicher wärmer, aber die Sonne strahlte zu jener Zeit schwächer, und die Temperaturen waren nicht zu hoch für die Cyanobakterien. Sie begannen schließlich, O_2 zu produzieren, sodass die Methanzersetzung rasch die Methanbildung überstieg und die Konzentration auf das heutige Niveau sank.

Dass die Methankonzentration in der Jugend der Erde wesentlich höher war als heute, ist in der aktuellen Situation ein schwacher Trost. Messungen in Eisbohrkernen zeigen, dass die heutige Methankonzentration mehr als doppelt so hoch ist wie die höchsten Werte im Laufe der letzten 420.000 Jahre. Weiter zurück kann man mit heutigen Methoden nicht messen.

Unser Ausstoß von CO_2 und Methan in die Atmosphäre ist vergleichsweise bescheiden. Dies diente der Lobby der fossilen Energieträger dies lange als Argument für die Unbedenklichkeit ihrer Waren nutzte. Warum sollen wir uns über unseren bescheidenen CO_2-Ausstoß sorgen, wenn die Natur doch für 94 Prozent des Ausstoßes verantwortet? Aber so einfach ist das nicht. Wir müssen uns in der Tat große Sorgen machen, da der Atem der Erde nicht mehr im Gleichgewicht ist. Die Natur nimmt normalerweise mehr CO_2 auf als sie abgibt, sodass die C-Bindung in den Ökosystemen bereits einen Teil »unseres« CO_2s kompensiert hat. Reduziert sich diese Aufnahmekapazität, eventuell kombiniert mit einer erhöhten Freisetzung aus den enormen Kohlenstofflagern in Erde und Meer, bewegen wir uns in Richtung einer terra incognita.

Die große Frage lautet dann, warum diese Rückkopplungen den Planeten nicht unwiderruflich in eine Hitzespirale stürzen. Die Stabilität der Gaszusammensetzung in der Atmosphäre über die letzten Hunderttausende von Jahren trotz der kurzen atmosphärischen Verweildauer der meisten Gase zeigt, dass es Mechanismen geben muss, die diese Stabilität gewährleisten.

Ökosysteme sind notorisch instabil. Jahreszeiten ändern sich ebenso wie Niederschläge, Hitzeperioden und die Artenzusammensetzungen. Trotzdem herrscht innerhalb gewisser Grenzen eine sogenannte dynamische Stabilität. Dieses System lässt sich mit einer Kugel in einer Tasse darstellen. Ändern wir die Bedingungen aber stark genug, dann kann das System sich so verschieben, dass die Kugel in einen anderen Gleichgewichtszustand (»aus der Tasse«) rollt. Solche Systemwechsel können lokal oder global sein.

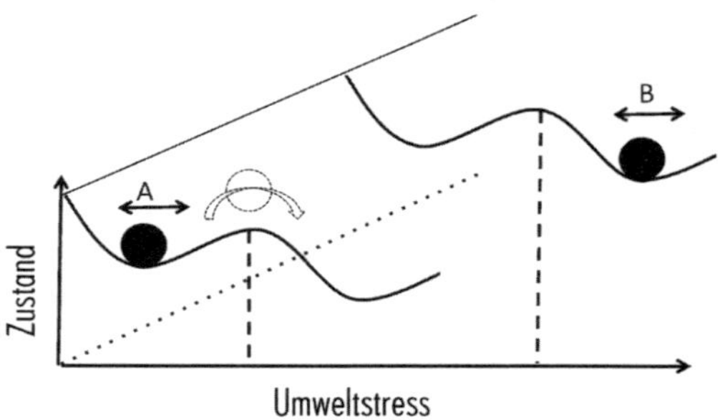

Abbildung 17: Viele Reaktionen von Ökosystemen werden durch Schwellenwerte charakterisiert. Bis zu einem gewissen Stressniveau wird das System in den alten Gleichgewichtszustand zurückschwingen. Die Kugel bleibt am selben Ort. Ist der Einfluss jedoch zu stark, kann das System in einen anderen Zustand versetzt werden. Ein Weg zurück ist dann schwierig. Kann etwas Vergleichbares mit dem Amazonas oder unserem Klima geschehen?

Die Erde hat vermutlich mehrere solcher Zustandswechsel hinter sich, ist aber niemals komplett aus dem Ruder gelaufen. Es gab immer Mechanismen, durch die das alte Gleichgewicht wiederhergestellt wurde, sodass der Planet das Paradies blieb, das er – klimatisch betrachtet – weitestgehend ist.

Zwischen Schneeball und Hölle

Ein auf den letzten Seiten immer wieder genanntes Argument lautet, dass es im Kohlenstoffkreislauf eine Art von Regulierung geben muss, auch wenn wir den gesamten Zyklus noch nicht im Detail erklären können. Es handelt sich bei dieser Regulierung aber nicht um einen willentlich gesteuerten Vorgang, sondern um eine Kopplung kurzer und längerer Kreisläufe: Atmung und Photosynthese, Verwitterung und Fällung drehen den Thermostat immer dann ein bisschen herunter, wenn es zu warm wird – und herauf, wenn es zu kalt ist. Aber wie belastbar ist eine solche Regelung? Wie plötzlich und massiv dürfen die Änderungen sein? Diese Frage können wir nicht beantworten, wir hoffen aber, dass der Thermostat so gut reguliert ist, dass nicht nur Bakterien und Kakerlaken überdauern, sondern dass der Planet auch für *uns* weiterhin die Grundlagen für unser Leben bieten kann.

Was wir sagen können, ist, dass die Verhältnisse bisher auffallend stabil waren, Eiszeiten und Warmzeiten zum Trotz. Die Konzentrationen von CO_2 und CH_4 sind in Abhängigkeit von der Temperatur ein bisschen herauf und herunter gegangen, aber das waren nur geringe Variationen, etwa wie das Kräuseln der Wasseroberfläche bei leichtem Wind. Etwas weiter zurück in der Vergangenheit waren die Verhältnisse deutlich turbulenter. Trotzdem existiert das Leben in irgendeiner Form ununterbrochen seit etwa 3,5 Milliarden Jahren. Manchmal stand das Fortbestehen des Lebens aber wirklich auf der Kippe. Am schlimmsten waren die Verhältnisse auf der Erde vor etwa 600 Millionen Jahren, als der Planet eine Eiszeit erlebte, bei der fast alles Leben erfroren wäre.[98] Es gab auch Perioden, in denen

98 Hoffman, P. E. et al. (1998): A Neoproterozoic Snowball Earth. *Science* 281: 1342–1346. Kopp, R. E. et al. (2005): The Paleoproterozoic snowball Earth: A

das Leben wie im Treibhaus geschwitzt, aber trotzdem überlebt hat. Ich erwähne das nur, um zu verdeutlichen, dass nicht nur wir selbst das Klima der Erde dramatisch beeinflussen können.

Die Tatsache, dass CO_2, Methan und Temperaturschwankungen miteinander synchronisiert sind, hat zu einer heißen »Henne oder Ei«-Diskussionen geführt. Sind wir derzeit Zeugen einer neuen Erwärmung, die sekundär dazu führt, dass die Ökosysteme mehr CO_2 und Methan abgeben oder ist es, wie die meisten Klimaforscher argumentieren, unser vermehrter Ausstoß von Klimagasen, der die Temperaturen steigen lässt? Die Änderungen der Gaskonzentrationen und der Temperatur sind so eng miteinander gekoppelt, dass es schwierig ist, Henne und Ei ausgehend von Eiskernanalysen und Sedimentuntersuchungen voneinander zu unterscheiden. Die Auflösung auf der Zeitachse ist nicht hoch genug für eine eindeutige Antwort, auch wenn neuere Studien definitiv darauf hindeuten, dass die Konzentration der Gase zuerst anstieg. Was sonst hätte die Temperatur steigen lassen sollen? An dieser Stelle glänzen gute Antworten durch Abwesenheit.

Das bedeutet aber nicht, dass es in früheren Phasen nicht anders war. Die Neigung der Erdachse, die Sonnenaktivität oder geologische Prozesse können die Temperatur auch ohne externe Treibhausgase zum Steigen bringen. Die enge Korrelation ist besorgniserregend, denn sie ist damit vielleicht ein Ausdruck der bereits angesprochenen Rückkopplungen. Mehr Gas → wärmeres Klima → mehr Gas …

Seit der letzten Eiszeit waren die Verhältnisse auf der Erde auffallend stabil. Die globale Mitteltemperatur hat über weite Zeiten um weniger als ein Grad variiert,

climate disaster triggered by the evolution of oxygenic photosynthesis. *PNAS* 102: 11131-11136.

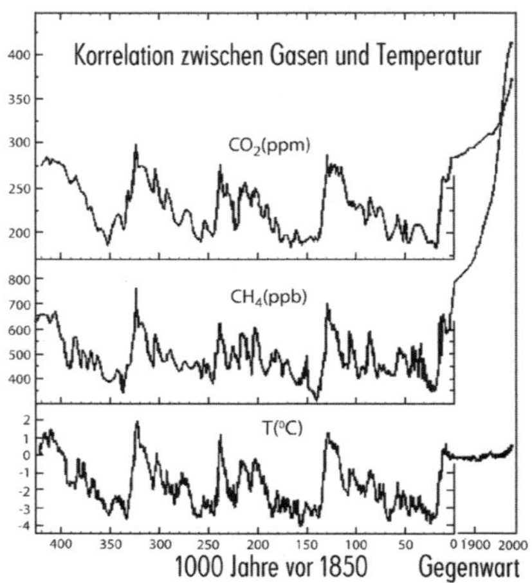

Abbildung 18: Rekonstruierte Temperatur und atmosphärische Konzentration von CO_2 und CH_4, ermittelt aus der Wostok-Serie im Antarktiseis, die beinahe 500.000 Jahre zurückreicht.

selbst wenn wir die Wärmeperiode mit einbeziehen, die ihr Maximum vor ungefähr 1.000 Jahren hatte, oder die kleine Eiszeit im 17. Jahrhundert. Weiter in der Vergangenheit waren die Schwankungen wesentlich größer, in der Regel mit einem Abstand von jeweils gut 100.000 Jahren. Der Eisbohrkern der russischen Antarktis-Station Wostok reicht 3,6 Kilometer in die Tiefe und deckt damit eine Zeitspanne von knapp 500.000 Jahren und vier bekannte Eiszeiten ab.[99]

Eine Theorie über die periodischen Klimaschwankungen stammt von dem serbischen Mathematiker Milutin Milankovic aus dem Jahre 1916.[100] Da die Erdbahn elliptisch ist, gibt es immer wieder Perioden mit stärkerer und schwächerer Sonneneinstrahlung. Milankovic be-

99 Petit, J. R. et al. (1999): Climate and atmospheric history of the past 420,000 years from the Vostoc ice core, Antarctica. *Nature* 399: 429-436.

100 http://earthobservatory.nasa.gov/Features/Milankovitch/.

rechnete daraus eine zyklische Periodizität von 23.000 und 41.000 Jahren, bei der sowohl die Erdbahn als auch der Schiefstand im Verhältnis zum Sonnenstand und die Rotationsgeschwindigkeit berücksichtigt wurden. Die Konsequenz war, dass die Sonnenintensität auf der Erde in regelmäßigen Intervallen variiert. Wenn historische Klimavariationen nur auf eine Variation des Einstrahlungswinkels zurückzuführen sind, wirkt der erdeigene Thermostat plötzlich nebensächlich. Man hat den Eindruck, als wäre eine unsichtbare Hand im Spiel, die die Heizlampe mal mehr, mal weniger stark aufdreht. Auch wenn Milankovics Berechnungen logisch sind, stimmen sie nur schlecht mit den beobachteten Zyklen von rund 100.000 Jahren überein. Können es andere Mechanismen sein, die der Erde helfen, sich selbst zu regulieren?

Die im Abstand von rund 100.000 Jahren wiederkehrenden Schwingungen scheinen ihrerseits Teil eines deutlich längeren Zyklus zu sein, doch was das angeht, ist das historische Archiv noch weniger verlässlich. Der Eisbohrkern kann uns da auch nicht mehr helfen. Es ist aber davon auszugehen, dass es erdgeschichtlich mehrere Perioden gegeben hat, in denen der Fortbestand des Lebens gefährdet war.

Das PETM (Paläozän/Eozän-Temperaturmaximun) fand vor 55 Millionen Jahren statt. Wollen wir besonders hart zur Sache gehen und erklären, wie schlimm es mit dem Klima werden wird, wenn wir so weitermachen, berufen wir uns oft auf das PETM.[101] Die Ursachen für die Erwärmung waren damals andere als heute, aber die Temperatureffekte und die Übersäuerung der Meere waren durchaus vergleichbar mit den Verhältnissen, auf die wir

101 Pagani, M. et al. (2006): An ancient carbon mystery. *Nature* 314: 1556–1557. Svensen, H. et al. (2004): Release of methane from a volcanic basin as a mechanism for initial Eocene global warming. *Nature* 429: 542. PETM wird überdies auch ausführlich besprochen in Archers *The Global Carbon Cycle*.

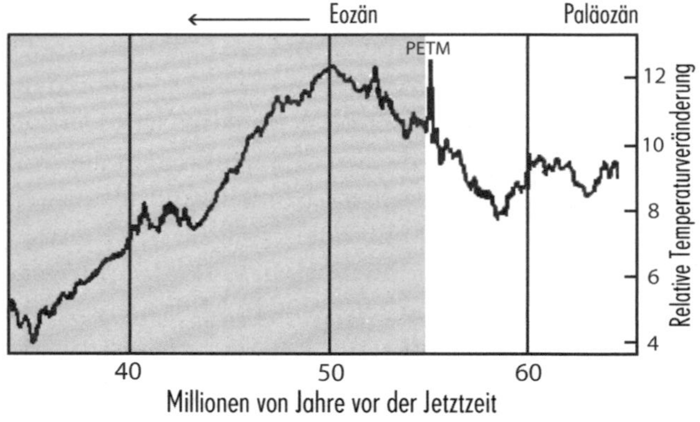

Abbildung 19: Temperaturentwicklung rund um das PETM.

jetzt zusteuern. Das Geschehnis als solches ist über die Isotopenverhältnisse im $CaCO_3$ der Tiefseesedimente dokumentiert. Diese zeigen, dass das CO_2 dramatisch zunahm und die Temperatur (nach geologischen Maßstäben) sehr rasch um 5–10 °C stieg. Dann dauerte es etwa 200.000 Jahre, bis das System sich wieder erholte. Das PETM markiert aber den dramatischen Beginn einer unruhigen Epoche mit mehreren abrupten Erwärmungsphasen. Diese waren nicht mehr von derselben Dimension wie beim PETM. Sie führten aber dazu, dass die durchschnittliche Meerestemperatur um 3 °C anstieg und das Meer stark versauerte, sodass eine Reihe von Arten ausstarb.

Keiner, der sich Sorgen um unseren Planeten macht, wird von der Vorstellung, dass so etwas möglich ist, begeistert sein.

Gleichzeitig steckt aber auch ein gewisser Trost in der Erkenntnis, dass auch aus dieser Episode tatsächlich kein irreversibler Prozess mit weiterem CO_2- und Methananstieg und Temperaturen wie auf der Venus gefolgt ist. Ein zentraler Unterschied zwischen der Venus und der Erde ist natürlich, dass die Venus all ihr Wasser verloren hat. Ohne Wasser keine Verwitterung, und die Verwitterung ist der entscheidende Faktor für die Entfernung von CO_2 aus der Atmosphäre. Schaut man sich die langfristigen Entwicklungen auf der Erde an, bekommt man den Eindruck, dass der (oder die) Thermostat(-e) irgendwann, nach und nach, dann doch noch eingewirkt haben – wenn auch spät.

Aber was hat das PETM ausgelöst? Das lässt sich nicht zweifelsfrei beantworten. CO_2 und CH_4 müssen aber beteiligt gewesen sein, auch wenn unklar bleibt, was zuerst kam. Vermutlich haben sie sich durch eine Reihe von Rückkopplungseffekten gegenseitig in die Höhe geschaukelt. Der Superkontinent Pangäa brach durch die Drift der Kontinentalplatten vor 200 Millionen Jahren langsam auseinander, und diese Teilung war erst im Paläozän vor 55 Millionen Jahren abgeschlossen. Als sich die Landmassen im Nordatlantik trennten, öffneten sie wortwörtlich das Tor für heftige vulkanischer Aktivität, sodass viel CO_2 in die Atmosphäre gelangte, vielleicht genug, um die Temperatur um ein paar Grad zu erhöhen – also ungefähr in die Richtung, wo wir heute sind. Der Rest der Geschichte sollte uns größere Sorgen machen. Die Temperaturerhöhung scheint nämlich einen noch stärkeren CO_2-Ausstoß stimuliert zu haben, zum Beispiel durch die Übersäuerung der Meere, eventuell aber auch durch einen Netto-CO_2-Austrag aus den Landflächen. Und die Temperaturen stiegen weiter. In der nächsten Stufe kann dann das Methan dazugekommen sein. Vielleicht tauten die gefrorenen Methanhydrate im Meer auf, gaben ihr Methan frei und gossen damit Öl (oder eher Gas) ins Feuer. Die Temperatur stieg um mehr als 5 °C und vielleicht noch höher, bis irgendwann ein Maximum erreicht war. In den folgenden 200.000 Jahren sanken die Temperaturen nur langsam, bevor die nächste Erwärmung einsetzte. Aber was bewirkte damals das Schmelzen der Gashydrate und das Freisetzen des Methans? Es ist schwer, sich eine entsprechende Kraft vorzustellen, außer starken Erdbeben oder Vulkanausbrüchen. Eine andere Möglichkeit ist das Schmelzen von tief liegendem Gesteinen mit viel organischem Kohlenstoff, das dann in einer spontanen, umfangreichen Freisetzung von CO_2 aus dem Meeresboden mündete.[102] Ungeachtet der Ursache ist das wirklich Beängstigende, dass selbst während des PETM jährlich nicht mehr als 5 Milliarden Tonnen CO_2 freigesetzt wurden. Das ist *ein Siebtel* des *heutigen* Ausstoßes.

Während des PETM geschahen aber auch noch andere Dinge. Durch hohe Temperatur in tiefen Erdschichten wurde ein Teil des organischen Kohlenstoffs in den Sedimentgesteinen als CO_2 und CH_4 freigesetzt, das damit seinerseits zur Erwärmung beitrug. Ein anderer, vielleicht größerer Teil, verwandelte sich unter hohem Druck zu Erdöl oder Erdgas (Methan). Das langsame Entweichen des Methans trug so dazu bei, dass die Temperaturen nach dem Maximum des PETM noch lange auf hohem Niveau blieben.

Aber auch das PETM war nicht das Ende der Erde. Das Leben rappelte sich wieder auf. Es war zwar nach dem PETM in vielen Fällen nicht dasselbe wie zuvor. Die meisten Lebensformen scheinen aber trotzdem irgendwie überdauert zu haben, vielleicht indem sie zu den Polen gewandert sind, wo es noch kühler war. Wahrscheinlich brachte die Urey-Reaktion die Dinge wieder ins Lot, auch wenn dies einige Hunderttausende von Jahren dauerte. Da das Leben in Form von Pflanzen, Pilzen und Bakterien das Land nun richtig erobert hatte, trug es seinerseits zum Verwitterungsprozess bei. Überdies zogen Wälder und Meere Kohlenstoff aus der Atmosphäre und speicherten ihn wie noch heute in Boden und Meeressedimenten, wie sie es noch heute tun.

102 Svensen, H. et al. (2004): Release of methane from a volcanic basin as a mechanism for initial Eocene global warming. *Nature* 429: 542.

PETM und andere Warmphasen im Eozän (Die Periode vor 56–34 Millionen Jahren) waren nicht die einzigen. Die Erde wurde immer wieder von größeren und kleineren Katastrophen heimgesucht, und was für den einen eine Katastrophe war, eröffnete für den anderen neue Möglichkeiten. Des einen Leid ist des anderen Freud. Die Zunahme der Sauerstoffkonzentration war eine langsame Katastrophe für all die alten anaeroben Lebensformen, schuf aber die Grundlage für alle »modernen«, komplexen Lebensformen.

Mein Kollege Henrik Svensen gehört zu den Wissenschaftlern, die überzeugende Indizien dafür geliefert haben, wie große Gasaustritte auch schon vor dem PETM die Temperaturen in die Höhe getrieben haben.[103] Zu Beginn des Zeitalters der Dinosaurier, an der Grenze zwischen Perm und Trias, kam es ebenfalls zu einer dramatischen Erwärmung, die fast das Niveau des PETM erreichte. Die Ursache war vermutlich der Ausstoß von CH_4 und CO_2 aus großen, schornsteinartigen vulkanischen Strukturen in Ost-Sibirien. Die Mitteltemperatur der Erde nahm etwa um 6 °C zu, das Meer wurde saurer und – noch schlimmer – größtenteils sauerstofffrei. Es kam dadurch zu einem der schlimmsten Artensterben in der Geschichte der Erde. Verschlimmert wurde das Ganze noch durch vulkanische Gase, die die Ozonschicht in der Atmosphäre angriffen. Auch dieses Mal dauerte es etwa 200.000 Jahre, bis die Temperaturen sich wieder normalisiert hatten. Das Meer allerdings brauchte fast 500.000 Jahre, um sich wieder zu fangen. Die Wälder benötigten noch länger – im frühen Trias wurde fast 10 Millionen Jahre lang keine Kohle gebildet (»the coal gap«).

Vielleicht gab dies den Anstoß zur Ära der Dinosaurier. Das ist bis heute unklar. Wir glauben aber zu wissen, dass ein massiver Meteorit den Dinosauriern 10 Millionen

103 Svensen, H. (2012): Geochemistry: Bubbles from the deep. *Nature* 483:413–415.

Jahre vor dem PETM ein *Ende* bereitete. Die Dinosaurier hätten die Warmphase des PETM sicher überstanden, auf jeden Fall einige von ihnen. Der Meteoriteneinschlag bewirkte aber – vielleicht im Verein mit Vulkanen – einen Rückgang des Pflanzenwachstums und eine Abkühlung des Planeten durch die Abschirmung des Sonnenlichts. Der reduzierte Pflanzenwuchs führte zu mehr CO_2 in der Atmosphäre, was dann wieder zu besseren Lebensbedingungen führte und wenigstens einen Seitenzweig der Dinosaurier vor dem Aussterben bewahrte – die Vögel.

Die vorübergehende Abkühlung ist aber nichts im Vergleich zu dem, was vor 650 Millionen Jahren zu der massiven Kältephase führte, die schließlich im »Schneeball Erde« mündete. Es ist umstritten, was diese katastrophale Abkühlung in Gang setzte, und manche Leute sind überdies der Meinung, dass die Bezeichnung Schneeball eine kräftige Übertreibung ist. Es gibt aber viele Hinweise darauf, dass der Planet für eine ganze Weile so eingefroren war, dass das Eis in Richtung Äquator vorrückte. Hätte es ihn erreicht, hätte es für das Leben bei all dem Weiß in der Tat ziemlich finster ausgesehen. Es ist jedoch durchaus möglich, dass auch hier die Thermostatmechanismen halfen, denn die Vulkane stießen ja weiterhin ihre Gase in die Atmosphäre aus, darunter reichlich CO_2, und dieses konnte sich dort anreichern, da durch die eisbedeckte Erdoberfläche die Verwitterung nicht mehr als CO_2-Fänger fungierte. Die Erwärmung, die aus der zunehmenden CO_2-Konzentration folgte, konnte dann langfristig das Abschmelzen der Eiskappen einleiten, bis die Erdoberfläche wieder zum Vorschein kam und alles wieder seinen Gang ging. Es ist nicht auszuschließen, dass vor 600 Millionen Jahren auf diese Weise das Leben in Äquatornähe bewahrt wurde und sich von dort aus erneut ausbreitete, als die Bedingungen wieder besser wurden.

Die langsame CO_2-Bindung der Verwitterung kann mit langsamen Veränderungen der Gaskonzentrationen

Schritt halten. Mit Ausnahme von seltenen gigantischen Vulkanausbrüchen kann so auch der CO_2-Ausstoß der geologisch aktiven Regionen unter Kontrolle gehalten werden. Aber auch katastrophale Ausbrüche können kompensiert werden, nur eben nicht sofort, sondern im Laufe von rund 100.000 Jahren. In erdgeschichtlichen Dimensionen ist das (bei einem Erdalter von 4,5 Milliarden Jahren) keine lange Zeitspanne. Für uns ist das allerdings nur ein schwacher Trost, denn *wir* brauchen *heute* etwas, das den Thermostat schneller und effektiver zurückdreht. Und hier tritt die Biologie auf den Plan. Zumindest solange wir die Heizung nicht so weit aufdrehen, dass der Thermostat den Dienst quittiert.

Wie schon erwähnt, steigert der Wald die Verwitterungsintensität, aber der Wald ist natürlich auch selbst vom Klima abhängig. Zunehmende Verwitterung bindet mehr CO_2, sodass die CO_2-Konzentration in der Atmosphäre abnimmt. Damit wird es kühler und trockener, was in weniger Wald und weniger Verwitterung resultiert, bis die CO_2-Produktion die Verwitterung wieder übersteigt. Bei der Verwitterung geschieht aber noch mehr: Phosphor und Silikat werden aus den Gesteinen gelöst und mit den Flüssen ins Meer transportiert, wo sie die Produktion von Algen in Schwung bringen. Es sei in diesem Zusammenhang noch einmal daran erinnert, dass das pflanzliche Plankton im Meer fast so viel Kohlenstoff binden kann wie die Pflanzen an Land. Davon abgesehen spielen sie aber sehr unterschiedliche Rollen. Die Algen tragen nicht zur Verwitterung bei und haben deshalb keinen Einfluss auf den Verwitterungsthermostat. Stattdessen bilden sie über die Nahrungskette die Ausgangsbasis für fast den gesamten biologischen Umsatz im Meer, und sie sorgen als biologische Pumpe für den Transport von Kohlenstoff und von so wichtigen Nährstoffen wie Phosphor, Stickstoff und Silizium von den produktiven oberen Wasserschichten in die dunklen

Zonen der Tiefsee. In diesem Zusammenhang spielen Ehux und andere Kalkflagellaten eine wichtige Rolle, genau wie die Kieselalgen, die häufig im Frühjahr das Algenwachstum dominieren. Diese Algen profitieren in erster Linie von einer gesteigerten Silikatzufuhr (SiO_3), weil dies der nötige Baustein ihrer Kieselschale ist, aber sie tragen damit längerfristig auch zu der Verlagerung von Silikat von der Oberfläche zum Meeresgrund bei.

Algen sind auch in anderer Hinsicht wichtig. Viele Algengruppen produzieren Dimethylsulfid, über das wir bereits gesprochen haben. Diese Verbindung kann auf unterschiedliche Weise reagieren und ist wahrscheinlich wichtig für die osmotische Regulierung der Algen. Bedeutende Mengen Dimethylsulfid landen in der Atmosphäre. Dort sind sie eine wichtige Quelle für Sulfat-Aerosole, die wiederum wichtig für die Wolkenbildung und damit für das Klima sind. Dieser Sulfat-Effekt war eine zentrale Inspiration für Lovelocks Gaia-Theorie. Mehr Algen entfernen also nicht nur mehr CO_2 aus der Atmosphäre, sie wirken auch abkühlend, indem mehr Sonnenlicht durch die Wolken reflektiert wird. Die verminderte Verwitterungsaktivität als Folge des geringeren CO_2-Gehalts in der Atmosphäre führt dann wieder dazu, dass weniger Phosphor und Silikat ins Meer gelangen.

Es gibt andere derartige Zusammenhänge. Einige sind gut dokumentiert, andere sind wahrscheinlich und wieder andere werden bisher nur vermutet. Eine verringerte Algenproduktion aufgrund einer reduzierten Zufuhr von Phosphor und Silikat führt zu einer geringeren Sauerstoffkonzentration im Meer und damit zu einem erhöhten Risiko für Sauerstoffdefizite im Tiefenwasser. Ähnliches kann bei zunehmender Versauerung geschehen, und es würde sich wiederum auf den Stickstoffhaushalt und damit auch auf die Algenproduktion auswirken. Steht reichlich Stickstoff zur Verfügung, kann das System kippen, sodass plötzlich der Phosphor zum begrenzenden

Faktor wird (Liebigs Fass). Ist dies der Fall, ist die Verwitterung entscheidend für die Biomasse-Produktion der Meere.

So könnten wir weitermachen, wobei die Zusammenhänge und Rückkopplungen immer komplexer werden. Ich denke aber, dass der entscheidende Punkt ausreichend klar ist: All diese Kreisläufe greifen wie Zahnräder ineinander. Die Maschinerie verstehen wir allerdings noch nicht in ihrer Gesamtheit, zumal die Zahnräder von unterschiedlicher Größe sind und von Motoren mit verschiedenen Übersetzungen angetrieben werden. Um eine Zelle oder ein Individuum zu bauen, muss sich der Kohlenstoff mit seinen Nachbarn im Periodensystem verbünden, insbesondere mit Stickstoff, Phosphor und Sauerstoff. Die globalen Kreisläufe sind auf dieselbe Art und Weise schicksalshaft miteinander verknüpft. Bis jetzt hat der Sauerstoff als Reaktionspartner für Kohlenstoff nur stiefmütterliche Beachtung gefunden, dabei ist ihre Verbindung von globaler Bedeutung. Da Sauerstoff zweifelsohne das Element ist, mit dem der Kohlenstoff die innigste Verbindung eingeht, ist es an der Zeit, sich ihn einmal etwas genauer anzuschauen.

Die Evolution des Sauerstoffs

Sauerstoff war seit jeher der unzertrennliche Partner des Kohlenstoffs, nicht nur, weil sie gemeinsam CO_2 bilden, das eine große Macht über das Leben hat, sondern auch weil C und O sich in vielen Reaktionen gegenseitig spiegeln. Auch wenn der Anteil von O_2 in der Atmosphäre erheblich höher ist als der von CO_2, gibt es mehr als genug organischen Kohlenstoff in Boden und Meer, damit diese beiden Elemente miteinander in Wechselwirkung treten können. Der Sauerstoff in der Atmosphäre hat ebenfalls seine Rückkopplungsmechanismen. Viele davon sind eng mit dem Kohlenstoff verbunden.[104]

Die Atmosphäre war noch ungefähr eine Milliarde Jahre beinahe frei von Sauerstoff, nachdem die ersten Cyanobakterien mit ihrer mühseligen Arbeit begonnen hatten und die Atmosphäre langsam mit Sauerstoff füllten. Das war ein eher unfreiwilliger Job – Sauerstoff war zunächst ein unvermeidliches Übel, ein Abfallprodukt des neu erlernten Kunststücks der Cyanobakterien, Wasser als Grundlage der Photosynthese zu spalten. Aber wie kann man sich da eigentlich so sicher sein? Es gibt keine Fossilien oder eingefrorene Luft aus diesem Zeitalter.

In Abwesenheit von Sauerstoff, aber im Beisein von Eisen und Sulfid (beispielsweise in der Verbindung H_2S) wurde Schwefelkies gebildet (FeS_2), auch Pyrit oder »Katzengold« genannt. Jeder, der je mit Kindern im Souvenirladen vom Geologischen Museum gewesen ist, ist sicherlich mit einem Stück Schwefelkies wieder herausgekommen, das glücklicherweise nicht wie Schwefelwasserstoff riecht.

104 Berner, R. (2004): *The Phanerozoic Carbon Cycle: CO_2 and O_2*. Oxford University Press. Canfield, D. E. (2014): *Oxygen. A Four Billion Year History*. Princeton University Press. Goldblatt, C., Lenton, T. M., Watson, A. J. (2006): Bistability of atmospheric oxygen and the Great Oxidation. *Nature* 443: 683–687.

Stattdessen hat der Schwefel mit dem Eisen hübsche messing- oder goldähnliche quadratische Kristalle gebildet – ein sehr vorteilhafter Partnertausch. Schwefelkies kann nur in Abwesenheit von Sauerstoff entstehen – man kann die Existenz von alten geologischen Schichten mit Flussablagerungen mit reichlich Schwefelkies bis zu einer Zeit vor 2,3–2,4 Millionen Jahren verfolgen. Dann verschwinden plötzlich die Spuren des Schwefelkieses und auch die anderer leicht oxidierbarer Verbindungen aus Sedimenten, was ein Indiz dafür ist, dass zu dieser Zeit O_2 in Erscheinung tritt. Dieser Hinweis lässt sich durch die Analyse von Schwefel- und Kohlenstoffisotopen anderer geologischer Vorkommen aus derselben Zeit bestätigen. Logisch wäre es, wenn der Sauerstoffpegel gleichmäßig angestiegen wäre, doch auch hier weicht die Natur von Darwins Regel *Natura non facit saltum* ab – die Natur macht keine Sprünge. Darwins Aussage bezog sich wohlgemerkt auf die Evolution. Aber auch hier sollte sich früher oder später herausstellen, dass die Natur sehr wohl Sprünge machte, nicht zuletzt, weil sich die Sauerstoffbedingungen änderten.

Der Sauerstoff lag damals noch weit unter dem heutigen Niveau, aber die jähen Veränderungen zeigen, dass sich das Verhältnis zwischen produziertem und konsumiertem O_2 geändert hatte. Die Produzenten waren in erster Linie die Cyanobakterien, doch es ging viel verloren. Ein Großteil des Sauerstoffs verschwand in chemischen Oxidationsprozessen, aber vor ungefähr 2,3 Millionen Jahren verschob sich die Bilanz ins Positive. Gleichzeitig nahm der CO_2-Gehalt ab, auch wegen der Bindung des Kohlenstoffs in der Photosynthese.

Dann kam es zu einer interessanten Rückkopplung. Mehr Sauerstoff führte nicht nur zur Oxidation von Schwefelkies, sondern auch von Eisensulfid (FeS), und das Ergebnis war ein Regen aus Schwefelsäure wie in der schlimmsten Zeit des Sauren Regens in den 1970er und

1980er Jahren. Damals waren Schwefelrückstände aus der Verbrennung von Kohle die Ursache. In jedem Fall führt Schwefelsäure zu zunehmender Verwitterung und damit zu einer erhöhten Freisetzung von Phosphor aus dem Grundgebirge, besonders aus den enormen Schichten, in denen Phosphor als Apatit gebunden war. Dieses Mineral ist unseren Zähnen und Knochen nicht unähnlich. Diese Rückkopplung ist nur eine Hypothese, aber eine logische. Falls sie der Wahrheit entspricht, verursachte also die Zunahme von O_2 in der Atmosphäre sauren Niederschlag, was wiederum zur Freisetzung von Phosphor (und wahrscheinlich auch von Silikat) führte. Daraufhin wurden die Produktionsprozesse im Meer angekurbelt. Die Folge war ein beschleunigter Anstieg von O_2 (auf Kosten von CO_2).

Paradoxerweise hätte diese Versauerung auf längere Sicht dem Meer durch die Freisetzung von $CaCO_3$ aus dem Gestein eine größere Pufferkapazität beschert. Das gleiche gilt für die vom Menschen verursachte Übersäuerung durch den Schwefelniederschlag von Kohlekraftwerken. Dieser führte einerseits zu einer Übersäuerung von Flüssen und Seen. Andererseits erhöhte er die Menge an pufferwirksamem $CaCO_3$ im Meer, und half so beim Kampf gegen die Übersäuerung durch CO_2. Heute können wir tatsächlich beobachten, dass der Rückgang von Übersäuerung oft mit dem Rückgang von Calcium einhergeht. Weniger Übersäuerung ist natürlich eine gute Sache, während weniger Calcium nicht ganz so vorteilhaft ist. Viele Süßwasserarten erleiden eine Art von Osteoporose in Form von Problemen an ihren Kalkschalen – nicht wegen der Übersäuerung, sondern weil ihnen das Calcium als wesentlicher Baustein fehlt.

Es sollte immer noch eine Weile dauern, bis der Sauerstoff das heutige Niveau erreichte. Schließlich lag sein Anteil bei 20–25 Prozent O_2, und blieb dort schätzungsweise über die letzten 500 Millionen Jahre oder vielleicht sogar länger. Vor 575 Millionen Jahren entstanden etwas komplexere Weichtierarten, und 25 Millionen Jahre später setzte die »Kambrische Explosion«[105] ein. Eine Explosion war dies nur aus evolutionärer Sicht, doch der Begriff bezeichnet eine Periode von mehreren Millionen Jahren, in denen das Leben verschiedene Experimente machte. Zahlreiche neue Tierarten wie Trilobiten kamen und verschwanden wieder und stellten ein weiteres Gegenargument zu Darwins Beobachtung, dass alles Leben schrittweise entsteht. Die Trilobiten waren Tiere, die wie wir und alle anderen höheren Tierarten von Zellatmung abhängig waren, also haben wir gute Gründe anzunehmen, dass die Cyanobakterien und andere Photosynthese treibenden Organismen die Grundlage für höheres Leben auf der Erde bereiteten. Auch die Ozonschicht, die die schädliche ultraviolette Strahlung ausreichend filterte, konnte erst in unserer modernen Atmosphäre entstehen.

Hundert Millionen Jahre nach der Kambrischen Explosion war O_2 auf dem Weg nach oben. Die großen Sumpfwälder im Karbon und Perm beherrschten die Landflächen des Planeten. Hier wurde die Grundlage für Kohle, Öl und Gas gelegt, das 300 Millionen Jahre später in einem historischen Wimpernschlag verbrannt werden sollte. Es wurden enorme Mengen von Sauerstoff gebildet, und als das Maximum erreicht war, lag der Sauerstoff-Anteil in der Atmosphäre bei ungefähr 35 Prozent.[106] Dieser Zeit können wir Fossilienfunde monströser Insekten zuordnen – sie sind Indizien dafür, dass in dieser Zeit einzigartige Bedingungen herrschten. Zwischen 1877 und 1894 betrieb der Paläontologe Charles Brongniart Studien in einem Steinbruch in Commentry in Nordfrankreich. Es handelte sich um einen 300 Millionen

105 Gould, S. J. (1990): *Wonderful Life: The Burgess Shale and the nature of history.* Norton Publishers.

106 Glasspool, I. J., Scott, A. (2010): Phanerozoic concentrations of atmospheric oxygen reconstructed from sedimentary charcoal. *Nature Geoscience* 3: 627–630.

Jahre alten geologischen Fundort, der einst der Grund eines Binnensees war.[107] Binnenseesedimente mit sauerstofffreiem Bodenwasser bescheren uns die besten Fossilien, denn im Schlamm dort unten wurden tote Tiere und Pflanzen sanft beerdigt, ohne zu verrotten. Wenn der Bodenschlamm zusammengepresst und zu Stein verhärtet wird, kommen, falls er an Land gelangt, perfekt erhaltene Fossilien ans Tageslicht, von allein oder unter Einsatz eines Paläontologenhämmerchens.

Brongniarts Hämmerchen traf auf genau so einen Schatz. Sein berühmtester Fund war die Libelle *Meganeura*, die heute im Naturkundemuseum in Paris bestaunt werden kann. Sie weist eine Flügelspanne von 63 Zentimetern auf. Das inspirierte auch andere zur Fossiliensuche, und schon kurz darauf tauchten Köcherfliegen in der Größe von Kolibris auf, ein Meter lange Tausendfüßler und Spinnen, die die Taranteln von heute wie kleine Tierchen aussehen lassen. Gerade erst im Jahr 2005 wurde in Schottland an einer Fundstätte aus derselben Zeit die Spur eines Tiers gefunden, von dem man annimmt, dass es sich um einen etwa 1,5 Meter langen Wasserskorpion handelte. Der Wasserskorpion von heute ist ungefähr 1,5 Zentimeter groß. Insekten und Gliedertiere sind nicht gerade effektiv, was die Aufnahme von Sauerstoff angeht. Sie haben keine Lungen, also muss der Sauerstoff durch Luftkanäle (Tracheen) in den Körper gelangen. Je größer das Insekt, umso schwieriger wird die Sauerstoffaufnahme. Das Problem wurde damals anscheinend von einem Sauerstoff-Rekordhoch ausgeräumt.

Die guten Zeiten für Monsterinsekten sollten jedoch bald vorbei sein, und das Pendel schwang zurück in die andere Richtung. Der O_2-Gehalt der Atmosphäre fiel auf 15 Prozent. Der Thermostat sprang an, aber das geschah

107 Die Geschichte zu Brongniarts Entdeckungen sind beschrieben in Beerlings *The Emerald Planet*.

nicht besonders gezielt. Die massive Pflanzenproduktion an Land und die daraus folgende Ablagerung von Kohle, Öl und Gas muss am atmosphärischen CO_2 gezehrt haben. Zur Krönung hat eine massive Verwitterung durch Landpflanzen dafür gesorgt, dass das Meer zu Genüge mit Phosphor versorgt wurde, was den CO_2-Gehalt noch weiter sinken ließ. Irgendwann müssen die Pflanzen unter Atemnot gelitten haben und an ihrem eigenen Erfolg beinahe erstickt sein, verzweifelt bemüht, Spuren von CO_2 in all dem Sauerstoff zu finden.

Die zahlreichen Verbindungen und Rückkopplungen des Sauerstoffs mit Kohlenstoff arbeiten teilweise langsam und komplex. Teilweise bestehen sie auch nur indirekt oder werden nur vermutet. Es gibt jedoch eine augenblickliche und direkte Verbindung der beiden Elemente, die wir selbst beobachten können: den Waldbrand. Brände hatten eine wesentliche Auswirkung auf den Kohlenstoffhaushalt des Planeten und die Entwicklung der Pflanzen, und sie haben diesen Effekt immer noch. Schätzungsweise 4 Prozent der bewachsenen Oberfläche der Erde brennen jedes Jahr.[108]

Wenn die O_2-Konzentration in der Atmosphäre deutlich über 30 Prozent liegt, steigt das Risiko von Waldbränden. Bei besonders hohen Konzentrationen wird jeder noch so kleine Blitzschlag ein Feuer auslösen. Massive Waldbrände verursachen einen massiven CO_2-Ausstoß, und selbst wenn das nicht ausreicht, um den Sauerstoffanteil in der Atmosphäre zu beeinflussen, so ist es doch ein wichtiger Beitrag, um die Produktion von O_2 durch die Vegetation an Land zu reduzieren. Zurückgehende Waldflächen bremsen den Verwitterungsprozess, der Transport von Phosphor und Silikat ins Meer geht zurück und da-

108 Randerson J. T. et al. (2012): Global burned area and biomass burning emissions from small fires. *Journal Geophys. Res. – Biogeosciences* 117: DOI: 10.1029/2012JG002128.

raufhin sinkt auch die O_2-Produktion durch Algen. Vor 300 Millionen Jahren muss die Atmosphäre eine ziemlich kurze Lunte gehabt haben und große Waldbrände waren relativ wahrscheinlich. Als Folge schwenkte O_2 zurück auf ein normales Niveau, und die CO_2-Konzentration stieg wieder an.

Es ist natürlich schwer zu sagen, ob der Thermostat wirklich auf diese Weise eingegriffen hat, oder ob doch andere Faktoren im Spiel waren, wie Vulkanausbrüche, Meteoriteneinschläge oder ähnliches. Doch es existiert definitiv eine Reihe von chemischen und biologischen Rückkopplungen, die mit einer gewissen Wahrscheinlichkeit in Kraft treten, wenn das Pendel zu sehr in die eine oder andere Richtung ausschwingt.

Wie schon erwähnt, können wir die aktuelle Verbrennung, durch die Beobachtung der O_2-Konzentration in der Atmosphäre überwachen, deren Verlauf ein Spiegelbild der Keeling-Kurve ist. Während CO_2 stetig ansteigt, sinkt O_2 in einem stöchiometrischen Verhältnis, mit 2 Sauerstoffatomen pro Kohlenstoffatom. Dennoch bestimmt der Sauerstoff das Verhältnis von Kohlenstoff und Sauerstoff in der Atmosphäre, sodass selbst bei einem messbaren Rückgang von O_2 für uns kein Grund zur Sorge besteht. Selbst wenn alle bekannten Kohle-, Öl- und Gasvorkommen verbrannt würden, würde das nur 1 Prozent des Sauerstoffgehalts der Atmosphäre ausmachen. Wir Landbewohner müssen also keine Angst vor Atemnot haben. Das führt jedoch auch zu dem Schluss, dass sich die früheren Schwankungen von O_2 nicht allein durch den organischen Kohlenstoff erklären lassen.

Das Leben unter Wasser hingegen hat allen Grund zur Besorgnis. Das Oberflächenwasser, das mit der Atmosphäre in Kontakt steht, ist normalerweise mit dem O_2-Gehalt der Atmosphäre im Gleichgewicht. Ab und zu kann es wegen aktiver Algenproduktion sogar mit O_2 gesättigt sein. Unten in der Tiefe hingegen schwindet das Licht. Und das umso schneller, je mehr Partikel und braune Humusstoffe im Wasser enthalten sind. Am »Kompensationspunkt« ist die Menge an Licht so gering, dass die Aufnahme von CO_2 und die Produktion von O_2 im Gleichgewicht sind. Unterhalb dieses Niveaus herrscht ein Nettoverbrauch von O_2, und das CO_2 steigt an – eine Folge des sauerstofffordernden Abbaus der Partikel, die in den Oberflächenlagen produziert wurden. Diese produktive Schicht des Meeres liegt also wie eine dünne, lebensspendende Haut über der kalten, dunklen, sauerstofffressenden Tiefsee. Abgesehen von den extremen Ökosystemen an hydrothermalen Quellen in der Tiefsee hängt alles Leben im Meer von der Produktion in den oberen Schichten ab.

Wenn die Zufuhr von organischem Material in den Tiefenlagen groß genug ist, vor allem, wenn nur eine geringe Zirkulation zwischen der Tiefe und der Oberfläche besteht, kommt es in der Tiefe zu Sauerstoffmangel. Das ist keine Krise, solange es nur vereinzelt geschieht, doch es hat bereits Perioden mit massivem Sauerstoffmangel im Meer gegeben. Teils als Folge von zu hohem Verbrauch organischen Materials, teils aufgrund chemischer Oxidation, teils wegen rückgängiger Algenproduktion, aber auch als Folge von Wassererwärmung. Gase lösen sich in warmem Wasser weniger gut als in kaltem Wasser. Der Effekt ist in jedem Fall katastrophal für das Leben im Wasser und ändert die chemische Zusammensetzung der Meerestiefen dramatisch, auch im Hinblick auf Phosphor und Stickstoff, die auch wieder Auswirkungen auf die Produktion haben. In der Geschichte gab es mehrere Episoden mit massivem Sauerstoffschwund in den Meerestiefen, Bildung von giftigen Gasen wie H_2S und einem massiven Artensterben. Im Großen und Ganzen waren diese Zeitspannen stets an die Wärmeperioden der Erde gekoppelt.

Darum betrachten wir den zunehmenden Sauerstoffmangel in vielen Tiefseegebieten mit wachsender Besorgnis.

In einigen Fällen ist die zunehmende Nutzung von Kunstdünger (aus Stickstoff und Phosphor) Schuld, in anderen Fällen die Erwärmung, aber auch die Übersäuerung der Meere spielt eine Rolle, wenn auch bisher nicht im selben Ausmaß. Die steigenden Oberflächentemperaturen in den meisten Meeresgebieten haben nicht nur zur Folge, dass die Löslichkeit von Gasen zurückgeht. Auch die Zirkulation der Wassermassen wird eingeschränkt, da warmes Wasser leichter ist als kaltes. Große Temperaturunterschiede führen zu einem »Deckel« aus warmem Wasser an der Wasseroberfläche. Hier besteht übrigens wieder eine potenzielle Rückkopplung, da dieser Deckel wiederum verhindert, dass nährstoffreiches Wasser aus der Tiefe aufsteigt. Das Ergebnis ist eine verringerte Algenproduktion und weniger »Regen« von organischem Kohlenstoff auf den Meeresboden. Ob das reicht, um dem Sauerstoffschwund entgegenzuwirken, bleibt nur zu hoffen.

Die Verbindung zwischen Kohlenstoff und Sauerstoff ist ausschlaggebend für die Geschichte der Erde und ein wichtiger, komplexer Teil des Thermostats unseres Planeten. Da Sauerstoff zahlreiche organische Verbindungen eingeht und die meisten davon oxidiert, hat er ähnlich wie Kohlenstoff fast immer seine Finger mit im Spiel. Beispielsweise bei der Oxidation von Schwefelkies, welche wohl in der Erdgeschichte eine Ursache für den Verlust von atmosphärischem Sauerstoff gewesen ist. Aber diese Geschichte ist zu komplex, als dass wir uns in die zahllosen promiskuösen Verbindungen des Sauerstoffs vertiefen könnten, die einen Großteil des Periodensystems ausschöpfen. Wir kommen jedoch nicht ohne die beiden Nachbarn von Kohlenstoff aus, nämlich Stickstoff und Phosphor. Sie leisten schon für sich allein einen wesentlichen Beitrag zum Leben, aber besonders ihre Verbindungen zum Kohlenstoff in den Zellen verschafft ihnen eine ausschlaggebende Rolle in der Maschinerie des Kohlenstoffkreislaufs.

Stickstoff und Phosphor – die großen Änderungen des Kreislaufs

Auch wenn die O_2-Konzentration der Atmosphäre als Folge unserer globalen Verbrennungsprozesse sinkt, so verursacht das doch nur kleine Kräuselwellen auf der Oberfläche des enormen Sauerstoffreservoirs unserer Atmosphäre. Der Stickstoffgehalt in der Atmosphäre ist sogar noch beständiger. Auf Gewichtsbasis beträgt der Stickstoffgehalt 75 Prozent, auf Volumenbasis 78 Prozent, und nichts, was wir uns in unseren kühnsten Träumen ausmalen, kann an diesem Fakt rütteln.[109] Jedenfalls nicht in absehbarer Zeit. Einer der Gründe ist, dass Stickstoff mit sich selbst in einer grundsoliden Dreifachbindung alliiert ist. Darum bezeichnen wir N_2 auch gerne als *inertes*, also nicht reaktives Gas. Die Luft, die wir einatmen, enthält beinah viermal so viel Stickstoff wie Sauerstoff, aber das stellt kein Problem dar. Wir atmen genauso viel aus, wie wir eingeatmet haben, N_2 rauscht durch unsere Lungen, ohne sich von irgendetwas beirren zu lassen. Der Name »Stick-«stoff bedeutet nicht, dass N_2 giftig ist, sondern er rührt daher, dass N_2 für die meisten Organismen nicht zu gebrauchen ist. Reines N_2 erstickt Leben und Feuer. Es bleibt aber völlig harmlos, solange uns genug O_2 zur Verfügung steht.

Der Stickstoff in unserer Atmosphäre hat über einen sehr langen Zeitraum schon viele Höhen und Tiefen erlebt – das Gas war in der jungen Atmosphäre noch nicht einmal zugegen. Sie wurde dominiert von Wasserstoff, N war nur im Ammoniak enthalten. Später bekam N_2 Gesellschaft von CO_2, als beide aus dem Inneren des Planeten herausgepumpt wurden, und in den vergangenen 4 Milliarden

109 Gruber, N., Galloway, J. N. (2008): An Earth-system perspective of the global nitrogen cycle. *Nature* 451: 293–296.

Jahren der Erdgeschichte hat N_2 die Atmosphäre dominiert. Vor ungefähr 2 Milliarden Jahren bestand die Luft aus mehr als 95 Prozent N_2, doch nach und nach musste es O_2 Platz machen. Sowohl N als auch O waren ziemlich erfinderisch, was gegenseitige Auswirkungen und Bindungen betraf, und ihre Verbindungen sind zahlreich, auch gemeinsam mit anderen Elementen. Ganz oben auf der Liste standen Kohlenstoff und Wasserstoff. Kohlenstoff hat meist ein Paar freie Elektronen, die bereit für offene und lose Bindungen sind. Für das Leben an sich spielt N erst in Proteinen eine Rolle, und der Grundbaustein der teilweise unfassbar komplexen Proteinmoleküle sind Aminosäuren. Alle Aminosäuren sind Variationen desselben Themas um eine Carboxygruppe (-COOH) und eine Aminogruppe (-NH_2). Das Bindeglied zwischen diesen beiden Gruppen ist natürlich ein Kohlenstoffatom.

Der Stickstoffkreislauf verdient sein eigenes Buch, aber hier und jetzt muss er sich damit abfinden, die zweite Geige zu spielen, trotz seiner souveränen Dominanz in der Atmosphäre. Die Kurzversion kommt hier: Atmosphärisches N_2 wird von einzelnen Bakteriengruppen gebunden, unter ihnen die Cyanobakterien, und diese Stickstofffixierung ist der ursprüngliche Ausgangspunkt für beinahe allen biologischen Stickstoff – und damit für das Leben. Es ist keine leichte Aufgabe, die starke Dreifachbindung aufzubrechen. Es erfordert einiges an Energie, das empfindliche Enzym *Nitrogenase* und die Abwesenheit von Sauerstoff. Bakterien, die dieses Kunststück auch in Anwesenheit von O_2 vollbringen können, beispielsweise an der Oberfläche von Meeren, Binnenseen oder in der Erde, erledigen den Job in speziellen Zellen mit einem sauerstofffreien Innenraum. Nitrogenase ist für die Produktion von Ammoniak (NH_3) zuständig, der von Pflanzen als Rohstoff für Aminosäuren genutzt wird. An dieser Stelle tritt Stickstoff in die Nahrungskette ein, wie Victor Summerhayes und Charles Elton von ihren einfachen Ökosystemen auf der

Insel Bjørnøya berichteten. Wenn Teile des Ökosystems sterben oder abgebaut werden, werden auch Proteine und andere stickstoffhaltige Stoffe abgebaut und kehren in den Kreislauf zurück. Auch Tiere haben das Bedürfnis, sich von stickstoffhaltigen Abfallprodukten zu befreien. Wir Menschen erledigen das über den Urin. Dieser Urin wiederum kann, nach ein paar kleineren Modifikationen, von Pflanzen verwertet werden.

Ein Teil des reduzierten Stickstoffes in toten Organismen und Ausscheidungen (wie Urin), wird begierig von anderen Bakterien aufgenommen und dann in mehreren Schritten oxidiert. Zunächst zu Nitrit (NO_2^-), dann zu Nitrat (NO_3^-). Nitrat ist die zweite Form von N, die von Pflanzen genutzt werden kann, aber ein Teil des Nitrats wird wiederum von Bakterien aufgenommen, die Nitratreduktion betreiben. Das führt NO_3^- via NO_2^- und N_2O zurück zu N2, und der Kreis schließt sich. Nun kann sich der geneigte Leser fragen, welche Relevanz das für den Kohlenstoff hat, abgesehen davon, dass es offensichtlich ohne Stickstoff im Umlauf der Ökosysteme auch keinen Kohlenstoff im Umlauf gäbe, ja, schlichtweg kein Leben.

Die Hauptverbindung zwischen dem N-Zahnrad und dem C-Zahnrad bilden letztlich wir: Wir haben massiv in den Stickstoff-Zyklus eingegriffen, und dafür gibt es zwei Gründe. Jeder Verbrennungsprozess bildet nicht nur CO_2, sondern oxidiert auch N_2 zu NO_x (die Standardbezeichnung für ein Gemisch aus NO und NO_2). In verschiedenen weiteren Prozessen wird dann NO zu NO_2, und NO_2 reagiert mit Wasser zu Salpetersäure (HNO_3) in der Atmosphäre. Diese Säure kann weite Wege zurücklegen, bevor sie abregnet. Sie hat zwei Effekte, sie düngt, und versauert. Beide Effekte haben Auswirkungen auf den Kohlenstoffkreislauf. Übersäuerung führt zu steigender Verwitterung, und wir wissen bereits, was das für CO_2 (und Phosphor) bedeutet – das Pflanzenwachstum nimmt zu, sowohl zu Land als auch im Wasser.

Ein weiterer Eingriff ist die Haber-Bosch-Methode der Düngemittelindustrie, bei der Ammoniak durch Elektroschockbehandlungen von Wasserstoffatomen in Methan und von N_2 in der Luft hergestellt wird. Dies ist ein zentraler Faktor der grünen Revolution. Die Kehrseite der Medaille ist jedoch, dass Überdüngung in der Landwirtschaft zu unerwünschtem Zuwachsen von Wasserwegen und Küstengebieten führt. Außerdem verdampfen raue Mengen von Ammoniak von den Feldern und Äckern. Sie steigen in die Atmosphäre auf und werden mit denselben Winden verbreitet wie NO_x und HNO_3, fallen mit denselben Niederschlägen und führen zu denselben Konsequenzen: Übersäuerung und Düngung.

In vielen Regionen, beispielsweise in Südnorwegen, fällt ungefähr gleich viel oxidierter und reduzierter Stickstoff »vom Himmel«, und das in Konzentrationen, die die Werte aus vorindustriellen Zeiten um das Vielfache übersteigen. Kurz und knapp: Wir haben das stabile N_2 aus der Atmosphäre entnommen und es in biologisch aktive Formen von N umgewandelt. Inzwischen setzen wir mehr N_2 um als die Natur selbst, wir sprechen hier also von einem fundamentalen Eingriff. Das hat, wie schon gesagt, keinerlei Auswirkungen auf die Menge an N_2 in der Atmosphäre, aber auf die Ökosysteme, auf die dieser Prozess wie ein groß angelegtes Düngeexperiment wirkt. Für Waldeigentümer ist das von Vorteil, der Wald wächst wie nie zuvor und trägt zu gesteigerter CO_2-Aufnahme an Land bei. Mehr N treibt auch die Produktion im Meer an, und wahrscheinlich ist es unser Eingriff in den Stickstoffkreislauf, der dafür sorgt, dass die Keeling-Kurve nicht noch steiler verläuft.

Wir erinnern uns daran, das NO_x eine wichtige Rolle im Methan-Abbau spielt. Auch hier steht Stickstoff daher auf der Habenseite unserer Klimabilanz. Andererseits existiert auch hier die pessimistische Variante: Der starke Anstieg des Treibhausgases N_2O ist nämlich ebenfalls ein

Ergebnis der oben beschriebenen Eingriffe und gleicht einen Teil des positiven CO_2-Effekts wieder aus. Hinzu kommt der Sauerstoffmangel in der Tiefsee durch das ansteigende Algenwachstum – und a propos Tiefsee: Was passiert eigentlich mit dem Stickstoff, wenn das Meer keinen Sauerstoff mehr enthält? Teilweise wird NO_3^- zu NH_3 umgewandelt, teilweise nimmt die Denitrifikation Fahrt auf, und der Stickstoff wird als N_2 zurück in die Atmosphäre entlassen. Je weniger Sauerstoff involviert ist, desto besser funktioniert die Denitrifikation, und nach und nach entsteht ein kritischer Stickstoffmangel im Meer. Die Algenproduktion nimmt ab, und daher verbleibt noch mehr CO_2 in der Atmosphäre. Mit seinem komplexen Kreislauf hat also auch der Stickstoff seine Finger überall ein bisschen mit im Spiel und ist in Wahrheit eines der größten Zahnräder in der globalen Maschinerie.

Und wie steht es um den Phosphor? In all seiner Bescheidenheit gelangt Phosphor auf natürlichen Wegen nicht einmal in die Atmosphäre, steht ziemlich weit unten auf der Liste der Elemente in unserem Körper und nimmt einen noch niedrigeren Listenplatz im Erdboden ein. Phosphor ist dem Kohlenstoff ein bescheidener, aber unverzichtbarer Nachbar, und wir haben bereits beleuchtet, warum er so wichtig für die biologische Wohngemeinschaft ist.[110] Der Wert eines Elementes liegt in der Balance zwischen Angebot und Nachfrage. Die Nachfrage ist von der Menge her nicht besonders groß, aber das Angebot ist noch geringer, was Phosphor zu einem der wertvollsten Elemente der Biosphäre macht.

Im Vergleich zu Kohlenstoff und Sauerstoff hat Phosphor eigentlich keinen echten Kreislauf. Er verwittert aus dem Gestein, oft in Form von Apatit (z. B. Hydroxylapatit, $Ca_5(PO_4)_3OH$) und mithilfe von Pflanzenwurzeln. Pflan-

110 Wyant, K. A., Corman, J. R., Elser, J. J. (2013): *Phosphorus, Food, and Our Future*. Oxford University Press. http://sustainablep.asu.edu/.

zen sind an Phosphor notorisch interessiert, man kann davon ausgehen, dass Pflanzenwurzeln nicht unbedingt den Drang verspüren, den Phosphor, den sie so mühsam angesammelt haben, wieder herzugeben. Das stimmt zwar, aber ein bisschen Phosphor bleibt immer übrig. Außerdem können Bäume P nur als Phosphat aufnehmen (PO_4^{3-}). Das bedeutet, das verwitterte Kleinstpartikel mit intaktem Apatit in Flüsse und Meere gelangen können, wo sich ihre Verwitterung fortsetzt. Der Weg des Phosphors an sich ist also eine ziemlich vorhersehbare Angelegenheit.

Ein Großteil des verwitterten Phosphors landet schließlich im Meer, wo er, ähnlich wie Kohlenstoff und Stickstoff und gern auch gemeinsam mit diesen beiden, seine Runde durch die Nahrungskette dreht, bevor er in der Tiefsee verschwindet und im Sediment zur Ruhe kommt. Es wurde berechnet, dass jedes Phosphoratom fünfzigmal wiederverwendet wird, bevor es aus dem System ausscheidet. Dort, wo ein Eisenüberschuss herrscht, schnappt sich das Eisen den Phosphor und nimmt ihn mit in die Tiefe, heraus aus der Reichweite der Produzenten. An dieser Stelle meldet sich Phosphor üblicherweise für längere Zeit aus dem Kreislauf ab, bevor er eines Tages bei Gebirgsbildung oder Vulkanausbrüchen wieder an die Oberfläche befördert wird. Da Phosphor in der Natur nicht als Gas vorkommt, fällt er mit der Asche zur Erde, aber der größte Teil folgt dem mühsamen Weg der Bildung und der Erosion von Gebirgen – und hier reden wir von einem Kreislauf der wirklich langsamen Art: einer Zeitspanne von mehreren Millionen Jahren. Es ist gut möglich, dass unser Planet sich nach der großen Wärmeperiode vor 55 Millionen Jahren durch die Bildung des Himalayas, die in dieser Zeit stattfand, abgekühlt hat. Das ist jetzt nicht gerade ein kurzfristiger Vorgang, aber die Aktivität der Kontinentalplatten drückte enorme Landmassen mehrere Kilometer in die Höhe. Steile Felswände und sprudelnde Flüsse sorgten für eine enorme Verwitterung und einen raschen Transport von Phosphor zum Meer – zunehmendes Algenwachstum und ein kräftiger Schuss CO_2 aus der Atmosphäre drückten daraufhin die Temperaturen.

Das einzige, was diesen eher langsamen und unkomplizierten Kreislauf aus dem Gleichgewicht bringt, sind die Faktoren, die auch die Urey-Reaktion steuern.

Das hat jedoch ausgereicht, um deutlich am langsamen Thermostat zu drehen – mehr P im Umlauf bedeutet mehr Pflanzenwachstum, mehr O_2 und weniger CO_2. Da Phosphor und Stickstoff in der Proteinsynthese so eng verbunden sind, werden sie immer beide gebraucht. Es würde weder den Pflanzen noch uns selbst gut bekommen, wenn wir unbegrenzten Zugang zu Phosphor hätten, ohne dass es verfügbaren Stickstoff gäbe.

Obwohl der Kreislauf des Phosphors sehr einfach gestrickt ist und Phosphor ja nur in geringen Mengen vorkommt (oder vielleicht auch gerade deswegen), haben wir diesen Kreislauf ziemlich auf den Kopf gestellt.

Nach Phosphor besteht eine unersättliche Nachfrage, weil er, im Gegensatz zu Stickstoff, nicht aus einem unerschöpflichen Reservoir in der Atmosphäre gewonnen werden kann. Eine Zeit lang haben wir Phosphor für die Düngung aus Guano, also Vogelmist gewonnen, der sich an Vogelfelsen abgelagert hatte. Das geschieht auch heute noch, aber die Vorkommen sind begrenzt und die Nachfrage in der Welt steigt beständig. Derzeit wird sie durch die Ausbeutung von Phosphatgruben gedeckt, es gibt jedoch nicht viele Orte mit gewinnbringendem Vorkommen. Fünf Länder kontrollieren zusammen mehr als 90 Prozent der übrigen Ressourcen: Marokko (und die annektierte Westsahara), China, Südafrika, USA und Jordanien. Marokko steht an der Spitze, und sollte ich mein Geld in Aktien investieren, so würde ich auf die Phosphorgruben in Marokko setzen. Es gibt keinen Stoff, der Phosphor ersetzen kann, und bereits in 100–200 Jahren werden wir unter chronischem Phosphormangel leiden.

Phosphor ist ein essenzielles Element, das wir heute meist als lästig empfinden, wenn es massives Algenwachstum und schlechte Wasserqualität verursacht – ob es nun von den Äckern der Bauern oder aus ungeklärten Abwässern stammt. Doch »Peak P« steht vor der Tür und wird eine wesentlich größere Herausforderung darstellen, als »Peak Oil« – aber hundert Jahre kommen dem Menschen mit seinem Zeithorizont immer noch ziemlich weit entfernt vor.

Wir haben in sämtliche große Kreisläufe des Planeten eingegriffen, aber nur in wenige so schwerwiegend wie in den Phosphorkreislauf. Während unsere Beiträge zu atmosphärischem Kohlenstoff bei unter 5 Prozent liegen (9.000 Mio. t vs. 210.000 Mio. t), überschreitet unser Eintrag von Stickstoff den der Natur (150 Mio. vs. 130 Mio. t). Beim Phosphor haben wir schließlich eine Steigerung um 400 Prozent verursacht – 12 Mio. Tonnen im Jahr aus Phosphatminen stehen 3 Mio. Tonnen aus natürlicher Verwitterung gegenüber.

Die Welt ist kompliziert, und die Verantwortung der Forschung ist es, nach Erkenntnissen zu streben, um den Schleier der Ungewissheit zu lichten. Andererseits ist es gerade die Forschung, die uns verdeutlicht, wie komplex diese Abläufe sind. Deshalb hat in den Naturwissenschaften die reduktionistische Methode die oberste Priorität – sprich die isolierte Betrachtung von Einzelphänomenen und Details. Es gilt, die einzelnen Puzzleteile zu verstehen, bevor man sie zu einem Ganzen zusammensetzt. Die Basis aller komplexen Systeme und Problemstellungen sind die Naturgesetze, und die Physiker lieben es, an dieser Stelle darauf zu verweisen, dass alles »eigentlich Physik« ist – und gerne mit mathematischen Mitteln beschrieben wird. Da ist etwas Wahres dran – die Basis des Kohlenstoffkreislaufs und der Auswirkungen von CO_2 auf die Umwelt ist direkt in der Physik verankert. Und in der Chemie. Und es reicht nicht, den Kohlenstoffkreislauf bis ins letzte Detail aufzuklären. Nicht ohne Grund werden alle Prognosen immer, egal wie viele Daten man in Klimamodelle einpflegt, bis in alle Ewigkeit mit Unsicherheit behaftet sein. Der größte Unsicherheitsfaktor ist der Mensch und wie er sich zum Kohlenstoff verhält. Eine »Weltformel« wird für uns immer unerreichbar bleiben.

Eine wunderbare Abbildung, die *A simplified Food-Web of the North Atlantic* heißt, zeige ich gern in meinen Vorlesungen.[111]

Es herrscht ein komplettes Chaos von Linien, die die verschiedenen Akteure des Nahrungsnetzes im Nordatlantik miteinander verknüpfen. Das Bild unterstreicht das Dilemma der Ökologie: Alles hängt mit allem zusammen. Und das, obwohl es schon »simplified«, also vereinfach ist. Algen wurden einer Gruppe zugeordnet, Ruderfußkrebse einer anderen und so weiter. Um es auf die Spitze zu treiben, zeigt die Grafik einen *Ausschnitt* eines metabolischen Netzwerks, und zwar die Vorgänge innerhalb von Organismen und Zellen. Auch diese können wieder in C, N, P usw. aufgesplittet werden.

Es entsteht der Eindruck, dass dort draußen komplettes Chaos herrscht – jeder Versuch, ein Muster zu finden oder Effekte vorauszusehen, ist zum Scheitern verurteilt. Wie ist es bei einer derart chaotischen Ausgangslage überhaupt möglich, eine Aussage über den Kohlenstoffkreislauf in unserem Ökosystem zu treffen? Tja, es geht tatsächlich. Einige Pfeile sind dicker und demzufolge wichtiger, einige Arten spielen Schlüsselrollen, andere sind von marginaler Bedeutung.

Unsere Rundreise durch den Kohlenstoffkreislauf hat möglicherweise einen ähnlichen Eindruck hinterlassen.

111 Elser, J. J., Hessen, D. O. (2005): *Biosimplicity via stochiometry. the evolution of food web structure and processes.* In: Belgrano, A., Scharler, U. M., Dunne, J., Ulanowicz, R. E. (Hrsg.): *Aquatic food webs*: an ecosystem approach. Oxford University Press.

Es gibt ein Sammelsurium von Ursache und Wirkung in Zeit und Raum, zwischen Chemie und Biologie. Und der Eindruck täuscht nicht, wir müssen gar nicht die 10 Millionen organischen Verbindungen der Beilstein-Datenbank aufrufen, um das zu verstehen – die Natur hält genug Komplexität in petto. Allein das Vorhaben, die Struktur, Entstehung und das Schicksal der Moleküle im Humus zu verstehen, ist eine Aufgabe, die über ein Lebenswerk hinausgeht. Wir haben lediglich die gröbsten Pfeile verfolgt, doch das ist für vieles schon ausreichend. Kennen wir die Prinzipien und die wichtigsten Akteure, ist es nicht nötig, bis in die hintersten Ecken des Labyrinths vorzudringen. Allerdings müssen wir die Prozesse, Pfeile und Schubladen verstehen, um zu erkennen, was wichtig ist und wer welche Rolle spielt. Beispielsweise ist es nicht notwendig, alle Funktionen des Stoffwechsels zu kennen; wir wissen auch so, dass eine einseitige Ernährung mit Kohlenhydraten nicht besonders gut für die Gesundheit ist. Ebenso wenig müssen wir alle Details des Kohlenstoffkreislaufs kennen, um zu verstehen, dass wir ihn auf dramatische Weise beeinflussen.

Zusammenfassend lässt sich sagen: Die 4 Prozent der Emissionen in die Atmosphäre, die der Mensch zu verantworten hat, haben die Keeling-Kurve geschaffen. Würden alle unsere Emissionen tatsächlich in die Atmosphäre gelangen, wäre sie noch steiler. Positive oder verstärkende Rückkopplungen sind eine Reihe von Mechanismen, die bestehende Erwärmungseffekte weiter verstärken können. Einige Stichworte sind hier die Albedo, das Abtauen von Permafrost, das Austrocknen von Wäldern und Boden und die Verschmutzung der Meere. Wichtig ist dabei, dass in diesem Zusammenhang positiv negativ bedeutet. Die verstärkenden Rückkopplungen ziehen negative Konsequenzen nach sich.

Der Thermostateffekt führt dazu, dass Gegenreaktionen eintreten, sobald die Effekte ins Extreme gehen.

Das Problem ist, dass diese Gegenreaktionen eher langsam ablaufen und deshalb in unserer Situation nur von begrenztem Nutzen sind. Wir sind darauf angewiesen, unsere Emissionen *jetzt* zu reduzieren, bevor wir eine Kettenreaktion unkontrollierbarer Rückkopplungen auslösen. Können wir unsere eigenen Thermostate schaffen? Eisen in die Weltmeere kippen, um die Produktion von Biomasse zu erhöhen? Wohl kaum. Stickstoff über die Wälder gießen, damit sie schneller wachsen? Wohl kaum. Die Abholzung der Wälder stoppen? Absolut. Die eine, entscheidende Erkenntnis ist: Wir setzen zu viel CO_2 frei. Die einzige logische Schlussfolgerung ist diese Emissionen zu reduzieren. Diese Schlussfolgerung ist nicht besonders kontrovers. Aber wie stellen wir das an?

TEIL 3
Der Fußabdruck

Paradise lost II

Die Erde und das Leben haben schon so einiges durchgemacht, wobei das Pendel schon mehrmals von Treibhaus bis zum Schneeball ausgeschlagen ist. Beeindruckend ist, dass es bisher auch in kritischen Situationen immer wieder einen Rückweg in die »Normalität« gegeben hat. Das Leben hat überdauert und sich weiterentwickelt und dabei auch selbst einen Beitrag zur Stabilisierung des Pendels geleistet. Biologische Prozesse waren entscheidend, um die wildesten Ausschläge des Pendels zu bremsen, die die Erde in Totenstarre versetzt hätten. Verschiedene Rückkopplungen haben verhindert, dass ein Teufelskreis in Gang kam, durch den die Erde so leblos und glühendheiß wurde wie die Venus oder in ewiger Kälte erstarrte. Während der gesamten Erdgeschichte gab es diese höchst unbeabsichtigten Kontrollmechanismen, Thermostate, wenn man so will, und zwar sowohl physikalisch-chemische als auch biologische. In den letzten 500.000 Jahren jedoch sind die biologischen Mechanismen immer wichtiger geworden. Sie haben auch die größte Bedeutung auf einer Zeitskala, die für uns von Interesse ist.

Obwohl das Pendel immer wieder zurück geschwungen ist, sind die Ausschläge nicht ohne Folgen geblieben. Mindestens fünf massive Ausrottungsphasen können in der Geschichte der Erde dokumentiert werden, alle verbunden mit klimatischen Extremperioden. Mindestens 98 Prozent aller Arten, die je existiert haben, sind ausgestorben, viele, weil ihre Zeit vorüber war und sie von anderen Arten verdrängt wurden, die besser an die Herausforderung des Lebens angepasst waren. Andere als Folge größerer oder kleinerer Katastrophen. Aber waren das wirklich Katastrophen? Des einen Leid, des anderen Freud, heißt es bekanntlich, denn wenn eine Art in Bedrängnis gerät, steht meistens eine andere bereit, um ihren

Platz einzunehmen. Wir Menschen haben unseren Erfolg vermutlich dem Meteoriteneinschlag vor 65 Millionen Jahren zu verdanken. Auch die Trockenheit, die Afrikas Wälder zurückdrängte und unsere Vorfahren zwang, von den Bäumen herabzusteigen und ein Leben in der Savanne zu wagen, war vermutlich das Resultat einer Klimaänderung.[112] Und für den Sauerstoff in der Atmosphäre müssen wir den Cyanobakterien und ihren Verwandten auf ewig dankbar sein. Für unsere Entwicklung war das gut, aber für die Organismen jener erdgeschichtlichen Frühzeit, die an ein Leben ohne Sauerstoff angepasst waren, sah das etwas anders aus.

In den letzten 800.000 Jahren schwankte die CO_2-Konzentration in der Atmosphäre zwischen 180 und 280 ppm. Das Minimum fällt mit den Eiszeiten zusammen, das Maximum mit den Warmphasen. Mittlerweile haben wir 400 ppm erreicht, und keine Macht der Welt wird verhindern können, dass wir auch noch die 500 ppm erreichen. Wie es danach weitergeht, weiß niemand. Das Anthropozän ist nicht nur durch die Beeinflussung diverser Kreisläufe durch uns Menschen gekennzeichnet, sondern auch durch die einschneidenden Eingriffe in die Ökosysteme der Welt, in die Landnutzung und in die Populationen von Tieren und Pflanzen. Aus diesem Grund ist das Anthropozän auch durch ein massives Artensterben gekennzeichnet. Bisher infolge von Jagd und der Zerstörung von Lebensräumen, aber längerfristig wird die Klimaveränderung die größte Bedrohung darstellen. Wir sind auf dem Weg in die sechste Massenausrottungsphase, und diese könnte das Ende der Welt bedeuten, wie wir sie kennen. Das muss nicht zwangsläufig das Ende des *Homo sapiens* sein. Wenn wir in etwas Experten sind, dann im Überleben auch unter lebensfeindlichen Bedin-

112 Harari, Y. N. (2015): *Sapiens. A Brief History of Humankind.* HarperCollins, New York. Torfinn Ormen (2012): *Historien om oss.* Humanist forlag.

gungen. Auch wenn damit Leiden und Entbehrungen verbunden sein können, wie wir sie uns jetzt noch gar nicht vorstellen können. In diesem Zusammenhang ist es ein schwacher Trost, dass wir in 200.000 Jahren wieder normale Verhältnisse vorfinden werden. In den Meeren vielleicht auch erst wieder in 500.000 Jahren.

Der *Homo sapiens* ist als Art gerade erst einmal 100.000 Jahre alt, wir reden also von sehr langen Perspektiven, auch wenn diese in erdgeschichtlichen Dimensionen nur Wimpernschläge sind. Das Leben wird überdauern, aber viele der Arten, die heute bekannt und beliebt sind – und die zahllosen, die wir noch gar nicht kennen –, werden dann nicht mehr da sein. *Ganz* so, wie es war, wird es nicht mehr werden.

Im Herbst 2014 veröffentlichte der WWF eine Metaanalyse, in der die bis dahin bekannten Artikel über die Entwicklung der weltweiten Tierbestände zusammengefasst wurden. Die Studie umfasste Säugetiere, Vögel, Reptilien, Amphibien und Fische.[113] Die meisten Bestände haben sich im Laufe der letzten 40 Jahre im Schnitt halbiert. Ein halbierter Bestand bedeutet nicht automatisch, dass die betroffene Art verschwindet, aber der Gedanke an die Wandertaube liegt nahe, weil diese vor ziemlich genau 100 Jahren ausgestorben ist. Das letzte Exemplar dieser Art, Martha, lebte in einem Zoo in Cincinnati. Noch vor 100 Jahren war die Wandertaube einer der häufigsten Vögel der Welt. Es gab in Nord-Amerika einmal zwischen 5 und 8 Milliarden Wandertauben, und die ersten Siedler berichteten, dass der Himmel von den riesigen Schwärmen beinahe schwarz war. Die Art wurde hemmungslos bejagt, auch noch, nachdem klar war, dass die Bestände dramatisch eingebrochen waren. Die letzte wilde Wandertaube wurde 1900 in Ohio geschossen, und Martha, die letzte in Gefangenschaft lebende Taube,

113 https://www.worldwildlife.org/pages/living-planet-report-2014.

starb 1914. Martha und ihre Ahnen wurden durch die Jagd ausgerottet, nicht durch den Klimawandel. Und die Welt drehte sich weiter, auch ohne Wandertauben, ohne Riesenalke, wie sie es auch bei vielen anderen Arten tun wird.[114] Das Aussterben der Pandas, wenn es je soweit kommt, würde die Welt oder das Klima nicht groß beeinflussen, aber es wäre immer noch ein Verlust, selbst wenn aus der menschlichen Perspektive der direkte Nutzen der Pandas schwer zu beziffern ist.

Viele Arten können aussterben, ohne dass die Ökosysteme oder das Klima sich dadurch verändern. Der Punkt ist aber, dass dieser Niedergang der Arten wahnsinnig schnell vor sich gehen kann. Arten, die sich über Millionen von Jahren entwickelt haben, verschwinden im Laufe weniger Jahrzehnte, und der Klimawandel wird diesen Prozess noch weiter beschleunigen. Es ist davon auszugehen, dass 30–40 Prozent aller Säugetiere und Vögel innerhalb absehbarer Zeit aus diesem Grund aussterben werden. Vielleicht sind es auch nur 10 oder 20 Prozent, aber auch das wären noch dramatische Zahlen. Wenn ganze Gruppen, wie *Emiliania huxleyi*, oder ganze Ökosysteme, wie der Amazonas-Urwald, verschwinden oder zahlenmäßig einbrechen, wird das große Auswirkungen haben und eine teuer erkaufte Bestätigung dafür sein, dass Klima und Natur eng zusammenhängen. Wir können natürlich hoffen, dass Arten und Ökosysteme sich der neuen Zeit anpassen. Mikroorganismen mit ihrer raschen Evolutionsrate können vermutlich noch eine gewisse Zeit mit dem Klima mithalten, aber die Veränderungen treten teilweise mit einer Geschwindigkeit ein, bei der die Evolution abgehängt wird. Selbst das PETM, ganz zu schweigen von der kambrischen Explosion, sind im Verhältnis zu dem, was im Augenblick passiert, Explosionen in extremer Zeitlupe. Dass frühere Katastrophen nicht schlimmere

114 Kolbert, E. (2014): *The Sixth Extinction*. Henry Holt & co, New York.

Auswirkungen hatten, liegt nur daran, dass die Evolution vieler Arten mit ihnen Schritt halten konnte.

Die Bereiche, in denen auf der Erde noch biologische Produktion stattfinden kann, sind begrenzt und nehmen immer weiter ab. Es wird geschätzt, dass mittlerweile über 80 Prozent der fruchtbaren Landgebiete vom Menschen in irgendeiner Weise beeinflusst sind und 36 Prozent nahezu vollständig von ihm geprägt sind. Dieser Flächenverlust, im Verbund mit immer intensiveren Ernten und letztlich auch dem Klimawandel, fordert seinen Preis in Sachen Artenvielfalt. Auch die Regenwälder der Erde haben sich im Laufe von etwas mehr als 100 Jahren von der Fläche her halbiert. Die Art, die die größte Flexibilität zeigt, den Zugang zu den meisten Hilfsmitteln hat und auch noch den letzten Winkel der Erde bevölkert, ist der Mensch. So gesehen sollten wir die besten Chancen haben, die Krise zu überstehen. Sollten – wäre da nicht die Tatsache, dass wir von den anderen Arten voll und ganz abhängig sind, wie von den Waren und Dienstleistungen der Ökosysteme – von der Sauerstoffproduktion bis hin zur Nahrung. Es ist paradox, dass eine Art, die klug genug war, die Erde derart zu dominieren, dass eine erdgeschichtliche Epoche nach ihr benannt wurde, jetzt erkennen muss, dass das Anthropozän in erster Linie durch negative Entwicklungen gekennzeichnet ist. Es wäre interessant zu sehen, wie kommende Generationen – sollte unsere Art denn überleben – einmal auf diese Epoche schauen werden. Wir sollten uns den Namen *Homo sapiens* durch Weitsicht und Klugheit verdienen, nicht durch bloßen Erfindungsreichtum. Mit all unserem Scharfsinn haben wir uns selbst hinters Licht geführt und teure Schuhe angezogen, die wir auf Pump gekauft haben, obwohl wir sie eigentlich nicht bezahlen können. Oder ist das Problem mit den Schuhen nicht der Preis, sondern dass diese Schuhe eine Nummer zu groß für uns sind?

Der Fußabdruck

Einmal pro Jahr feiert die Organisation *Global Footprint Network* den *Earth Overshoot Day*.[115] Im Jahr 2018 war das bereits der 1. August. Wie der Name schon sagt, ist das der Tag, an dem wir die jährliche Produktionskapazität der Erde verbraucht haben. Den Rest des Jahres zehren wir streng genommen von den Ressourcen der Zukunft, indem wir zum Beispiel den Grundwasserspiegel senken, Erosion verursachen oder Reste unberührter Natur zerstören. Auch der Kohlenstoff-Fußabdruck ist darin enthalten. Er macht 54 Prozent des Index aus (bei jährlich steigendem Anteil). Das ist etwa vergleichbar damit, dass man ständig neue Kredite aufnimmt, um seine laufenden Ausgaben zahlen zu können. Basierend auf den zugänglichen Statistiken für das biologische Produktionspotenzial in Form von Landwirtschaftsprodukten, Weidefläche, Fischerei, Import und Export, inklusive dem Verbrauch der entsprechenden Waren, wird für 150 Nationen berechnet, ob sie sich auf der Überschuss- oder der Defizitseite befinden. Während noch 1960 die meisten Länder Überschüsse erzielten, hat sich das Blatt nun für die meisten der 150 Länder gewendet. Dass Länder wie Brasilien noch auf der Plusseite liegen und die Bioproduktionskapazität den Verbrauch übersteigt, ist damit zu erklären, dass ihr Verbrauch noch immer relativ gering ist. Die eigentliche Kapazität hat sich seit 1960 jedoch halbiert. Allerdings liegt das weniger an den Einwohnern Brasiliens und ihrem Verbrauch, als vielmehr an der Nachfrage anderer Länder nach Soja, Palmöl, Rindfleisch und Tropenholz.

Der Kohlenstoff-Fußabdruck wird berechnet, indem

115 *Global Footprint Network* und *Earth Overshoot Day*: http://www.footprintnetwork.org/en/index.php/GFN/page/earth_overshoot_day/ oder http://www.eoearth.org/view/article/153031/.

man den CO_2-Ausstoß ins Verhältnis zu der Kapazität der Ökosysteme und Landwirtschaftsflächen setzt, CO_2 zu absorbieren. Wenn Grünflächen mit Photosynthese zurückgehen, während der Ausstoß zunimmt, wird der Fußabdruck größer. Sehr präzise kann das natürlich nicht sein, da die Kapazität als solche nicht exakt zu berechnen ist und von Faktoren wie einer verstärkten Stickstoffaufnahme (und folglich höherer C-Aufnahme), Klimaänderungen (die sich in beide Richtungen auswirken können) oder der Versauerung der Meere (reduzierter C-Aufnahme) beeinflusst wird. Trotzdem reichen die Daten, um Trends und Größenordnungen auszumachen und zu verstehen, dass wir so wie jetzt nicht weitermachen dürfen.

Wie groß darf der kumulative Fußabdruck werden, damit wir noch darauf hoffen können, dass der Kohlenstoffkreislauf nicht vollends aus dem Ruder läuft? Das IPCC gibt hierzu eine Antwort.[116] Wollen wir noch eine Zwei-Drittel-Chance, innerhalb des berühmten Zwei-Grad-Limits zu bleiben, können wir uns *insgesamt* maximal einen Ausstoß von 800 Milliarden Tonnen Kohlenstoff (entspricht 2900 Gigatonnen CO_2) erlauben. Das hört sich nach einer exakten Berechnung an, und die Zahl erscheint beruhigend groß.

Beides ist falsch. Diese obere Grenze ist allenfalls eine berechtigte Einschätzung, und zwei Grad Temperaturerhöhung sind keine exakte oder magische Grenze. Die Grenze ist an dieser Stelle gesetzt worden, weil man vermutet, dass der Thermostat (der kurzfristige) bei weiterer Erwärmung vollends außer Kontrolle gerät und die selbstverstärkenden Rückkopplungen die Oberhand gewinnen. Außerdem bedeuten zwei Grad im Durchschnitt große lokale Schwankungen, serviert mit extremen Wetterereignissen, sodass einige Wissenschaftler der Meinung

116 IPCC 5th assessment report: https://www.ipcc.ch/report/ar5/.

sind, dass 2 °C schon viel zu viel sind. Wie dem auch sei, es ist in jedem Fall wichtig, sich ein Ziel zu setzen, und 2 °C Erwärmung ist das beste Ziel, das wir haben. Leider erscheint uns aber auch dieses Ziel mehr und mehr als Utopie.

Sind 800 Milliarden Tonnen Kohlenstoff viel? Isoliert betrachtet vielleicht schon, allein, es hört sich gar nicht mehr nach viel an, wenn man weiß, dass seit der Referenzperiode 1861–1880 bereits 520 Milliarden Tonnen in die Atmosphäre geblasen worden sind. Wir haben mit anderen Worten noch 280 Gigatonnen zur »Verfügung«. Andere schätzen die Restkapazität der Atmosphäre geringer ein. David Archer, ein Wissenschaftler, der sich mit Kohlenstoff wirklich auskennt, rechnet damit, dass sich bereits insgesamt 700 Gigatonnen in der Atmosphäre befinden, während Bill McKibben und seine Organisation 350.org, basierend auf den Forschungen von James Hansen, von 565 Gigatonnen ausgehen. Je weniger, desto besser..., aber sind wir doch großzügig und setzen auf die Berechnungen des IPCC. Dann dürfen wir von 2011 bis 2100 noch 280 Gigatonnen C ausstoßen.

Der vom Menschen verursachte jährliche Ausstoß beträgt zurzeit 10 Gigatonnen Kohlenstoff. Das ist 61 Prozent höher als im Kyoto-Protokoll für das Referenzjahr 1990 vereinbart. China verursacht 28 Prozent dieses Ausstoßes, die USA 14 Prozent, die EU 10 Prozent und Indien 7 Prozent. Mit Ausnahme der EU ist der Trend für alle Regionen steigend. In der EU fällt er ein wenig. Der Hauptsünder ist die Kohle, die mit 43 % zu dem Ausstoß beiträgt, gefolgt von Öl (33%), Gas (18%) und der Zementproduktion (5,5%). Es ist in diesem Zusammenhang aber anzumerken, dass diese Zahlen nur den CO_2-Kohlenstoff umfassen; Methan und andere Quellen für eine weitere Erwärmung, wie Lachgas oder Ruß, sind hier nicht mitberücksichtigt.

Es sind Vorbereitungen und Investitionen getroffen

worden, um weitere fossile Brennstoffe zu fördern, die einen Ausstoß von 762 Gigatonnen Kohlenstoff bewirken würden. Das ist dreimal so viel wie die verbleibende Restkapazität. Legen wir den heutigen Ausstoß zugrunde, 10 Gigatonnen pro Jahr, wird die Grenze in etwas mehr als zwei Jahrzehnten erreicht sein. Dabei setzen wir voraus, dass der CO_2-Ausstoß von jetzt an stabil gehalten wird. Da die Ökosysteme etwa die Hälfte des Ausstoßes puffern, können wir die Zahlen verdoppeln. Dabei gehen wir allerdings etwas blauäugig davon aus, dass die Natur dies auch weiterhin tut. Wenn das alles der Fall sein sollte, bleiben uns noch 51 Jahre (2070).

2014, als ich dieses Buch geschrieben habe, betrug die Weltbevölkerung 7.276.592.000 Menschen Würde jeder auf der Welt so viel CO_2 ausstoßen wie ein durchschnittlicher Norweger (etwa 9 Tonnen CO_2 jährlich), betrüge der jährliche Ausstoß mehr als 18 Gigatonnen Kohlenstoff. Die »magische« Grenze wäre dann bereits in 15 Jahren erreicht. Allein im Laufe eines Tages steigt die Weltbevölkerung um rund 210.000 Menschen, und schon 2024 wird die Weltbevölkerung mehr als 8 Milliarden Menschen betragen. Sollte ein wachsender Anteil dieser Menschen bis dahin unser »Niveau« erreicht haben (China hat uns bald eingeholt), gibt es nur eine Lösung. Wir müssen unseren Ausstoß alle auf mindestens 25 Prozent senken – und das schnell.[117]

Je nach den angenommenen Voraussetzungen bedeutet das, dass zwischen zwei Dritteln und drei Vierteln der verbleibenden fossilen Energiereserven im Boden bleiben müssen. Ganz sicher die Kohle und eigentlich auch das Öl. Die Frage ist nur, ob das auch so geschehen wird, da

117 Flannery, T. (2010): *Here on Earth.* Text Publishing Company. Hansen, J. (2009): *Storms of my grandchildren. The truth about the coming climate catastrophe and our last chance to save humanity.* Bloomsbury. Weart, S. R. (2008): *The discovery of global warming.* Harvard University Press.

die bereits getätigten Investitionen einen Marktwert von 27.000 Milliarden Dollar darstellen. Es sind also gewaltige Triebkräfte im Spiel, die um jeden Preis verhindern wollen, dass das fossile Konto für immer gesperrt wird. Nicht jeder bringt das so deutlich zum Ausdruck wie Rex Tillerson, der frühere Chef von ExxonMobil (und ehemalige Außenminister der Vereinigten Staaten, Anm. der Übersetzer), dem weltweit größten, nicht-staatlichen Öl-Konzern. »Stranded assets«, also nicht amortisierte Investitionen, stehen laut Tillerson, der erst vor wenigen Jahren 40 Milliarden Dollar für die Ölsuche in einigen der weltweit sensibelsten Regionen bewilligt hat (vom Herzen des Amazonas-Regenwaldes bis in die Antarktis[118]), gar nicht zur Debatte. Das Geld, das in die fossilen Reserven investiert wird – egal ob in Vergangenheit oder Zukunft – muss auch wieder erwirtschaftet werden. Auch wenn nur wenige derart Klartext reden wie der damalige Chef von ExxonMobil, ist das das Credo der meisten Konzerne, die Förderrechte erworben haben, seien sie nun in Privatbesitz oder staatlich. Dieselben Nationen, die bei den Klimakonferenzen mit Sorgenfalten auf der Stirn zusammenkommen, bewilligen weitere Investitionen in die Suche fossiler Energieträger und bieten den daran beteiligten Firmen Steuervorteile. Die reichsten Länder der Welt verschenken laut dem *Overseas Development Institute* jedes Jahr 62 Milliarden Euro in Form von Steuererleichterungen an Firmen, die nichts anderes vorhaben, als die Fossilperiode zu verlängern.

Akzeptieren wir die Prämisse des IPCC (und der meisten Klimaforscher), dass es eine Obergrenze und damit eine maximale Restkapazität in der Größenordnung von 800 Gigatonnen Kohlenstoff gibt, dann bedeutet das, dass wir alles, was wir heute in die Atmosphäre ausstoßen, später nicht mehr ausstoßen können. Je länger es dauert,

118 Vetlesen, A. J. (2015): Odeleggelsestvangen. *Klassekampen* 17. jan. 2015.

bis die Emissionen reduziert werden, umso drastischer muss dies am Ende geschehen und umso härter werden die Einschnitte sowohl ökonomisch als auch ökologisch sein. Würden wir heute anfangen (Stand 2014), kämen wir mit 2 Prozent jährlicher Kürzung aus, warten wir bis 2040 (und betreiben bis dahin *business as usual*), müssen wir unseren Ausstoß jährlich um 35 Prozent senken. Im Angesicht dieser Zahlen erscheint es nicht gerade klug, weiter abzuwarten. Schließlich wird es seine Zeit dauern, bis wir wirklich vollständig auf fossile Brennstoffe verzichten können.

Aber ein Teil des Problems ist, dass sehr viele Personen, Gesellschaften und Nationen sich nicht damit abfinden wollen, dass investiertes Kapital im Boden bleibt (»Es kommt darauf an, dass Öl aus dem Boden zu holen, solange es noch etwas wert ist«).

Der so oft besprochene Wechsel zu erneuerbaren Energien und ökologischerem Verhalten hat begonnen, man kann aber nicht deutlich genug sagen, wie dringend es ist, dass wir unsere Eingriffe in den Kohlenstoffkreislauf zurückschrauben. Ganz sicher können wir nicht darauf warten, dass die unsichtbare Hand des Marktes das von allein regelt.

Als David Keeling vor den potenziellen Folgen unseres CO_2-Ausstoßes in die Atmosphäre warnte, betrug der jährliche Ausstoß 4 Gigatonnen Kohlenstoff. Zu Zeiten des Brundtland-Berichts 1987, in dem eine Kursänderung dringend angemahnt wurde, betrug der Ausstoß bereits mehr als 7 Gigatonnen Kohlenstoff, und mittlerweile sind wir bei etwa 10 Gigatonnen angekommen. 90 Prozent davon stammen aus fossilen Energien, 10 Prozent aus Entwaldung und anderen Flächenveränderungen. Wie wird der Kohlenstoffkreislauf in Zukunft reagieren? Die Antwort auf diese Frage ist entscheidend für unsere Chancen, unter den Grenzwerten zu bleiben. Wenn unser CO_2-Ausstoß – den jeder von uns beeinflussen kann –

selbstverstärkende Rückkopplungen im Kreislauf in Gang setzt, sieht es nicht gut für uns aus. Die Geschichte der Menschheit hat sich bis heute immer wieder darum gedreht, die Kräfte der Natur unter Kontrolle zu bringen und sie zu unserem Vorteil einzuspannen. Das ist uns weitestgehend gelungen, natürlich mit Ausnahme des Wetters, das niemand kontrollieren kann. Wenn es uns tatsächlich gelingt, das Wetter zu verändern, weil wir das Klima geändert haben, bedeutet das paradoxerweise einen Kontrollverlust.

How bad are bananas?

Bei den meisten Produkten und Aktivitäten ist es CO_2, das die Gasbilanz vollständig dominiert, aber oft sind auch Methan und Lachgas mit von der Partie, wenn auch auf etwas subtilere Weise; das gilt vor allem in der Landwirtschaft, deren Produkte für bis zu ein Viertel der globalen Emission verantwortlich sind. Um diesen Anteil zu illustrieren, ist es wichtig, sich an CO_2-Äquivalente zu halten (CO_2e), mit denen die Beiträge eines jeden Gases mit ihrem relativen Erwärmungspotenzial aufgewogen werden, so wie Mike Berners-Lee es uns in *How bad are bananas* gezeigt hat – einer vergnüglichen und erkenntnisreichen Beleuchtung unseres Konsums, von E-Mails über Bananen bis zu Flugreisen, und – ja – unseres ganzen Lebens.[119] Wie viel CO_2e fasst ein Menschenleben, und wie viel sollte oder kann überhaupt vorkommen?

Es kann nicht oft genug betont werden, dass das Ungleichgewicht des Kohlenstoffkreislaufs auf den Fleischkonsum, die Mobilität und die Wohnbedürfnisse von 7 Milliarden Menschen zurückzuführen ist. Das Argument, nicht unser Verbrauch sei das Problem, sondern die Verbrennung von Öl, Kohle und Gas, kehrt immer wieder. Tja, aber für wen werden denn Öl, Kohle und Gas verbrannt? Für wen wird der Regenwald brandgerodet, um Platz für Palmölplantagen, Sojafelder und Weideflächen zu schaffen? Das sollte uns beim Anblick von Rindfleisch oder Bananen durch den Kopf gehen. Wie viel CO_2 kosten eine E-Mail oder ein Computer im Standby-Modus, oder ein Brot, oder 100 Kilometer in einem SUV im Vergleich zu 100 Kilometern in einem Kleinwagen, oder ein langes

119 Berners-Lee, M. (2011): *How bad are bananas? The carbon footprint of everything*. Greystone Books. Mont et al. (2014): För- bättra nordiskt beslutsfattande genom att skingra myter om hållbar kon- sumtion. *TemaNord* 2013: 552.

Wochenende in Paris oder der Urlaub mit der Familie in Thailand?

Diese Rechenübungen haben nicht in erster Linie das schlechte Gewissen zum Ziel, auch wenn ein bisschen schlechtes Gewissen an dieser Stelle durchaus angebracht wäre – vor allem geht es darum, unser Leben aus einer anderen Perspektive zu betrachten. Erst neulich wurde ich Zeuge einer Debatte über die Frage, was energieschonender sei: Sich die Hände mit Papier abtrocknen oder mit einem elektrischen Trockner? Eine solche Diskussion verliert ihren Sinn, wenn man sie mit seiner Familie während des Mallorca-Urlaubs führt.

Eine Reise in den sonnigen Süden pro Jahr ist nicht unbedingt moralisch verwerflich, aber man kann schon ein paar Jahre vor dem elektrischen Handtrockner stehen, bis dessen Kohlenstoffverbrauch sich mit ein paar Stunden im Flieger messen kann. Und genau so sollten wir denken: In Anbetracht der Tatsache, dass jeder eine jährliche CO_2-Quote zur Verfügung hat, mit der er innerhalb des Vertretbaren über die Runden kommen muss, kann jeder selbst entscheiden, wie er diese Quote gestaltet. Aber alles geht dann eben nicht.

Aber jetzt mal ehrlich: Wie schlimm sind denn nun Bananen? – Bananen sind überhaupt nicht schlimm, auch wenn sie einen langen Weg zurückgelegt haben und ebenfalls für einen gewissen CO_2e -Anteil verantwortlich sind. Trotzdem können wir Bananen immer noch mit gutem Gewissen essen. Rindfleisch hingegen hat in Klimakreisen einen schlechten Ruf, aber ist Rindfleisch wirklich so schlimm? Ist es besser oder schlechter als ein Burger? Und: Spielen gerade mein Steak oder mein Burger in der großen Gleichung wirklich eine Rolle? Und ist es wichtig, ob die Tomaten in der Beilage aus Spanien oder aus Deutschland kommen? Fangen wir mal mit dem Burger an. Wenn man den Aufwand der Landwirtschaft mitrechnet, Düngung, Lachgas und Methanausstoß, kommt ein durchschnittlicher Burger auf eine Rechnung von 2,5 Kilogramm CO_2e. Ein Burger pro Tag (was aus vielen Gründen nicht empfehlenswert ist) entspricht 910 Kilogramm CO_2e innerhalb eines Jahres, was umgerechnet 2500 Kilometern mit dem Auto entspricht.

Reines Rindfleisch kommt etwas besser weg als der Burger, da es sich um pures, unverarbeitetes Fleisch handelt, während beim Burger noch weitere Zutaten dabei sind. Ein mittelgroßes Stück Rindfleisch erzeugt zwei Kilogramm CO_2e, das entspricht einer Fahrt von 40 Kilometern mit einem Auto. Der eine Kilometer, den man in diesem Fall eventuell zum Supermarkt fahren muss, um das Fleisch zu kaufen, ist dabei nicht ausschlaggebend. Auch nicht, ob das Rindfleisch regional oder exportiert ist. Ob es nun aus dem Ammerland oder Argentinien kommt, ist nur eine Frage von umgerechnet ein paar Hundert Metern anteilig an den 40 Kilometern. Aber warum hat das Rindfleisch einen so enormen Fußabdruck? Zum Teil sind es die Kosten für die Kraftfutterproduktion, Traktoren und andere CO_2-erzeugende Tätigkeiten, die bei der Haltung von Rindern eine Rolle spielen, teils ist der Grund das Rind selbst, das enorme Mengen an Methan produziert. Außerdem trägt die Landwirtschaft durch den Einsatz von Mineraldüngern zu einem beachtlichen Anteil der Lachgasproduktion bei. Dazu macht es einen Unterschied, ob Tiere auf der Weide grasen oder mit Soja gefüttert werden, besonders mit Soja aus Gebieten, in denen der Regenwald dem Sojaanbau weichen musste.

Wie steht es um Eier? Ein Karton von 12 Eiern weist, ob man's glaubt oder nicht, einen größeren Fußabdruck auf als Rindfleisch – 3,6 Kilo CO_2e. Wie ist das möglich? Zum einen reden wir hier von intensiver Landwirtschaft, zum anderen ist auch hier eine gehörige Menge Lachgas Teil der Bilanz. In diesem Fall besteht der Fußabdruck zu 41 Prozent aus CO_2, während Lachgas die 45%-Marke knackt. Grund ist der Mineraldünger für die Produktion des späteren Hühnerfutters. Auch Methan ist mit einem geringeren Anteil beteiligt, während der Transport zu vernachlässigen ist. Tomaten? Ein ewiges Diskussionsthema in grünen Kreisen: Sind die importierten Tomaten aus Spanien umweltfreundlicher als die regionalen aus Deutschland, die in einem Klima gezogen werden, das für den Anbau von Tomaten eigentlich nicht optimal ist und deswegen den Einsatz ordentlich beheizter Treibhäuser voraussetzt? Tja, Tomaten sind richtig schlimm, es sei denn, sie wachsen draußen in der Sommerwärme (0,4 Kilogramm CO_2e pro Kilogramm Tomate). Im Winter im Treibhaus gezüchtete Cherrytomaten kommen auf bis zu 50 Kilogramm CO_2e pro Kilogramm Tomate! Tomaten sind vielleicht gesund, aber auf keinen Fall fürs Klima.

Wie sieht es mit einem Glas Wein zum Essen aus? Nun, der CO_2-Abdruck ist nicht der wichtigste Grund, sich auf ein Glas zu beschränken, besonders nicht im Vergleich zum Rindfleisch. Eine Flasche regionaler Wein hat einen Fußabdruck von 400 g CO_2e, also vielleicht 80 g pro Glas. Nun gibt es in der Regel zumindest im Norden Europas nicht besonders viel regionalen Wein, und nicht jeder Wein schmeckt jedem Weinliebhaber. Eine aus dem sonnigen Süden importierte Flasche kommt auf ein bisschen mehr als ein Kilogramm CO_2e, je nachdem, ob der Wein per LKW (schlechter) oder per Schiff (besser) importiert wurde.

Training kurbelt die Verbrennung an, und dadurch wird CO_2 freigesetzt. Trotzdem kann man mit gutem Gewissen Sport machen, der Kohlenstoffgeiz muss seine Grenzen haben (Vielleicht sollte man sich eher kritisch fragen, ob man eventuell trainieren muss, weil man zu viel Rindfleisch gegessen hat...). Nimmt man nach dem Work-out jedoch ein gutes heißes Bad in der Wanne, sollte man sich bewusst sein, dass man gerade einen Abdruck von 3 Kilogramm CO_2e hinterlässt. Das ist dort nicht der

Fall, wo, wie in Norwegen, Österreich oder der Schweiz der Strom im Wesentlichen aus Wasserkraft und anderen erneuerbaren Energiequellen gewonnen wird. Aber wenn wir von einem weltweiten Energiemarkt ausgehen, könnte unsere Elektrizität (wenn wir sie nicht vor Ort nutzen) an anderen Orten dieser Welt den Kohlestrom ersetzen.

Und apropos Welt, was kostet es, sie zu erkunden? Nun kommen wir allmählich zu den großen Zahlen. Wenn man die Welt per Auto erleben will und sich mit einem kleinen benzinbetriebenen Wagen und moderater Geschwindigkeit zufriedengibt, kostet die Reise 560 Gramm CO_2e per Kilometer. Legt man 100 Kilometer zurück, ist man also schon bei 56 Kilogramm. Unternimmt man dieselbe Tour mit einem SUV mit hoher Geschwindigkeit, liegt man sogar bei 400 Kilogramm CO_2e. Dabei haben wir die Kosten für die Autoproduktion noch gar nicht mit eingerechnet, und auch das wird keine einfache Rechnung, wenn wir alle Komponenten bis an ihre Quellen zurückverfolgen. Aluminium erfordert die Gewinnung und das Schmelzen von Bauxit, es muss verschifft und zu Karosserie und Felgen umgeformt werden. Außerdem stecken in einem Auto diverse Polymere, Elektronik und Batterien. Auch ein Elektroauto ist längst nicht kohlenstoffneutral. Die Hauptkosten betreffen die Batterie, die irgendwann entsorgt werden muss. Auch Elektrizität ist nicht kohlenstoffneutral. Daher hat auch ein Elektroauto einen nicht unerheblichen Fußabdruck, wenn auch einen viel kleineren als ein PKW mit Benzin- oder Dieselmotor. Doch erst, wenn man sich ins Flugzeug setzt, schießen die Zahlen richtig in die Höhe. Ein bis zwei längere Flugreisen im Jahr übersteigen schnell den jährlichen Beitrag eines SUVs.

Die Entscheidung, zu Hause zu bleiben und sein Geld für den Hausbau zu sparen, ergibt kohlenstoffmäßig keinen besonderen Gewinn. Der Bau eines »durchschnittlichen« Hauses kommt auf schätzungsweise 80 Tonnen CO_2e. Zement ist in diesem Zusammenhang der schlimmste Faktor – die Zementindustrie nimmt eine der obersten Positionen bei unseren Emissionen ein, aber auch der Bau mit Holz ist nicht zu ignorieren. Die Abholzung eines Hektars Wald geht mit 500 Tonnen CO_2e einher, auch wenn im Fall von Bauholz einiges an Kohlenstoff vorerst gespeichert bleibt. Vor allem jedoch holzen wir Wald aus anderen Gründen ab: für unseren Verbrauch. Hier kommt wieder das Rind ins Spiel, dazu Soja, Palmöl und andere flächenintensive Güter.

Und Kinderkriegen? Lassen wir mal die Energie außen vor, die wir aufwenden, um ein Kind zu bekommen, und gehen nur auf den kumulativen Verbrauch ein, den ein westliches Kind im Laufe seines Lebens verursachen wird. Da kommen wir auf 700 Tonnen CO_2e. Dies soll jedoch kein Argument dafür sein, kinderlos zu bleiben. Trotzdem kann man darüber nachdenken, wie viele Kinder man haben will und wie man sie dazu motivieren kann, einen kohlenstoffarmen Lebensstil anzunehmen. Allerdings ist das oft leichter gesagt als getan, das kann ich selbst bezeugen.

Gibt es eigentlich noch etwas, das wir guten Gewissens tun können, außer auf dem Rücken im Gras zu liegen und die Wolken vorbeiziehen zu lassen, oder in einen Wollpullover eingepackt das letzte Reisig in die Feuerstelle zu werfen?

Doch ja. All das, was auf Listen zum Thema Lebensqualität regelmäßig auf den vorderen Rängen auftaucht, ist kohlenstoffneutral: Liebe, Familie, Freunde und Natur, und sogar Wein. Und vieles, das uns Stress und Unwohlsein bereitet, steht oft mit einem hohen CO_2e in Verbindung. Es gibt natürlich Ausnahmen, eine Urlaubsreise in exotische Gefilde, für den einen oder anderen ein gutes Steak, ein Auto, ja, sogar Shopping. Es geht nicht darum, ein Leben in Askese und Verweigerung zu leben, sondern der Punkt ist: Man kann seine Reisen halbieren, seine Steaks halbieren, seine Anschaffungen neuer Dinge halbieren, und damit seinen Kohlenstoff-Fußabdruck halbieren, ohne dabei nennenswerte Abzüge in der Lebensqualität zu erfahren. Vielleicht trägt das sogar zu einem glücklicheren Leben bei, zusätzlich zu einer Prise gutem Gewissen.

Auch die Autofahrt wird zu einem anderen Erlebnis, wenn plötzlich vier Leute im Auto sitzen, statt nur einem (einfache Rechnung), und man ein kleines Auto statt eines SUVs fährt, noch dazu mit moderater Geschwindigkeit. Unser Verbrauch ist heute in den meisten Bereichen um ein Vielfaches höher als noch in den 1960er-Jahren, einer Zeit, in der viele Leute in Nordeuropa davon ausgingen, dass wir einen beeindruckenden, materiellen Wohlstand erreicht hatten. Es ist gut möglich, dass wir unseren persönlichen CO_2e-Abdruck halbieren könnten, ohne uns besonders eingeschränkt zu fühlen. Und stimmt es nicht, dass die besten Dinge im Leben gratis sind? In einer Studie wurde gefragt, welche Aktivitäten die Menschen am glücklichsten machen, und es kamen nicht etwa Shopping oder Flugreisen an erster Stelle, sondern Sex. Eigentlich keine große Überraschung.

Trotzdem sind wir alle irgendwie im Hamsterrad des Lebens gefangen und haben einen Hang dazu, unseren Verbrauch mit dem des Nachbarn zu vergleichen – jedenfalls, wenn der Nachbar etwas mehr hat, als wir selbst. Für den Anfang könnte man sich stattdessen die eigene CO_2e -Quote vornehmen. Statt ein juristisches CO_2e einzuführen, können wir uns ein moralisches CO_2e *denken.* Innerhalb dieses Rahmens können wir entscheiden, ob wir einen Tag lang im Wald Ski fahren gehen, oder ins Flugzeug steigen, um das Weihnachtsshopping in London zu erledigen.

Unsere durchschnittliche Emission in Nordwesteuropa beträgt etwa 9 Tonnen jährlich, aber wir konsumieren außerdem ja auch Waren und Dienstleistungen – besonders landwirtschaftliche Produkte – die Methan und Lachgas produzieren, was auch wieder in CO_2-Äquivalente umgerechnet werden kann. Nehmen wir also der Einfachheit halber an, dass unser CO_2e-Schnitt 10 Tonnen pro Jahr beträgt.

Ich bin kein Held der Umwelt, aber ich bin mir meiner Verantwortung zunehmend bewusst. Im Dezember wurde ich für einen Vortrag nach San Francisco eingeladen. Ich entschied mich gegen die Reise, nachdem ich mit der Arbeit an diesem Buch begonnen hatte. Nichts an dieser Konferenz war von meiner Anwesenheit abhängig, und damit sparte ich CO_2e, das sonst meine Quote verdoppelt hätte. Das werde ich sicher in anderen Bereichen trotzdem ansammeln, und ich sage auch nicht, dass Vorträge oder Konferenzen grundsätzlich abgeschafft werden sollten. Aber man kann darüber nachdenken, wie häufig man an solchen Veranstaltungen teilnimmt, und wo. Und man entscheidet sich zwischen dem Kongress in San Francisco und den Ferien in Thailand. Ich sage fast immer konsequent Nein zu Tagesterminen, die eine Flugreise voraussetzen, wenn man genauso gut per Skype, Telefon oder Mail konferieren kann. Ab und zu muss man sich treffen, das ist klar, aber das ist viel seltener nötig, als man glaubt. Und dabei spart man nicht nur Kohlenstoff, sondern auch Zeit, Geld und Nerven.

Ich habe einen Kollegen, der häufiger auf Flughäfen ist als zu Hause, er beantwortet seine Mails heute aus Australien, im nächsten Monat aus China, Mexiko, Argentinien... Natürlich hat er ein großes Haus und ein großes Auto, mit dem er täglich den kurzen Weg von seinem Zuhause zur Arbeit fährt, wenn er denn mal da ist. Sein persönlicher CO_2e -Wert muss etwa 100 Tonnen pro Jahr betragen – und er ist besorgt was das Klima betrifft. Ja, er ist sogar Co-Autor eines der besseren Artikel, die ich bei meiner Recherche über den Kohlenstoffkreislauf gelesen habe. Er ist dennoch kein reisender Klimaschützer, seine

Reisen haben nicht zum Ziel, die Welt zu retten. Er ist ein cleverer Bursche, er wird über das, was er tut, nachgedacht haben, und er scheint zu dem Schluss gekommen zu sein, dass die Gründe für seine Reisen schwerer wiegen als das CO_2e. Außerdem fliegen ja auch alle anderen. Die Flugzeuge sind voll, die Flughäfen werden ausgebaut, und wenn man dem Tank mit ein bisschen Bioethanol füllt, spricht man schnell von einer grünen Flugreise.

Auch Norwegen hat, wie viele andere europäische Länder, das offizielle Ziel, seine Emissionen zu reduzieren. Trotzdem werden mit Blick auf die wachsende Nachfrage gleichzeitig Flugplätze und Fluglinien erweitert. Norwegische Staatsbeamte fliegen über 600 Millionen Kilometer im Jahr, das entspricht 15.300 Flugreisen um die ganze Welt. Und das sind nur die staatlichen Dienstreisen. Nichts deutet darauf hin, dass es in der privaten Reisebranche anders aussieht, und da sind die langen Wochenenden in Rom und die exotischen Safaris noch nicht mit eingerechnet. Nur Weniges illustriert das Dilemma des Kohlenstoffs so sehr wie die Flugreisen. Wir *müssen* keine Flugreisen machen, ganz im Gegenteil, die neue Kommunikationstechnologie könnte diese komplett überflüssig machen. Dennoch steigen die Emissionen im Bereich des Flugverkehrs am stärksten und es wird angenommen, dass sie bis 2040 jährlich um 2,3 Prozent zunehmen werden. In diesem Punkt sind die Behörden ganz listig und verzeichnen nur die Inlandsflüge im nationalen Fußabdruck. Aus diesem Grund wirkt der Beitrag aus diesem Bereich ganz bescheiden (und lag dennoch im Jahr 2012 bereits bei 1,3 Milliarden Tonnen CO_2e). Nur ein kleiner Teil der 15.300 Weltreisen der norwegischen Staatsbeamten wird in dieser Rechnung berücksichtigt. Dahinter steckt dieselbe Logik wie bei den Buchungsposten der norwegischen Öl- und Gasindustrie. Wenn wir das gesamte CO_2e mit einberechnen, das auf die norwegische Produktion von Öl und Gas zurückgeht, also auch das, was im Ausland verbrannt wird, wächst unser Beitrag zu den globalen Emissionen von ein paar Promille auf 1,5 Prozent an – das ist genauso viel wie England hat.

Mein Vater wuchs auf der Insel Hessa an der Küste vor Ålesund auf einem Hof auf, der typisch für diese westliche Küstenregion ist. Es gab ein paar Kühe, ein paar Dutzend Schafe, ein paar Schweine, Hühner und ein Pferd, das den Pflug ziehen und ein paar Lasten tragen konnte. Die Gesellschaft dort war beinahe kohlenstoffneutral. Natürlich gab es Strom. Mein Großvater brachte den ersten Motor auf die Insel, er kaufte ein Motorboot, um Milch von der Insel aufs Festland zu bringen. Abgesehen davon war der Hof sozusagen autark. Beinahe alles entstand in Eigenproduktion. Zu 90 Prozent gab es Fisch zum Abendessen, seltener Fleisch und Eier von eigenen Tieren. Die Schafe gaben Wolle. Zu Lebzeiten meines Vaters haben wir ziemlich genau die Hälfte der Maximalquote von 800 Gigatonnen für Kohlenstoffemissionen verbrannt, eine Menge, die im Laufe von mehreren Hundert Millionen Jahren aus der Atmosphäre in Boden und Meer gebunden wurde. Diese Tatsache beschreibt eine ziemlich einmalige Epoche in der Geschichte unseres Planeten. Im Laufe von nur zwei Generationen ging die Welt vom Selbstversorger-Hof in eine Petrogesellschaft über, und wir müssen nun einen Weg finden, eine Entziehungskur zu machen und als trockene Petroholiker aus dem Schlamassel herauszukommen. Und der Weg dorthin führt nicht zurück in eine Gesellschaft mit Tranlampen und Pferdewagen.

Steak, Auto und Haus sind nicht gut für unsere Umwelt, das wissen wir, und das Flugzeug genauso wenig. Gleiches gilt für Tomaten, und das Baden nach dem Training. Müssen wir zurück in »die Höhle«, beziehungsweise in die Gesellschaft, in der noch mein Vater als Kind lebte? Ist es nicht möglich, ohne schlechtes Gewissen in unserer jetzigen Zeit zu leben? Natürlich kann man sich zurückzulehnen und darauf warten, dass die *grüne Wende* alle Probleme beseitigt. Die Emissionen eines modernen Autos sind halb so hoch wie die eines Modells aus den 1960er-Jahren, warum sollten wir also dorthin zurückkehren? Damals gab es noch keine Elektroautos. Und ist es nicht so, dass Deutschland, die europäische Industrielokomotive, einst bekannt für sein kohlrabenschwarzes Ruhrgebiet, gerade auf erneuerbare Energien setzt? Ja, sogar China ist mit von der Partie. Außerdem stehen kohlenstoffneutrale Güter wie Sex und Freundschaft ganz oben auf unserer Liste, auch wenn wir allein von Luft und Liebe nicht leben können.

Die Abhängigkeit bekämpfen – weg vom Petroholismus

Deutschland ist in der Welt führend, was die erneuerbaren Energien angeht. Der Anteil der Elektrizitätsversorgung aus erneuerbaren Energien ist in den Jahren von 2000 bis 2014 von 6 Prozent auf 30 Prozent gestiegen. Das ist beeindruckend. Ferner ist es Deutschland gelungen, seinen CO_2-Ausstoß in dieser Zeitspanne von 10,9 Tonnen auf 9,1 Tonnen CO_2 (pro Einwohner und Jahr) zu senken. Dabei machen die erneuerbaren Energien noch immer nur einen kleinen Teil des Energieverbrauchs aus. In China ist der CO_2-Ausstoß pro Kopf in der gleichen Periode von 2,6 auf 6,2 Tonnen pro Jahr gestiegen – bei bekanntermaßen hoher Einwohnerzahl. Auch in Indien ist der Ausstoß von 1,0 auf 1,7 Tonnen pro Einwohner gestiegen, während die USA wie Deutschland ihren Ausstoß von 20,2 auf 17,6 Tonnen[120] senken konnten. Man kann daraus schließen, welche Schlüsselrolle China zukommt. Allerdings darf man dabei nicht außer Acht lassen, für wen die Chinesen all ihre Produkte herstellen. Vielleicht sollten wir alle deshalb mehr in die erneuerbaren Energien Chinas investieren, statt in Chinas Kohle?

Das Hauptargument für mehr Wachstum lautet, dass die Abkehr von fossilen Energieträgern sehr teuer sei und nur durch gesteigertes Wachstum finanziert werden könne. Dieses Argument basiert auf zwei Mythen, die beide auf die Frage abzielen, wie wir mit dem Anthropozän umgehen. Brauchen wir die Regression, das Zurück in die Vergangenheit (die misanthropische, pessimistische oder nostalgische Alternative) oder setzen wir darauf, dass wir die Technologien für eine grüne Revolution schon noch erfinden werden (die philanthropische, optimistische,

120 Alle Zahlen Stand 2014.

zukunftsorientierte Alternative). Beide Alternativen liegen falsch, und es ist auch nicht so, dass die Wahrheit in der Mitte liegt. Das Zurück in die Vergangenheit ist eine Utopie, und eine unerwünschte dazu. Der Mensch hat sich in seiner Entwicklung niemals zurückbewegt. Es ist grundlegend für den Menschen, nach vorne zu schauen, zu verändern, zu erfinden. Genau diese Fähigkeit hat uns zum Elektroauto (das auch nicht ganz kohlenstoffneutral ist) verholfen und befähigt uns, über das Internet Sitzungen abzuhalten, statt den ganzen Tag mit der Anreise zu irgendwelchen Treffen an entlegenen Orten zu verbringen. Dieser Eigenschaft verdanken wir auch die Polymerchemie und mit ihr eine schier endlose Reihe sinnvoller Kohlenstoffprodukte. Die Zukunft darf kommen, wir müssen unseren Blick von nun an aber mehr auf die Qualität als auf die Quantität richten. Das Immer-Mehr hält uns alle gefangen, es ist ein Teil des Mythos, dass sich unsere Probleme durch *mehr* von dem lösen lassen, was sie eigentlich verursacht hat. Mit Wachstum die Probleme des Wachstums zu lösen, ist etwa so klug, wie den Überziehungskredit des Girokontos für die Baufinanzierung einzusetzen.

Übrigens: Norwegen ist nicht ganz mittellos, was diese Umstellungskosten angeht, da wir in diesem Land den weltweit größten Pensionsfonds[121] haben. Im Moment sind dort mehr als 800 Milliarden Euro angelegt. Genau ist der Kontostand nicht anzugeben, da er vom Ölpreis und von Aktienkursen abhängt. In der Regel steigt der Kontostand

121 Der Staatliche Pensionsfonds des Königreichs Norwegen (norwegisch *Statens pensjonsfond* oder *Oljefondet*) ist der größte Staatsfonds der Welt (Stand Mai 2018). Das verwaltete Vermögen belief sich am 31. Dezember 2018 auf 8256 Milliarden norwegische Kronen, rund 828 Milliarden Euro. Mit dem Fonds sollen die staatlichen Öleinnahmen investiert werden, um für die Zeit vorzusorgen, in der die Erdölreserven der Nordsee zur Neige gehen. Die norwegische Regierung darf pro Jahr bis zu 3 (früher: 4) Prozent des Fondsvolumens für gesellschaftliche Zwecke abziehen. (Anm. der Übersetzer)

aber stetig. Es gibt Stimmen, die dafür plädieren, den Fonds aktiver zu nutzen, um die Energiewende zu forcieren, ja, dass ein solches Vorgehen nicht nur ökologisch, sondern auch ökonomisch sinnvoll wäre. Insbesondere, wenn man dies aus einer etwas längerfristigen Perspektive betrachtet, was ja die eigentliche Strategie des Fonds ist. Gerechtfertigt erscheint dies insbesondere, wenn wir daran denken, dass diese 800 Milliarden ja nur der Gegenwert für einen tiefen Griff in die Kohlenstoffbank sind, deren Konto über Hunderte von Millionen Jahren angespart wurde.

Wo die Gelder auch herkommen, das Argument lautet immer wieder, dass ein gedrosselter Konsum nicht nur naiv und utopisch sei, sondern geradezu klimaschädlich, weil das unsere Möglichkeiten beschränke, ohne die gefürchteten Entzugserscheinungen aus der Ölabhängigkeit zu kommen. Die Behauptung, dass wir die Zukunft noch weiter beleihen müssen, um die Energiewende finanzieren zu können, basieren auf der Annahme, dass der Energieverbrauch wie jeder andere Verbrauch weiter zunimmt, weil die Weltbevölkerung zunimmt, und das schneller, als wir geglaubt haben. Die alte Annahme, dass die Weltbevölkerung irgendwo unterhalb von 10 Milliarden ein Plateau erreicht, weicht langsam neuen Prognosen, die von mehr als 10, oder sogar von 13 Milliarden Menschen ausgehen. Den Armen der Welt, der Mehrheit der 10 oder 13 Milliarden, muss geholfen werden. Gleichzeitig basieren alle Prognosen aber auch darauf, dass auch *unser* Verbrauch weiter ansteigt.

In Norwegen hört man immer wieder, das beste Mittel, die Armut zu bekämpfen und das Weltklima zu retten, seien das norwegische Öl und Gas, welches beides viel grüner sei als alle anderen fossilen Energieträger. Dieser ach so angenehme Selbstbetrug soll dafür sorgen, dass nicht ausgerechnet die norwegischen fossilen Reserven zu *stranded assets* werden und ungenutzt im Boden bleiben.

Aber diese Rechnung geht nicht auf – außer man glaubt an ein Wunder. Für alle, die generell etwas skeptisch gegenüber Wundern sind, stellt sich die Frage, was sie tun können, um den Kohlenstoffkreislauf wieder in die Bahn zu bringen, die wir uns wünschen. Aber auch diejenigen, die an Wunder glauben, sollten alle nur erdenklichen Weichen stellen, um dieses Wunder auch möglich zu machen.

Unser moderner Alltag ist erstaunlich CO_2e-gierig. Trotzdem ist es nicht immer so leicht nachzuvollziehen, wie viel unsere kleineren und größeren Aktivitäten jeweils kosten. Wir sollten vom Staat deshalb alle einen simplen, kostenfreien, persönlichen CO_2-Kalkulator samt Gebrauchsanweisung bekommen. Auch das gute Leben kann nämlich weitestgehend CO_2-neutral sein. Das Logischste wäre es, unseren persönlichen Verbrauch auf ein Viertel zu reduzieren. Machen wir doch einen Sport daraus, einen Wettbewerb, in dem es darum geht, weniger statt mehr zu verbrauchen. Natürlich erzeugt Druck Gegendruck, aber in diesem Fall geht es mehr um Motivation als um Druck. Der Kohlenstoffkreislauf ist nicht aus bösem Willen auf Abwege geraten, sondern durch eine Reihe von Umständen, die in erster Linie das System mit seinen Anreizen für immer mehr statt für immer weniger geschaffen hat. Dabei bräuchten wir all gerade für Letzteres eine Gebrauchsanweisung. Die Ziele müssen uns attraktiv und ansprechend erscheinen. Naturschutz erscheint von je her wie eine Übung, bei der man immer wieder Nein ruft und laut ausspricht, wogegen man ist. Nein zur Abholzung und Industrieansiedlung, nein zu Spaß und Nervenkitzel (Flugreisen und schnellen Autos), nein zu Öl und Shopping, nein zum Fortschritt im Allgemeinen. Aber wer hat den Umweltschutz in diese Ecke gedrängt? Waren das die Umweltschützer selbst? Falls ja, sollten wir uns schnellstens bessere Argumente für die Dinge überlegen, zu denen man *Ja* sagt. Wobei das *Ja* kein verstecktes *Nein* sein darf. Eher geht es darum, von Firmen wie Tesla zu lernen und eine tragfähige Alternative anzubieten, die cool und zukunftsorientiert ist und an der man teilhaben will.

Es gibt aber auch noch einen anderen Aspekt, der seine Parallele in Liebigs Wassertonne mit Planken von unterschiedlicher Länge hat. Wir erinnern uns, entscheidend für die Wassermenge im Fass war dabei immer die kürzeste Planke. Für Robert Malthus symbolisierte die Nahrungsmittelproduktion die kürzeste Planke, er konnte damals aber noch nicht ahnen, wie schnell gerade sie infolge der grünen Revolution wachsen sollte. Malthus gilt deshalb noch heute als der weltweit erste Umweltpessimist. Heute ist es vielleicht das Wasser selbst, das die kürzeste Planke symbolisiert, und diese Planke wird noch kürzer werden, wenn der Klimawandel den Wassermangel verschärft und so zu Hungersnöten führt.

Für das Wirtschaftswachstum ist CO_2-neutrale Energie der limitierende Faktor. Es liegt auf der Hand, dass wir hier eine grüne Revolution der technologischen Art brauchen. Natürlich kann das dazu führen, dass einige von uns als Umweltpessimisten der neuen Generation zurückbleiben, aber nichts wäre besser als das. Ich zumindest bin bereit, dieses Risiko einzugehen. Andererseits ist es mehr als eindeutig, dass Malthus in vielen Punkten prinzipiell Recht hatte; es gibt eine Grenze der Tragfähigkeit, auch wenn diese Grenze wegen ihrer Dynamik schwer zu bestimmen ist. Streng genommen gibt es für jede Planke eine eigene, begrenzte Tragfähigkeit. Für den Kohlenstoff mag das die 800-Gt-Marke sein. Es gibt aber jeweils eigene Begrenzungen für Wasser, Nahrung, Fläche und biologische Vielfalt (Biodiversität), um nur einige zu nennen. All diese hängen aber auf die unterschiedlichste Art und Weise wieder mit dem Kohlenstoffkreislauf zusammen. Die endgültige Länge jeder Planke ist durch die Tatsache begrenzt, dass wir es mit einem Planeten zu tun haben, dessen Biokapazität begrenzt ist. Könnten wir die Energie aus dem Sonnenwind abzapfen, hätten wir unbegrenzten Zugang zu erneuerbarer Energie ohne CO_2-Ausstoß, solange die Sonne weiter Wasserstoff verbrennt. Ein fantastisches Szenario und ein Sieg für die Intelligenz des Menschen. Trotzdem würde uns auch das kein unbegrenztes Wachstum erlauben, weil wir uns eben mit dieser einen Erde und einer Reihe von anderen begrenzenden Faktoren arrangieren müssen. Wir können vielleicht nicht von Luft und Liebe allein leben, saubere Energie allein reicht aber auch nicht.

Der weltweite Wasserverbrauch betrug 2014 etwa 2500 km^3 pro Jahr. Die Zahl als solche sagt nicht so viel aus, aber seit 1900 hat sich dieser Wert verfünffacht. Neunzig Prozent davon werden für die Nahrungsmittelproduktion gebraucht, und die Prognosen sagen eine kräftige Steigerung des Wasserbedarfs vorher. Gleichzeitig zeigen alle Prognosen für die zukünftig zur Verfügung stehenden Frischwasserreserven nach unten. Die Nahrungsmittelproduktion hat auf beeindruckende Weise mit dem Bevölkerungswachstum Schritt gehalten, auch wenn die Verfügbarkeit der Nahrung schrecklich schlecht verteilt ist. Die aktuellen IPCC-Prognosen rechnen jetzt aber auch bei der Nahrungsproduktion mit einer Abnahme.

Wir sind damit etwas vom Kohlenstoff weggekommen – oder doch nicht? Wir haben ein Jahrhundert hinter uns, in dem wir die Erde und den Kohlenstoffhaushalt in kaum vorstellbarer Weise verändert haben. Wobei die Veränderungen des Kohlenstoffkreislaufs nicht erst kommen, sondern gerade jetzt passieren. Wir sind mittendrin und können nicht mehr weitere 15 Jahre warten. Es gibt Grund zum Optimismus, was die zukünftigen Entwicklungen neuer Technologien angeht. Dennoch sollten wir auf keinen Fall glauben, dass uns das allein retten wird, oder dass die Politiker oder die Natur es schon richten werden.

Sollte noch jemand Zweifel haben, möchte ich es noch einmal ausdrücklich betonen: Der Kohlenstoffkreislauf ist sehr komplex, und deshalb wäre es eine extrem schlechte Idee, mit möglichen Maßnahmen zu warten, bis wir alle Effekte bis ins Detail verstanden haben. Wir haben ein Ziel, auf das wir hinsteuern müssen, und das ist die Kohlenstoff-Restkapazität der Erde, oder auch CO_2e. Auch dieses ist eigentlich sehr großzügig gesetzt, und Zweifel daran werden der Erde nicht gut bekommen. James Hansen, der als einer der ersten diese Restkapazität berechnet hat, ist, wie gesagt, der Überzeugung, dass auch schon 2 °C Temperaturerhöhung außerhalb der Komfortzone liegen und es bereits dann zu den weiter oben geschilderten selbstverstärkenden Rückkopplungen kommen wird. Wir haben diese Erwärmung noch längst nicht erreicht, spüren aber schon jetzt die Auswirkungen in Form von heftigeren und häufigeren Extremwetterlagen.

Letzten Endes lautet die Frage, wie viel CO_2e jeder von uns freisetzen, ja, wie viel CO_2 ein Leben generieren darf. Während es heute üblich ist, nur so viel CO_2-Beschränkungen zuzulassen, wie die Wirtschaft (unserer Meinung nach) verkraftet, sollten wir *eigentlich* nur so viel Wirtschaft zulassen (jedenfalls von der alten unveränderten Art), wie die Restkapazität es erlaubt.

Der Kohlenstoffkreislauf ist eine Wildcard, wie David Archer es ausdrückte, und dabei weiß wohl kein Wissenschaftler mehr darüber als er. Wir haben uns im Anthropozän auf unbekanntes Terrain vorgewagt. Die Veränderungen, die um uns herum vor sich gehen, sind mit nichts in der Geschichte des Menschen vergleichbar. Die unsicheren Aussichten sollten uns beunruhigen und uns zu konkreten Maßnahmen veranlassen. Das Risiko ist bekanntlich das Produkt aus Wahrscheinlichkeit und Konsequenz, und auch wenn die Wahrscheinlichkeit für das Worst-Case-Szenario nicht groß ist, ist das Risiko hoch, weil die Konsequenzen unvorstellbar sind.

Ich weiß nicht, ob diese Berechnungen überhaupt einen Sinn machen, aber man schätzt das Risiko für eine CO_2-Konzentration von 1000 ppm mit 10 Prozent ein. Wir versichern Häuser und Autos für Risiken im Promillebereich gegen Feuer und Totalschaden, aber da das CO_2 unsichtbar ist und wärmere und längere Sommer nicht unbedingt bedrohlich erscheinen, gelingt es uns nicht, die Rationalität der Versicherungslogik auch auf das Klima anzuwenden. Eine Ausnahme bildet interessanterweise die Versicherungsbranche selbst und alle Hausbesitzer, die in Tälern wohnen, in denen es alle 5 Jahre zu Jahrhunderthochwassern kommt. Niemand weiß genau, wie schnell der Schneeball rollt, wie groß er werden oder wann er zum Halten kommen wird. Der Schneeballeffekt wird in diesem Fall zu keiner Schneeball-Erde führen, sondern zum Gegenteil. Darum sollten wir alles daran setzen sollten, den Ball aufzuhalten, solange wir noch die Chance dazu haben. Es ist möglich, dass er niemals eine gefährliche Größe erreichen wird, aber darauf sollten wir nicht setzen. Das Vorsorgeprinzip war nie aktueller als gerade jetzt.

Im Großen und Ganzen haben wir allen Grund, stolz auf uns zu sein. Die Früchte des menschlichen Intellekts haben uns zu Einsichten über die Zusammensetzung der Atmosphäre, über die vielen Gesichter des Kohlenstoffs und über seine Anwendung verholfen. Wir haben die komplizierten Wege des Kohlenstoffs in den Zellen und Organellen, den Mitochondrien und Chloroplasten verstanden, in der Nahrungskette, in Ökosystemen, Gebirge, Wald und Meer – und haben unterwegs erkannt, wie viel wir noch nicht verstehen. Uns missfällt – aus gutem Grund – das Plastik an Orten, wo es nicht hingehört, sei es nun im Meer, am Strand oder in den Mägen sterbender Albatrosse. Dabei sind die Polymerchemie und das Plastik für sich genommen ganz fabelhaft, aber es gibt einfach zu viel davon an den falschen Orten. Die

Fähigkeit, Kohlenwasserstoffe aus der Tiefe oder vom Meeresgrund heraufzuholen, fordert eine fantastische Ingenieurleistung . Und Kohle, Öl und Gas wärmen nicht nur unsere Häuser, sondern sie sind Grundpfeiler unserer modernen Gesellschaft.

Das Problem des Menschen ist, dass er zu klug, aber vielleicht nicht klug genug ist. Dass wir langfristige Konsequenzen schon weit vorher erkennen, trotzdem aber nicht in der Lage sind, langfristigen Entscheidungen den Vorzug gegenüber den kurzfristigen zu geben. Die Evolution hat uns zu Problemlösern gemacht, und es gibt keinen Grund, warum unsere Art nicht auch noch in 1.000, 10.000 oder gar 100.000 Jahren existieren sollte. Der Sinn ist untrennbar mit der Zeit verknüpft. Ich kann Sinn in meinem eigenen Leben finden, aber nur, wenn ich daran glaube, dass es noch viele Menschen nach uns geben wird. Je mehr Generationen, desto größer der Sinn. Ich hoffe deshalb auch darauf, dass wir noch in einer Million Jahre hier sind, auch wenn die Evolutionen bis dahin noch einiges an uns verändert haben wird. Trotzdem will ich nicht damit schließen, dass sicher alles gut werden wird, denn ob das wirklich so sein wird, wissen wir ganz einfach nicht.

Schlussbemerkung

Die Geschichte hätte von dem Kohlenstoff-Atom erzählt werden können, das vor Milliarden von Jahren irgendwo draußen im Kosmos herumwirbelte, bevor es dann vor 4 Milliarden Jahren in die Anziehungskraft der noch jungen Erde geriet. Dort angekommen, ist es zunächst durch die Cyanobakterien zirkuliert, durch Einzeller, Trilobiten und Farne, immer wieder unterbrochen durch Pausen am Grund der Meere oder in der Atmosphäre, häufig in Begleitung von Sauerstoff oder Wasserstoff oder auch weiteren, exotischeren Partnern. Schließlich ist es dann über die Spaltöffnungen und Chloroplasten der Pflanzen Teil von diversen Ökosystemen geworden. Ja, so machte es sogar Bekanntschaft mit Labyrinthzähnern, riesigen Libellen, Tyrannosauriern, Mammuts und Neanderthalern – bis es schließlich einen *Homo sapiens* kennenlernte, zum Beispiel mich.

Wenn ich mich irgendwann am Ende – nicht des Buchs, sondern meines Lebens – zurück an meinen See begebe und noch einmal über den Kohlenstoffkreislauf des Sees und den von mir selbst nachdenke, werden mir etliche Gemeinsamkeiten auffallen. Wir haben beide dazu beigetragen, dass die Atmosphäre mit CO_2 und Methan angereichert wurde. Mein Beitrag ist im Vergleich zu dem des Sees mit jedem Jahr größer geworden, andererseits ist der See viel älter und wird wohl auch noch ein paar Tausend Jahre überdauern, bis er verlandet und irgendwann ein Moor wird. Sowohl der See als auch ich geben durch unsere Atmung Kohlenstoff ab, der einmal durch die Photosynthese gebunden worden ist. Es gibt viele Tausend solcher Seen, während es von mir viele Milliarden gibt. Es ist weder möglich noch wünschenswert, den Kohlenstoffkreislauf des Sees bedeutend zu verändern, während es sowohl möglich als auch wünschenswert ist, die Kohlenstoffbilanz des Menschen zu ändern.

Man kann auf viele Arten über sein Leben Rechenschaft ablegen. Der moralische Aspekt ist vielleicht wichtiger als die Kohlenstoffbilanz, aber auch diese hat eine moralische Komponente. Ich werde trotz all der Wege, die ich ganz bewusst mit dem Fahrrad zurückgelegt habe und der absichtlich wenigen Flugreisen wahrscheinlich am Ende dazu beigetragen haben, dass jährlich an die 9 Tonnen Kohlenstoff in die Atmosphäre gelangt sind. Auch meine Kinder sind nicht kohlenstoffneutral. Ein verschwindend geringer Teil des Ganzen betrifft meinen eigenen Thermostat, der meine Körpertemperatur auf 37 °C gehalten und mir genug Kraft für ein erfülltes Leben gegeben hat. Mehr als 99 Prozent meines Lebensbudgets werden mit Waren oder Dienstleistungen in Zusammenhang stehen, die ich genutzt habe, und natürlich gehört auch das Essen dazu. Auch ich habe in meinem Leben einige Steaks und Tomaten gegessen, und auch der Lachs aus den Fischaufzuchten ist mitnichten CO_2-neutral. Der Kohlenstoff, der in mir gespeichert ist und der einmal als CO_2 freigesetzt werden wird, ist nichts im Vergleich zu all dem Kohlenstoff, den ich indirekt oxidiert habe, auch wenn ich mein Bestes gegeben habe, um diese Quote möglichst gering zu halten. Deshalb machen mir die 15 Kilogramm Kohlenstoff, die ich schließlich noch ein letztes Mal an die Atmosphäre abgebe, keine Sorgen. Andererseits ist es ein schöner Gedanke, dass ich von da an weiter durch die Geschichte gewirbelt werde, ein bisschen Baum, ein bisschen Meer, ein bisschen als Teil kommender Generationen, auf dem Weg von Ewigkeit zu Ewigkeit.

Über den Autor

Dag Olav Hessen beendete 1982 sein Biologiestudium und wandte sich kurz einem Jurastudium zu, bevor er 1988 erfolgreich zum Doktor der Biologie promovierte. 1993 wurde er als Professor für Biologie an die Universität Oslo berufen. Seit 1998 ist er Mitglied der Norwegischen Akademie der Wissenschaften. Hessen ist der Leiter des »Centre for Biogeochemistry in the Anthropocene« an der Universität Oslo.

In seinen Publikationen behandelt Hessen Themen wie Ökologie, Evolution und Ernährungssysteme und verbindet diese mit anderen Disziplinen, z.B. der Ethik und Philosophie. Er veröffentlichte mehrere populärwissenschaftliche Bücher und wurde unter anderem dafür mit dem *Fritt-Ord-Preis*, dem *Riksmålsforbundets litteraturpris*, dem *Akademikerprisen* und dem *Humanistprisen* ausgezeichnet.

Literatur

Es gibt unglaublich viel Fachliteratur über das Thema Kohlenstoff. Ein Teil davon wurde bereits in den Fußnoten vorgestellt.

Für alle, die nach der Lektüre des Buches noch weiter in die Tiefe vordringen wollen, folgt hier nun noch eine Übersicht über einige neuere Standardwerke:

Aldersey-Williams, Hugh (2011): *Periodic tales. A cultural history of the elements from arsenic to zinc.* Harper Collins Publishers.

Alfsen, Knut; Hessen, Dag O.; Jansen, Eystein (2013): *Klimaendringer i Norge. Forskernes forklaringer.* Universitetsforlaget.

Archer, David (2010): *The Global Carbon Cycle.* Princeton University Press.

Beerling, David (2007): *The Emerald Planet. How plants changed earth's history.* Oxford University Press.

Berners-Lee, Mike (2011): *How bad are bananas? The carbon footprint of everything.* Greystone Books.

Canfield, Donald E. (2014): *Oxygen. A four billion year history.* Princeton University Press.

Emerson, S.R.; Hedges, J.I. (2008): *Chemical Oceanography and the marine carbon cycle.* Cambridge University Press.

Flannery, Tim (2010): *Here on Earth.* Text Publishing Company.

Hansen, James (2009): *Storms of my grandchildren. The truth about the coming climate catastrophe and our last chance to save humanity.*
Bloomsbury.

Harari, Yuval Noah (2015) *Sapiens. A Brief History of Humankind.*
HarperCollins, New York.

Junipher, Tony (2013) *What has nature ever done for us?*
Synergetic Press.

Kolbert, Elizabeth (2014): *The Sixth Extinction.*
Henry Holt & Co, New York.

Krueger, Anke (2010): *Carbon Materials and Nanotechnology.*
Wiley-VCH, Weinheim

Lovelock, James E. (1982): *Gaia: a new look at life on Earth.*
Oxford University Press, Oxford, 1982

Roston, Eric (2008): *The Carbon Age. How life's core element has become civilizations greatest threat.*
Walker & Co.

Vallis, Geoffrey K. (2012): *Climate and the oceans.*
Princeton University Press.

Weart, Spencer R. (2008): *The discovery of global warming.*
Harvard University Press.

Wrangham, Richard (2009): *Feuer fangen: Wie uns das Kochen zum Menschen machte.*
DVA, München.